Zu diesem Buch

«Es dünkte mich etwas Herrliches, die Ursachen von allem zu wissen, wodurch jegliches entsteht, vergeht und wodurch es besteht», schwärmte schon Sokrates – und viele Denker nach ihm sind ihm in der begeisterten Suche nach der «Weltformel» gefolgt. Wie, wann und warum entstand das Universum?, fragten sie, und andere wollten wissen, was die Welt im Innersten zusammenhält. Faustische Fragen, auf die jahrhundertelang nur Theologen eine Antwort wußten.

Heute stehen sie im Zentrum der modernen Physik und Kosmologie, und viele Wissenschaftler glauben, daß die alles umfassende Antwort, die «Große Vereinheitlichte Theorie», in greifbare Nähe gerückt ist. «Während die frühen Wegbereiter der Vereinheitlichung wie Einstein und Heisenberg von ihren Kollegen als Einzelgänger angesehen wurden», schreibt John D. Barrow, «schwimmen die heutigen Vereinheitlicher mit dem Strom der Physik und können sich immer wieder des Zulaufs der begabtesten jungen Studenten erfreuen. Darin unterscheidet sich die Physik der achtziger Jahre von ihren Vorläufern.»

Die Probleme, mit denen es die «Vereinheitlicher» zu tun haben, sind immens. Woher kommen die Naturkräfte eigentlich? Weshalb widersetzt sich die Gravitation allen Versuchen, sie zusammen mit den anderen Kräften unter *einen* theoretischen Hut zu bringen? Was ist ein Naturgesetz? Wie konstant sind die Konstanten? – Das Buch gibt Einblick in die Geschichte und den aktuellen Stand einer faszinierenden Diskussion.

Der Autor

John D. Barrow, 1952 geboren, studierte Mathematik und Astrophysik an den Universitäten Durham und Cambridge und lehrt heute als Professor für Astronomie an der University of Sussex in Brighton. Buchveröffentlichungen: *Die asymmetrische Schöpfung* (zusammen mit Joseph Silk), *Die Natur der Natur, Warum die Natur mathematisch ist* und *Ein Himmel voller Zahlen*.

John D. Barrow

Theorien für Alles

Die Suche nach der Weltformel

Deutsch von
Anita Ehlers

rororo

Rowohlt

rororo science
Lektorat Jens Petersen

Veröffentlicht im Rowohlt Taschenbuch Verlag GmbH,
Reinbek bei Hamburg, August 1994
Die Originalausgabe erschien 1991 unter dem Titel
«Theories of Everything: The Quest for Ultimate Explanation»
im Verlag Oxford University Press, Oxford/New York

Die deutsche Erstausgabe erschien 1992 unter dem Titel
«Theorien für Alles» bei Spektrum Akademischer Verlag,
Heidelberg/Berlin/New York

Umschlaggestaltung Barbara Hanke
Gesamtherstellung Clausen & Bosse, Leck
Printed in Germany
1690-ISBN 3 499 19534 8

Ich interessiere mich für das Universum –
ich spezialisiere mich auf das Weltall und alles drum herum.

Peter Cook

Für Roger
der glaubt, es sollte besser etwas geben als nichts

Inhalt

7. Organisationsprinzipien 178

8. Auswahleffekte 209

9. Fällt Pi wirklich vom Himmel? 220

Vorwort

«Alles» ist ein großes Wort. Dennoch glauben moderne Naturwissenschaftler, sie hätten einen Schlüssel zu den tiefsten mathematischen Geheimnissen des Weltalls gefunden, also eine Entdeckung gemacht, die zu einer monumentalen «Theorie für Alles» führt. Sie soll alle Naturgesetze in einer einzigen Aussage zusammenfassen und die Unvermeidlichkeit all dessen offenbaren, was in der Welt der Physik war, ist und sein wird. Solche Träume sind nicht neu; Einstein verschwendete den letzten Teil seines Lebens auf eine einsame und vergebliche Suche nach eben dieser Theorie für Alles. Heute jedoch finden sich solche Vorhaben nicht nur auf den Schreibtischen einiger weniger Einzelgänger unter den Denkern und unvoreingenommenen Theoretikern. Sie sind vielmehr einer der Hauptforschungsbereiche der theoretischen Physik, an dem jetzt immer mehr der gescheitesten jungen Forscher arbeiten. Dieser Umschwung stellt uns vor viele Fragen. Kann die Suche überhaupt Erfolg haben? Läßt sich unser Verständnis für das, was der physikalischen Wirklichkeit zugrunde liegt, weiter verbessern? Ist der Tag nahe, an dem die Grundlagenphysik vollständig ist und wir nur noch die komplexen Einzelheiten innerhalb dieser Gesetze entwirren müssen? Ist dies wirklich der neue Grenzbereich abstrakten Denkens?

Dieses Buch versucht zu beschreiben, welche Herausforderungen sich den Theorien für Alles in den Weg stellen. Es möchte jene Aspekte verdeutlichen, die geklärt sein müssen, bevor wir mit Recht behaupten können, wir verstünden die Theorie. Theorien für Alles, wie sie sich zur Zeit darstellen, mögen sich sehr wohl als notwendig erweisen, wenn wir die Welt in uns und um uns herum verstehen wollen; wir werden zu zeigen versuchen, daß sie dafür keineswegs ausreichen. Wir möchten den Leserinnen und Lesern vor Augen führen, was darüber hinaus nötig ist, damit unser Verständnis für das, was ist, vollständiger wird. Dabei beabsichtigen wir, viele neue Gedanken und Spekulationen vorzustellen, die über das herkömmliche Nachdenken über Umfang und Struktur der wissenschaftlichen Forschung hinausgehen.

Viele Menschen haben mitgeholfen, damit dieses Buch verfaßt werden konnte. Der Senat der Universität Glasgow lud den Verfasser zu einer Reihe von Gifford-Vorlesungen an der Universität Glasgow ein; dieses Buch ist eine ausführliche Darstellung einiger dieser Vorträge vom Januar 1988. Ich schulde Neil Spurway für seine großzügige Hilfe bei allem, was diese Vorlesungen betrifft, besonderen Dank. Für beabsichtigte und unbeabsichtigte Beiträge und Gespräche, die beim Schreiben dieses Buchs hilfreich waren, danke ich David Bailin, Margaret Voden, Danko Bosanac, Gregory Chaitin, Paul Davies, Bernard d'Espagnat, Michael Green, Jeffrey Friedman, Chris Isham, John Manger, Bill McCrea, Leon Mestel, John Polkinghorne, Aaron Sloman, John Maynard Smith, Neil Spurway, Euan Squires, René Thom, Frank Tipler, John Wheeler, Denys Wilkinson, Peter Williams und Tom Willmore.

Das Schreiben eines Buchs kann eine erbärmliche Aufgabe sein, nicht nur für den Verfasser, sondern für alle in seinem unmittelbaren Umkreis. Am deutlichsten hat sich dazu Sir Peter Medawar geäußert. Seine Worte gelten nicht nur für die Schriftstellerei, sondern auch für mancherlei andere Zwänge. «... Sie kann einen ziemlich unmenschlich machen; man knausert egoistisch mit jeder Sekunde seiner Zeit und wird gegenüber persönlichen Beziehungen ziemlich unempfindlich. Bald kommt man zu der Meinung, daß jeder, der drei Worte braucht, wo zwei genügt hätten, unerträglich weitschweifig und lästig ist; man geht ihm dann für alle Zeiten aus dem Weg. Ein Gefahrenzeichen, das Mitbesessene sofort erkennen, ist die Neigung, jene Augenblicke für die glücklichsten zu halten, die sich ergeben, wenn jemand, mit dem man sich verabredet hat, verhindert ist.» Weil solche Verzerrungen eine Gefahr sein können, gebührt den Familienmitgliedern für ihre Geduld und Nachsicht angesichts häufiger Vernachlässigung besonderer Dank. Elisabeth gewährte stets und auf unzählige Weise ihre Unterstützung; sonst hätte diese Arbeit nie auch nur begonnen werden können. Unsere Kinder David, Roger und Louise schließlich haben ein lebhaftes und zermürbendes Interesse am Fortschritt des Manuskripts bewiesen, ohne das es zweifellos in der halben Zeit abgeschlossen worden wäre.

Brighton
September 1990

J. D. B.

1. Erklärungen und letzte Begründung

Mir ist bis heute kein auch noch so kompliziertes Problem begegnet, das nicht, richtig betrachtet, noch komplizierter wurde.

Poul Anderson

Ein achtfacher Weg

Es dünkte mich etwas Herrliches, die Ursachen von allem zu wissen, wodurch jegliches entsteht, vergeht und wodurch es besteht.

Sokrates

Wie, wann und warum entstand das Weltall? Diese Fragen nach den letzten Dingen waren jahrhundertelang kaum aktuell. Naturwissenschaftler hüteten sich vor ihnen, Theologen und Philosophen waren ihrer müde geworden.

Aber heute stellen Naturwissenschaftler solche Fragen plötzlich ganz ernsthaft, und Theologen spüren den Einfluß dieser mathematischen Überlegungen der modernen Naturwissenschaftler auf ihr Denken. Theologen jedoch beherrschen die Physik nur selten gut genug, um die Einzelheiten verstehen zu können, und nur wenige Physiker zeichnen sich durch ein Verständnis für umfassendere Fragen aus; ein fruchtbarer Gedankenaustausch ist also nicht einfach. Die Theologen meinen, ihnen seien die Fragen vertraut; sie verstehen jedoch die Antworten nicht. Die Physiker meinen, sie hätten die Antworten, aber sie kennen die Fragen nicht. Ein Optimist würde zur Klärung dieser Probleme ein Gespräch empfehlen; ein Pessimist jedoch würde befürchten, dieses könne wohl nur in einem Zustand enden, in dem wir zuletzt weder die Fragen noch die Antworten kennen.

Moderne Physiker glauben, sie hätten einen Weg gefunden, der sie zu den tiefsten mathematischen Geheimnissen der Welt führt – sie hätten also eine Entdeckung gemacht, die auf eine «Theorie für Alles» hinweist, ein einziges, allumfassendes Bild aller Naturgesetze, ein System, aus dem die Unvermeidlichkeit allen Geschehens mit unanfechtbarer Logik folgt. Wären wir im Besitz dieses kosmischen Steins von Rosetta, läge das Buch der Natur offen vor uns: Wir könnten alles verstehen, was war, ist und sein wird. Über solche Möglichkeiten ist immer spekuliert worden, Zuversicht jedoch war niemals gerechtfertigt. Ist diese Zuversicht auch jetzt noch unangebracht? Dieses ist eine der Fragen, die der Leser beantworten können wird, wenn er die letzte Seite dieses Buchs gelesen hat. Darin möchten wir nämlich klarstellen, was alles zum wissenschaftlichen Verständnis der Welt, in der wir leben, beiträgt und beitragen muß. Diese Beiträge erweisen sich als weniger einheitlich und weniger verständlich, als es Verfechter einer Theorie für Alles gern wahrhaben möchten. Natürlich müssen wir mit einem solch gewichtigen Ausdruck wie «alles» behutsam umgehen. Ist damit wirklich «alles» gemeint? Die Werke Shakespeares, das Tadsch Mahal, die Mona Lisa? Nein, gewiß nicht. Wie solche Einzelheiten in den allgemeinen Rahmen passen, wird auf den folgenden Seiten ausführlicher erörtert. Dies ist ein ganz entscheidender Gesichtspunkt für unsere Art des Nachdenkens über die Natur, denn wir wüßten gern, ob es Dinge gibt, die sich nicht in die Zwangsjacke der mathematisch faßbaren Welt der Naturwissenschaft fesseln lassen. Wie wir sehen werden, gibt es solche Dinge; wir werden versuchen zu erklären, wie sie sich von den systematisierbaren und vorhersagbaren Elementen der Welt der Wissenschaften unterscheiden lassen, die für eine Theorie für Alles gelten müssen.

Wenn wir die Entwicklung unseres Wissens in den letzten Jahrtausenden menschlicher Errungenschaften überblicken, wird deutlich, wieviel erreicht wurde, seit Newton vor etwa dreihundert Jahren die Mathematisierung der Natur in Gang setzte. Die Welt, so stellte sich heraus, läßt sich erstaunlich gut durch einfache Mathematik beschreiben. Es ist rätselhaft genug, daß die Welt sich mathematisch beschreiben läßt; aber daß es *einfache* Mathematik ist, solche, mit der man sich nach einigen Jahren eifrigen Studiums vertraut fühlt, ist ein Geheimnis innerhalb dieses Rätsels.

Das ist der heutige Stand der Dinge, und darauf gibt es viele Reaktionen. Wir könnten in der Newtonschen Revolution einen Schlüssel sehen, der die Türen um so schneller öffnet, je häufiger er gebraucht wird.

Obwohl in jüngster Vergangenheit eine Entdeckung die andere jagt, wird dieser Schlüssel zweifellos auch in aller Zukunft Türen öffnen. Auch wenn wir gegenwärtig so viele Wahrheiten über anscheinend fundamentale Dinge entdecken, sind wir deshalb noch nicht unbedingt auf dem Weg zu verborgenen Schätzen. Vielleicht gibt es immer mehr Schätze zu entdecken, weil entweder die Komplexität der Natur wahrhaft bodenlos ist oder weil wir eine Art der Naturbeschreibung gewählt haben, die zwar so genau ist, wie wir es uns wünschen, jedoch auch im besten Fall nur eine asymptotische Näherung darstellt; nur eine unendliche Anzahl von Verfeinerungen entspräche dann genau der Wirklichkeit. Pessimistischer gesagt: Unsere Menschlichkeit und unsere ereignisreiche evolutionäre Vergangenheit könnte dem, was uns begreiflich ist, Grenzen setzen. Warum sollte unser Erkenntnisvermögen einem solch extravaganten Unterfangen gewachsen sein, wie es das Verständnis des Weltalls ist? Ist es nicht viel wahrscheinlicher, daß das Weltall, um mit Haldane zu sprechen, «merkwürdiger ist, als wir es je wissen können»? Was immer wir auch über unsere eigene Stellung in der Geschichte der wissenschaftlichen Entdeckungen mutmaßen mögen, sicherlich betrachten wir die Vorstellung mit kopernikanischem Argwohn, unsere menschlichen Geisteskräfte könnten ausreichen, die Natur in ihren letzten Gründen zu verstehen. Warum gerade *wir*? Keiner dieser raffinierten Gedankengänge scheint auf irgendeinen Selektionsvorteil hinzuweisen, der sich während der vor-bewußten Periode unserer Evolution hätte nutzen lassen. Andererseits könnten wir optimistisch die Meinung vertreten, unsere Erfolge der letzten Zeit hätten ein goldenes Zeitalter der Entdeckungen eingeleitet, das sich in den ersten Jahren des nächsten Jahrhunderts vollenden wird. Danach werde die Grundlagenwissenschaft mehr oder weniger vollständig sein. Sicher, es wird noch Dinge zu entdecken geben, aber das betrifft dann Einzelheiten, läuft auf die Anwendung bekannter Prinzipien hinaus, auf ein Ausfeilen, auf elegantes Umformulieren oder metaphysisches Nachsinnen. Wissenschaftshistoriker werden dieses Jahrhundert und die Jahre unmittelbar davor und danach als die Zeit sehen, in der wir die Naturgesetze entdeckten.

Wir waren schon einmal an diesem Punkt. Vielleicht entsteht immer am Ende eines Jahrhunderts ein Bedürfnis, zu einem erfolgreichen Abschluß zu kommen. Auch gegen Ende des letzten Jahrhunderts hatten viele das Gefühl, die Arbeit der Naturwissenschaften sei getan. Als der sechzehnjährige Max Planck sich nach seinem Abitur 1874 mit der Frage an den Physiker Philipp von Jolly wandte, ob er Physik studieren sollte, erhielt er von ihm den Rat: «Studieren Sie ja nicht Physik. Das ist doch ein Gebiet, in dem schon alles Wesentliche erforscht ist, nur einige unbedeutende Lücken sind noch zu füllen.»

Können wir hoffen, letzte Erklärungen für das Weltall geben zu können? Gibt es eine *Theorie für Alles*? Was könnte sie uns sagen? Und was würde eine solche Theorie wirklich umfassen? Es gehört zum Wesen wissenschaftlicher Forschung, daß sie nicht am Anfang schon ihr Ende kennt. Wir können nicht sagen, wie viel von dem, was wir gegenwärtig nur widerstrebend Naturwissenschaft nennen mögen, in ein solches allumfassendes Bild der Welt eingeschlossen werden muß. Die Geschichte kann in dieser Hinsicht lehrreich sein. Heute akzeptieren Physiker die atomistische Sicht, nach der materielle Körper im Kleinsten aus identischen Elementarteilchen bestehen. Diese durch Tatsachen gut belegte physikalische Theorie wird heute in allen Universitäten der Welt gelehrt. Aber sie entstand bei den alten Griechen als eine philosophische, ja sogar mystische Religion ohne jede Bestätigung durch die Beobachtung. Es vergingen mehrere tausend Jahre, bevor wir auch nur die Mittel hatten, diese Tatsachen festzustellen. Der Atomismus begann sein Leben als eine philosophische Idee, die praktisch keinen der heutigen Tests für das, was als «wissenschaftlich» betrachtet wird, bestanden hätte. Aber schließlich wurde sie zum Eckstein der Physik. Es ist zu vermuten, daß es Gedanken mit nach heutigem Standard ähnlich unbegründetem Status gibt, die in Zukunft im allgemein akzeptierten «wissenschaftlichen» Bild der Wirklichkeit ihren Platz einnehmen werden.

In den folgenden Kapiteln werden wir über diese Suche nach einer letzten Erklärung nachdenken und ihre alten und modernen Vorläufer hinterfragen. Natürlich brauchen wir eine solche Theorie für Alles, falls es sie gibt, wenn wir das physikalische Weltall um uns herum verstehen wollen. Anders als viele andere Kommentatoren möchte ich betonen, daß sie jedoch bei weitem nicht ausreicht. Andere wesentliche Beiträge sind notwendig. Sonst bleibt unser Wissen immer unvollständig und bruchstückhaft, und unsere Suche nach einer letzten Erklärung immer ergebnislos. Wir werden sehen, wie im wesentlichen acht Aspekte unser Verständnis für das Weltall beeinflussen:

- Naturgesetze,
- Anfangsbedingungen,
- Identität von Kräften und Teilchen,
- Naturkonstanten,

- Symmetriebrechungen,
- Ordnungsprinzipien,
- Auswahleffekte und
- Denkkategorien.

In diesem Buch werden wir diese Aspekte und ihre jeweiligen Beiträge zur Suche nach der letzten Erklärung erläutern. Der Verfasser hat die naive Hoffnung, daß einige der Gedanken, die uns dabei begegnen, weiteres Interesse finden und nicht nur Zurückhaltung in bezug auf den mutmaßlichen Umfang einer Theorie für Alles nahelegen. Aber bevor wir diesem achtfachen Weg folgen, wollen wir am Anfang beginnen und zunächst an einige der ersten Theorien für Alles erinnern. Wir fragen danach, wie das, was zu ihnen führte, zu dem heranreifen konnte, was im zwanzigsten Jahrhundert Forscher veranlaßte, nach dem Wesen der Dinge zu fragen.

Mythen

Da ich ein Kind war, redete ich wie ein Kind und war klug wie ein Kind und hatte kindische Anschläge; da ich aber ein Mann ward, tat ich ab, was kindisch war.

Paulus

Wenn man die mythologischen Darstellungen vom Ursprung der Welt und der Situation ihrer Bewohner überdenkt, erhält man das Gefühl, an eine Theorie für Alles geraten zu sein. Überall findet man Vollständigkeit, Vertrauen und Gewißheit. Alles hat einen Ort, und alles ist an seinem richtigen Ort. Nichts geschieht zufällig. Es gibt weder Lücken noch Ungewißheiten, weder Fortschritt noch Zweifel. Alle Dinge sind miteinander in sinnvoller Weise zu einem Gewebe verflochten, das durch die Stränge der Gewißheit gehalten wird. Sicherlich waren dies die ersten Theorien für Alles.

Der Ausdruck «Mythos» hat in der Alltagssprache eine Bedeutung erhalten, die seinen wahren Gehalt verdeckt, denn wir verwenden ihn manchmal abwertend. Wenn wir etwas «einen Mythos» nennen oder die

Versicherungen eines Politikers als «mythisch» bezeichnen, sagen wir damit heute nur in gepflegter Form, diese Dinge seien falsch oder unzuverlässig. Wenn wir andererseits die Mythen einfach den Legenden, Märchen und anderer fantastischer oder fantasierender Literatur zuordnen, vernachlässigen wir eine für unsere Betrachtungen entscheidende Ebene. Ein Mythos hat eine Bedeutung. Er enthält eine Botschaft, die über die reine Erzählung hinausgeht; sie ermöglicht es dem Hörer zu verstehen, warum die Dinge so sind, wie sie sind. Wenn wir uns mit den Mythen eines Volkes beschäftigen, erfahren wir, anders als die ursprünglichen Hörer, nichts ungeheuer Interessantes über den Ursprung der Welt oder der Menschheit. Vielmehr erkennen wir bei ihnen, an welche Grenzen die Vorstellungskraft ihrer Autoren stößt. Mythen offenbaren, über was Menschen nachgedacht haben, wie weit sie dem nachgingen, was ihnen einer Erklärung wert war und inwieweit sie die Welt als Einheit sahen. Wenn wir zu fragen beginnen, was die Mythen im einzelnen bedeuten, denken wir nicht mehr so wie die ursprünglichen Hörer. Es ist, als ob man nach der Bedeutung von *Rotkäppchen* fragen würde. Daran würde kein Kind auch nur im Traum denken, sonst wäre es ja kein Kind mehr. Mythen sind wie Märchen auf vielen unbewußten Ebenen sinnvoll. Eine zu genaue Analyse ihrer Botschaft und Bedeutung würde diese Vielschichtigkeit verwischen und die Schar der Hörer, auf die sie wirken können, verringern. Mythen entstehen nicht auf Grund von Daten oder als Lösungen praktischer Probleme. Sie entstehen als ein Mittel gegen den Argwohn, die menschliche Seele sei angesichts des Unverstandenen zu klein und unbedeutend.

Unsere modernen Versuche, alles im Rahmen eines allumfassenden wissenschaftlichen Bildes zu erklären, unterscheiden sich in mancher recht subtilen Hinsicht von den Mutmaßungen und Erklärungen früherer Zeiten. Für unsere Vorfahren beruhte der Erfolg ihrer Theorien für Alles allein auf der Breite. Für uns zählen Breite *und* Tiefe. Man könnte zum Beispiel behaupten, das ganze Weltall sei vor hundert Jahren entstanden; alle komplizierten Bestandteile seien damals fertig gewesen, wiesen aber Züge auf, die den Anschein gäben, es existiere schon seit Jahrmillionen. Dann wäre alles erklärt, was es in der Welt gibt, und es mangelte unserer «Erklärung» wahrlich nicht an Breite, wohl aber an jeglicher Tiefe. Eine sehr ähnliche Theorie wurde in der Tat im neunzehnten Jahrhundert von Philipp Gosse in Erwägung gezogen; er versuchte, die sich aus Fossilien ergebenden Hinweise auf ein höheres Alter der Erde mit dem weitverbreiteten Glauben an einen göttlichen Schöpfungsakt vor nur wenigen tausend Jahren zu vereinbaren. Gosse behauptete zu Unrecht, das Gestein sei gleichzeitig mit den vorfabrizierten Fossilien entstanden und bezeuge daher (fälschlich) vergangene Generationen der Evolution. Eine gute Theorie kann im Gegensatz dazu mit einem Minimum an Voraussetzungen eine Fülle von Dingen erklären. Man könnte den Wert einer Herleitung an der Mühe messen, die die kürzeste Gedankenkette von der Voraussetzung bis zum Schluß erfordert, an der Abfallwärme also, die ein Computer erzeugt, der die Antwort vom Anfang an berechnen muß.

Für den Aufbau und die Entwicklung mythologischer Theorien für Alles spielten ihre Schwächen eine Schlüsselrolle. Eine schwache Erklärung ist keine gute Erklärung, weil für jede neuentdeckte Tatsache eine neue Überlegung nötig ist, wenn sie in das schon existierende Gewebe verflochten werden soll. Wir sehen das am besten an der Vielzahl der Götterwesen in den meisten alten Kulturen. Am Ende einer jeden kurzen Kette von Erklärungen steht eine Gottheit («Warum regnet es?» – «Weil der Regengott weint»). Jeder Versuch einer endgültigen Erklärung – ob sie nun mythologisch oder mathematisch ist – ist letztlich psychologisch verständlich. In den meisten Mythologien setzt das Auftauchen einer überlegenen Gottheit einen annehmbaren Schlußpunkt hinter die «Warum-Fragen». Je willkürlicher und unterschiedlicher die Erklärungen für die Naturereignisse sind, um so mehr Gottheiten wird man zu erfinden haben.

Die Mythen müssen zuerst einfach gewesen sein und sich lediglich mit einer einzigen Frage beschäftigt haben. Im Lauf der Zeit wurden sie verwickelt und unzugänglich: Nur das Gespür für die Gesetze der Poesie hielt sie zusammen. Das Gefühl für die Notwendigkeit einer Beschränkung ging verloren, als die Ursachen und Erklärungen immer vielfältiger wurden. Es kam schließlich einzig auf ihre glaubhafte Zusammensetzung an. Heute sind solche Erklärungsmuster unannehmbar. Die endgültige Erklärung muß nicht mehr alles umfassen.

Wenn die Anzahl der Gottheiten zunimmt, ergeben sich weitere Probleme, denn das führt zu einem Konflikt mit der Gesetzgebung der natürlichen Welt. Sicherlich entwickelt sich die Vorstellung, der Welt seien von einem höchsten Wesen allgemeingültige Gesetze auferlegt, keineswegs von selbst. Sogar im relativ hochentwickelten griechischen Götterbild ist die Vorstellung von einem allmächtigen kosmischen Gesetzgeber nicht sehr ausgeprägt. Entscheidungen fallen durch Verhandlung, List oder Streit, nicht durch die Verordnung eines Allmächtigen. Die Schöpfung ist, so betrachtet, eher das Ergebnis einer Ausschußsitzung als eines «Es werde». Am Ende führt jeder Appell an eine solch launenhafte Ansammlung erster Gründe zur Vervielfachung von *ad hoc*-Erklärungen, zu einem Erguß von unnötiger Komplexität, der immer mehr vom Gleichen fordert, damit es weitergehen kann. Moderne wissenschaftliche Erklärungen verknüpfen die Ursachen miteinander und suchen angesichts oberflächlicher Verschiedenheit immer nach Einheit; sie schätzen also mehr die Tiefe als die Breite. Eine tiefe, aber beschränkte Theorie kann sich – und sie tut das auch oft – zu einer tiefen und umfassenden entwikkeln. Eine breite und flache Theorie tut das nie.

Es ist nicht klar, wie die Urheber der ersten mythologischen Theorien von Allem gesehen werden sollten. Wir neigen zu der Annahme, sie seien Realisten gewesen und ihre Beschreibung der Welt sei deswegen schlimmstenfalls närrisch, bestenfalls falsch. Aber obwohl die meisten Hörer solche Geschichten zweifellos buchstäblich nahmen – in der Tat vertreten viele Menschen heute ähnliche Ansichten –, könnte es sehr wohl andere gegeben haben, die an sie nur als Bilder einer unerreichbaren Wahrheit dachten, oder Zyniker, die sie als nützliche Fabeln oder Mittel zum Erhalt des *status quo* sahen.

Damit wir die Mythenmacher und ihre Absichten nicht den verschleiernden Nebeln der Vergangenheit überlassen, sollten wir uns daran erinnern, wie sich der Wunsch nach vollständigen Erklärungen durch die Jahrhunderte zieht. Das auffallendste Beispiel sind die Menschen des Mittelalters mit ihrem gelehrten Streben nach Klassifizierung und Ordnung von allem, was wir wissen oder je von Himmel und Erde wissen könnten. Große Lehrgebäude wie die *Summa* des Thomas von Aquin oder die *Göttliche Komödie* Dantes versuchten, alles bestehende Wissen in labyrinthischer Einheit zu fassen. Alles hatte seinen Ort, und alles hatte seinen Sinn. Insgesamt jedoch war sie, wie C. S. Lewis bemerkt, etwas zu lähmend:

> Die menschliche Vorstellungskraft hatte selten etwas so raffiniert Geordnetes vor Augen wie den mittelalterlichen Kosmos. Für uns, die wir die Romantik gekannt haben, hat er vielleicht den Schönheitsfehler, ein bißchen zu geordnet zu sein. Trotz all seiner ungeheuren Räume könnte uns am Ende eine Art Platzangst erfassen. Bleibt da überhaupt nichts verschwommen? Keine unentdeckten Seitenwege? Kein Zwielicht? Können wir niemals wirklich nach draußen gelangen?

Primitive Völker sahen, daß das Streben nach Einheit und Vollständigkeit, in der alles seinen Platz findet, zu einem ungeheuer großen und unzugänglichen Flickwerk beunruhigender Bündnisse führt; so führte auch das Streben des mittelalterlichen Menschen zu einer ungeheuer komplizierten Zusammenfassung allen Wissens in einer Theorie von Allem. Wo der primitive Verstand einfallsreich Erfindungen machte, um Vollständigkeit zu erreichen, und dann vor dem Problem stand, all diese Idealbilder zusammenzupassen, war der mittelalterliche Mensch durch seine Achtung für die Bücher und Autoritäten seiner Zeit gebunden. Er betrachtete das ererbte geschriebene Wort der alten Philosophen als letzte Autorität; für moderne Physiker sind das die experimentellen Daten. Schon die Menge dieser schriftlich festgelegten Äußerungen machte jede Vereinheitlichung des philosophischen Denkens zu einem ungeheuren Unterfangen. Auch das zwanzigste Jahrhundert ist gegen solche Bestrebungen nicht gefeit. Wir brauchen nur an die Probleme zu denken, die sich um die Jahrhundertwende im Zusammenhang mit der Definition und Bedeutung der Mathematik ergeben haben. Die Formalisten wollten die Mathematik vor den Widersprüchen bewahren, indem sie erklärten, sie sei eine abgeschlossene Sache: Sie definierten sie als die Summe aller logischen Schlüsse, die sich unter Benutzung aller möglichen Schlußweisen aus allen möglichen Voraussetzungen herleiten ließen. Wie wir in einem späteren Kapitel sehen werden, erwies sich dieser Versuch, alle möglichen mathematischen Folgerungen zu erfassen, als unmöglich. Der Wunsch nach Vollständigkeit ließ sich nicht einmal hier, in dem am stärksten formalisierten und am besten kontrollierbaren menschlichen Wissensbereich, verwirklichen. Wo unsere Vorfahren zufrieden waren, wenn sie viele unbedeutendere Gottheiten geschaffen hatten, die jede an der Erklärung des Ursprungs bestimmter Dinge Anteil hatten, die wiederum oft einander widersprachen, besteht das Vermächtnis der großen monotheistischen Religionen in der Erwartung, es gäbe eine einzige, alles erfassende Erklärung für das Universum. Das Gefühl für die Einheit der Natur ist tief verwurzelt. Eine Beschreibung des Kosmos, die nicht einheitlich ist, sondern in Stücke zerfällt, läßt uns nach einem weiteren Prinzip suchen, das alles auf eine einzige Quelle zurückführt. Wieder bemerken wir, daß dieses eine im wesentlichen religiöse Motivation ist. Es gibt keinen logischen Grund, warum das Weltall nicht auch irrationale Größen oder willkürliche Elemente enthalten sollte, die keine Beziehung zum Übrigen haben.

Schöpfungsmythen

Man muß anerkennen, daß mythische Erklärungen in bezug auf Einheit und Stimmigkeit viel weiter reichen als wissenschaftliche. Denn die Wissenschaft sieht als ihr erstes Ziel nicht eine vollständige und endgültige Erklärung des Weltalls... Sie gibt sich mit Teilantworten und Einschränkungen zufrieden. Andere Erklärungen jedoch, seien sie magisch, mythisch oder religiös, umfassen alles. Sie lassen sich auf alle Bereiche anwenden. Sie beantworten alle Fragen. Sie erklären den Ursprung, die Gegenwart und selbst die Entwicklung des Weltalls.

Francois Jakob

Wir sind mit Mythen und wissenschaftlichen Erklärungen für alles um uns herum so vertraut, daß wir uns nicht leicht in den vorgeschichtlichen Menschen hineindenken können, der lebte, bevor solche Abstraktionen selbstverständlich waren. Damals, so könnte man vermuten, habe man sich einfach auf die Vernunft oder das Offensichtliche oder auf den Glauben an unsichtbare Wesen oder Geister verlassen. Aber das erfaßt den Unterschied nicht. In einem solch primitiven Stadium ist es vor allem eine Glaubenssache, wenn man einen Zusammenhang zwischen menschlichem Denken und der Beschaffenheit der Welt findet. Es ist keineswegs offensichtlich, daß die gewaltigen und nicht personifizierten Naturkräfte überhaupt einer Untersuchung oder Erklärung, geschweige denn einer Vorhersage zugänglich sind. In der Tat sind so viele ihrer Auswirkungen schrecklich und verheerend; viel überzeugender werden sie als Feind oder, noch schlimmer, als die irrationalen Kräfte von Chaos und Dunkelheit gesehen. Erst wenn uns so die Schuppen von den Augen gefallen sind, sollten wir uns mit dem beschäftigen, was sich in den Mythen und Überlieferungen aller Kulturen über den Ursprung der Welt findet. Von diesen Geschichten sagt man oft, sie veranschaulichten das Vorwissen, das einige wenige frühe Menschen über verbreitete moderne Vorstellungen wie die Schöpfung aus dem Nichts oder das unendliche Alter des Weltalls hatten; aber eine solche Überlagerung von alt und neu sollte nicht zu ernst genommen werden. Sie bezeugt lediglich eine verzerrte Sicht der Vergangenheit, eine, die sie nur dort wichtig nimmt, wo sie unser heutiges Denken vorausnimmt.

Die antike Kosmologie war nicht wissenschaftlich. Ihre Daseinsberechtigung war weder eine Erklärung der Beobachtungen noch eine Vorhersage. Vielmehr ging es darum, ein Gewebe von Bedeutungen auszuschmücken, innerhalb dessen seine Verfasser sich selbst wiederfanden und auf das sie sich beziehen konnten, wenn sie den Status des Unbekannten und Geheimnisvollen bewerten wollten. Sie rechtfertigten und stärkten ihre eigene Gesellschaftsordnung, indem sie sie mit der Geschichte vom Ursprung und der Form der Welt verglichen. Frances Yates hat beschrieben, wie groß der Kontrast zwischen ihren und unseren Zielen ist:

> Der Hauptunterschied zwischen der Weltsicht eines Magiers und eines Wissenschaftlers besteht darin, daß der erstere die Welt in sich selbst hineinziehen will, während der Wissenschaftler sie durch eine willentliche Anstrengung in die entgegengesetzte Richtung genau im Gegenteil externalisiert und entpersönlicht.

Der primitive Glaube an Ordnung und an den Zusammenhang von Ursache und Wirkung, wie er sich in Mythen zeigt, verträgt sich gut mit dem Glauben, es ließe sich bei allem ein Grund für seine Existenz finden – ein Grund, der den Naturkräften, die Leben und Tod in ihren Händen halten, den schuldigen Respekt zollt. Wenn die Naturkräfte personifiziert werden, reduziert sich diese Suche nach Gründen zu einer Schuldzuschreibung. Solche Verallgemeinerungen führen keineswegs zu einem eindeutigen Gedankengebäude, das besagt, wie das Weltall entstand. Beim Vergleich aller bekannten Mythen zum Ursprung der Welt finden sich jedoch nur überraschend wenig kosmologische Begriffe. Eher selten, und dann etwas doppeldeutig, zeigt sich ein Glaube an die Erschaffung der Welt aus dem Nichts, aber es gibt auch einen Glauben an den Neuaufbau der Welt aus einem vorherigen Chaos. Oft erklärt eine Geschichte nur die Ordnung in der Welt, die wir jetzt sehen. Die Vorstellung, es müsse zunächst ein früherer Zustand erklärt werden, aus dem dann die Welt geschaffen wurde, ist nicht gefragt oder wird schon von vornherein als Sackgasse erkannt. Gelegentlich stoßen wir auf eine Vorstellung von einem zyklischen Verlauf der Geschichte, die auf den täglichen und jährlichen Periodizitäten der natürlichen Welt beruht oder auch, noch abenteuerlicher, auf der Vorstellung von einer Welt ohne Anfang. Wir begegnen auch der hübschen Idee, die Welt sei aus einem «kosmischen Ei» geschlüpft oder sie sei Nachkomme der Umarmung zweier Welt-Eltern. Ähnlich finden wir eine Reihe von Traditionen, nach denen die Welt aus einem Urleib geboren oder von einem heldenhaften Taucher aus dem Urmeer des Chaos herausgefischt worden sei. Schließlich gibt es solche Mythen, in denen eine Titanenfigur nach einem verheerenden Kampf gegen die Kräfte von Chaos und Dunkelheit siegt. Aus dem Sieg des Lichts über die Finsternis entsteht dann unser eigener Kosmos.

All diese Möglichkeiten, die Existenz der Welt zu erklären, geben sich mit einem ersten Grund zufrieden, jenseits dessen Erklärungen nicht gesucht werden. Die Ursache ist insofern einfach, als sie eindeutig ist, während die Welt unserer Erfahrung befremdlich vielfältig ist. Diese fantastischen Spekulationen unterscheiden sich von allen modernen wissenschaftlichen Denkweisen über den Ursprung der Dinge, weil sie einen Beweggrund oder Auslöser der Schöpfung als letztes Ziel sehen. Ein Aspekt jedoch ist bei ihnen der gleiche wie bei modernen Versuchen, das Weltall zu verstehen. Alle beginnen als Erklärungsversuche für das, was wir um uns herum sehen; diese Suche führt unweigerlich zur letzten Frage: Wie ist das Weltall entstanden? Heute ist das wirkliche Ziel der Suche nach einer Theorie für Alles nicht, die Struktur aller Formen der uns umgebenden Materie aufzudecken, sondern vielmehr zu verstehen, warum es überhaupt Materie gibt; es geht um den Beweis, daß sich sowohl die Existenz als auch die besondere Struktur der physikalischen Welt verstehen lassen, und um die Frage, ob, in Einsteins Worten, «Gott die Welt auch anderes gemacht haben könnte», ob also der Zwang zu logischer Einfachheit überhaupt Freiheit läßt.

Algorithmische Kompression

Das Irrationale ist die Quadratwurzel alles Bösen.
Douglas Hofstadter

Die Naturwissenschaft hat das Ziel, der Vielfalt der Natur Sinn zu geben. Sie beruht nicht allein auf Beobachtung. Die Beobachtung hilft ihr zwar dabei, Information über die Welt zu gewinnen und Vorhersagen darüber zu überprüfen, wie die Welt auf neue Umstände reagieren wird; das Wesen der Naturwissenschaft liegt jedoch zwischen diesen beiden Verfahren. Bei ihr geht es eigentlich darum, in Verzeichnissen der Beobachtungsdaten wiederkehrende Muster zu finden und daraus Kurzfassungen zu erstellen. Das Erkennen solcher Muster erlaubt es, den Informationsgehalt der beobachteten Ereignisfolge durch eine Art Kurzschrift zu ersetzen, die denselben oder fast denselben Informationsgehalt hat. In dem Maß, in dem die wissenschaftliche Methode reifer wurde, sind uns diffizilere Muster bewußt geworden, neue Symmetrieformen und neue Algorithmen, die auf wunderbare Weise ungeheure Mengen von Beobachtungsdaten in kompakte Formeln zusammenfassen können. Newton entdeckte, daß sich alle Information, die er über die Bewegung der Körper am Himmel und auf der Erde gewinnen konnte, in jene einfachen Regeln fassen ließ, die er «die drei Bewegungsgesetze» und «Gravitationsgesetz» nannte.

Wir können dieses Bild der Naturwissenschaft der Deutlichkeit zuliebe weiter ausmalen. Nehmen wir an, uns würde eine Folge von Symbolen vorgelegt. Zur Veranschaulichung wählen wir hier Zahlen und nennen die Zahlenfolge «zufällig», wenn es für sie keine Darstellung gibt, die kürzer ist als sie selbst. Sie heißt dagegen «nichtzufällig», wenn es eine solche abgekürzte Darstellung gibt. Wir können zum Beispiel die Folge der Zahlen 2,4,6,8,... als die Menge aller positiven geraden Zahlen beschreiben. Schon mit einem kurzen Programm ließe sich einem Computer befehlen, die ganze unendliche Folge zu erzeugen.

Allgemein gesagt ist eine Zahlenfolge um so weniger zufällig, je kürzer sie ist. Wenn es überhaupt keine abgekürzte Darstellung gibt, ist die Folge in dem Sinn zufällig, daß keine Ordnung erkennbar ist, mit deren Hilfe wir ihren Informationsgehalt genauer erfassen können. Es gibt keine andere Darstellung als ihre volle Auflistung. Jede Folge von Symbolen, die abgekürzt dargestellt werden kann, heißt *algorithmisch komprimierbar*.

So gesehen ist die Naturwissenschaft die Suche nach algorithmischer Kompression. Wir geben Folgen von Beobachtungsdaten an. Wir versuchen, Algorithmen zu formulieren, die den Informationsgehalt solcher Folgen darstellen. Dann überprüfen wir die Richtigkeit unserer hypothetischen Abkürzungen, indem wir mit ihrer Hilfe die nächsten Glieder der Folge bestimmen. Diese Vorhersagen vergleichen wir dann mit der Datenfolge selbst. Wären Daten nicht algorithmisch komprimierbar, wäre alle Naturwissenschaft eine Art stumpfsinniges Briefmarkensammeln – einfach die Anhäufung aller verfügbaren Daten. Die Naturwissenschaft beruht auf der Überzeugung, daß das Universum algorithmisch komprimierbar ist. Die moderne Suche nach einer Theorie für

Alles ist letztlich Ausdruck dieser Überzeugung, einer Überzeugung also, daß es für die Logik hinter den Eigenschaften des Weltalls eine abgekürzte Darstellung gibt, die sich in endlicher Form durch Menschen niederschreiben läßt.

Das Instrument, das es uns erlaubt, auf diese Weise eine Kurzfassung des Informationsgehalts der Wirklichkeit zu geben, ist der menschliche Geist. Das Gehirn ist der beste algorithmische «Informationskompressor», dem wir bis jetzt in der Natur begegnet sind. Es reduziert komplexe Folgen von Sinneseindrücken zu einfachen, kurzen Formen, welche die Existenz von Gedanken und Gedächtnis ermöglichen. Die natürlichen Grenzen, die die Natur der Empfindlichkeit unserer Augen und Ohren setzt, verhindern eine Überlastung mit Information über die Welt. Sie stellen sicher, daß das Gehirn ein erträgliches Maß an Information empfängt, etwa wenn wir ein Bild anschauen. Würden wir alles bis in den subatomaren Maßstab sehen, müßte die Gehirnkapazität zur Informationsverarbeitung ungeheuer groß sein. Damit unser Körper rasch genug reagieren und Gefahren vermeiden kann, müßte die Verarbeitungsgeschwindigkeit viel größer sein, als es tatsächlich der Fall ist. Darüber werden wir im letzten Kapitel des Buchs mehr zu sagen haben, wenn wir die mathematischen Aspekte unserer geistigen Informationsverarbeitung untersuchen.

Dieses einfache Bild von wissenschaftlicher Forschung als der Suche nach algorithmischer Komprimierbarkeit ist zwingend, aber auch in vieler Hinsicht naiv. In den folgenden Kapiteln werden wir sehen, warum das so ist, und die acht Gesichtspunkte überprüfen, die wir für unser Verständnis der physikalischen Welt schon als notwendig herausgestellt haben. Wir werden aufzeigen, welche Rolle jeder dieser Aspekte bei der gegenwärtigen Suche nach einem allumfassenden Weltbild spielt. Beginnen wollen wir dabei mit dem ältesten Begriff, dem der Naturgesetze.

2. Naturgesetze

Es sucht wohl eine andere Welt, wer diese kennenlernt.

Henry Vaughan

Ein kulturelles Erbe

We are the music-makers
And we are the dreamers of dreams
Wandering by lone sea-breakers
And sitting by desolate streams;
World-losers and world-forsakers,
On whom the pale moon gleams:
Yet we are the movers and shakers
Of the world forever, it seems.

Arthur O'Shaughnessy *

Zu unserem Begriff vom Naturgesetz haben sich viele Stränge verflochten. Primitive Völker waren vor allem von den Unregelmäßigkeiten in der Natur beeindruckt: von Katastrophen, Plagen und Seuchen. Im Lauf der Zeit verschob sich die Betonung mehr auf die in der Umwelt beobachteten Regelmäßigkeiten und die Möglichkeiten ihrer vorteilhaften Nutzung. Der Wirrwarr der vielfältigen Naturerscheinungen begann, sinnvolle Gestalt anzunehmen. Die Unregelmäßigkeiten wurden eher als Ausnahmen und weniger als Naturzustand der Welt gesehen. Hinter dem, was man in der Welt vorfand, wurde dann also ebenso eine gewisse

* Wir sind die Musikanten / Und wir sind Träumer von Träumen, / Die an Sturzwellen vorbei wandern / Und an verlassenen Strömen sitzen; / Welt-Verlierer und Welt-Versager, / Auf die der bleiche Mond scheint: / Und doch bewegen und erschüttern wir / Die Welt immerfort, wie es scheint.

Ordnung vermutet, wie sie sich dort beobachten ließ, wo der Mensch in die Natur eingriff.

Die ersten Vorstellungen von der Ordnung der Welt waren von gesellschaftlichen und religiösen Gesichtspunkten bestimmt. Man entwickelte dabei vielfältige Erklärungsansätze. Beispielsweise wurde die Welt als Lebewesen aufgefaßt, das auf einen großen, zweckbestimmten Höhepunkt hinwächst und reift. Danach haben alle Teile der Welt ihren eigenen Beweggrund, der sie auf dem ihnen vorbestimmten Pfad hält. Sie folgen also nicht den Regeln eines von außen gegebenen Befehls, sondern beruhen auf den ihnen innewohnenden Eigenschaften.

Die Bedeutung der Dinge wurde hierbei in ihrem Zweck gesucht, nicht in ihrem jetzigen oder früheren Zustand. Andere Kulturen verglichen die Welt mit einer kosmischen Stadt, der ein höchstes Wesen transzendente Gesetze und Regeln auferlegt hatte. In dieser Festung, so meinten sie, werde zum Wohl des Menschen Ordnung bewahrt, außerhalb ihrer Mauern jedoch drohten Chaos und Unheil. In wieder anderen Kulturen herrschten ganz andere Vorstellungen. Dort brauchte man sich keinen äußeren Gesetzgeber vorzustellen, weil man im Zusammenwirken der Dinge eine Harmonie sah, die das Ganze in wechselseitiger Übereinstimmung und Beziehung zueinander hielt. Die Weltordnung gleicht unter solchen Umständen eher der eines Ameisenhaufens, in dem jedes Einzelwesen seinen Teil zum Ganzen beiträgt und alles aufeinander abgestimmt ist. Die Ordnung ist dann eine spontane Reaktion auf die Erfordernisse des Gesamtsystems, nicht das unvermeidliche Ergebnis ewiger und unveränderlicher Naturgesetze.

In unseren modernen Kulturen beeinflußte die Religion die Auffassung der Naturgesetze auf unterschiedliche Weise. Im jüdisch-christlichen Westen hatte die Vorstellung von einem göttlichen Gesetzgeber großes Gewicht. Danach sind die Naturgesetze die Gebote eines transzendenten Gottes; in ihnen findet der Glaube an eine zugrundeliegende Ordnung der Dinge seinen Niederschlag. Sie rechtfertigen die Erforschung der Natur als ein weltliches Unterfangen. Sie schließen Naturgötter aus und lassen keine Konflikte entstehen, wie sie sich ergeben, wenn es mehr als einen Gesetzgeber gibt. Im Fernen Osten, etwa in Kulturen wie der frühen chinesischen, überwog eine liberalere Auffassung: Danach wirkte die Natur ganzheitlich auf ein harmonisches Gleichgewicht hin, in dem alle Teile miteinander in Beziehung stehen und ein Ganzes erzeugen, das mehr ist als die Summe seiner Teile.

Es ist nicht schwer zu sehen, warum die ganzheitliche Sicht des Ostens den wissenschaftlichen Fortschritt erschwerte. Sie widerspricht der Auffassung, daß man Teile der Welt getrennt vom Rest wahrnehmen kann – daß die Welt *analysiert* werden kann – und daß man einen Teil verstehen kann, ohne das Ganze zu verstehen. Modern gesprochen sieht das Abendland die Natur als ein lineares Phänomen, in dem das, was an einem bestimmten Ort zu einer bestimmten Zeit geschieht, ausschließlich durch das bestimmt wird, was unmittelbar zuvor in der unmittelbaren Umgebung geschah. Ganzheitlich gesehen ist die Welt im tiefsten Grund nicht-linear; es herrschen also nicht-lokale Einflüsse vor, deren Wechselwirkung dann zu einem komplizierten Ganzen führt. Die östliche Sicht war keineswegs irregeleitet, sie kam vielmehr einfach zu früh. Erst vor kurzem haben Wissenschaftler mit Hilfe von sehr flexibler Computergrafik die Beschreibung komplexer nicht-linearer Systeme in Angriff nehmen können. Eine erfolgreiche Untersuchung der Naturgesetze muß mit den einfacheren linearen Problemen beginnen, wenn sie sich je erfolgreich zu der durch die Nicht-Linearität bedingten ganzheitlichen Komplexität durchkämpfen will.

Nachdem wir so mit groben Pinselstrichen die Beziehung zwischen der Religion und der von ihr beeinflußten Naturphilosophie umrissen haben, ist ein warnendes Wort angebracht. Einige Apologeten gehen weiter und behaupten, die moderne Wissenschaft habe sich nur aufgrund der christlichen Wurzeln des Abendlandes oder sogar nur aus ihnen entwickeln können. Diese Behauptung enthält, wenn sie richtig interpretiert wird, zweifellos ein Körnchen Wahrheit, aber unkritisch übernommen ist sie ebenso falsch wie die verbreitete Vorstellung, Religion und Wissenschaft seien wie die Kräfte von Licht und Dunkelheit immer im Widerstreit gewesen. Sicherlich hat die Vorstellung von allgemeingültigen Naturgesetzen eine monotheistische Grundlage, denn die moderne Naturwissenschaft hat sich erst nach den Ereignissen, die die Religionsgeschichte prägten, zur vollen Reife entwickelt. Zudem waren viele große Naturwissenschaftler gläubige Menschen, die in ihr wissenschaftliches Werk ausdrücklich eine religiöse Begründung und Motivation einbrachten. Diese Tatsachen lassen sich nicht leugnen, aber es ist ein enormer Gedankensprung, aus dieser Zusammenfassung des Geschehens zu schließen, daß die moderne Naturwissenschaft deshalb notwendig eine Folge unserer christlichen Vergangenheit sein müsse und sich ansonsten nicht hätte entwickeln können. Es gab sicherlich viele religiöse Naturwissenschaftler – wie Kepler, Newton, Boyle oder Maxwell, aber immer haben sie jene Aspekte ihres Glaubens betont, die gut zu ihren wissenschaftlichen Eingebungen und Tätigkeiten paßten. Zu einer Zeit, als die Religion im öffentlichen Leben eine viel größere Rolle spielte als heute, waren sie zufrieden, wenn ihr Werk mit einer christlichen Weltanschauung übereinstimmte. Es gab immer andere christliche Lehrmeinungen, die sich weniger zwanglos mit wissenschaftlicher Forschung vereinbaren ließen und die eben diese Wissenschaftler unbewußt herunterspielten oder ignorierten. Zu allen Zeiten ließen sich unter den Theologen und Philosophen auch solche finden, die die Naturwissenschaft für abscheulich, materialistisch oder sogar gotteslästerlich hielten. Die für einen erfolgreichen Wissenschaftler nötigen Tugenden werden weder besonders noch ausschließlich durch unser jüdisch-christliches oder irgendein anderes Erbe verkörpert. Die Annahme, die Wissenschaft habe notwendigerweise und nicht nur tatsächlich religiöse Vorläufer, läuft auf ein Bekenntnis zu einer deterministischen Geschichtstheorie mit eindeutigen Wirkungen und Ursachen hinaus. Die wirkliche Welt ist unvergleichlich viel komplizierter: Sie ist ein Geflecht aus vielen miteinander verknoteten und in sich verwirrten Strängen, dessen Anfang uns unerreichbar ist und dessen Ende wir nicht absehen können.

Die Suche nach Einheit

Was Gott getrennt hat, soll der Mensch nicht zusammenfügen.

Wolfgang Pauli

Ebenso wie wir immer höhere Anforderungen an unsere Erklärungen und Vorstellungen vom Weltall stellen, geht auch das Ausmaß dessen, was wir erklären müssen, weit über das hinaus, was unsere Vorfahren sich vorstellen konnten. Während ihre Komplexität zunahm, zerfiel die Physik in Spezialgebiete, die ihrerseits wiederum in handliche Stücke aufgeteilt wurden. Jeder Teilbereich kann eigene Erfolge bei der Erstellung mathematischer Theorien über die Grundkräfte der Natur vorweisen und uns zutreffende Beschreibungen der jeweils verschiedenen Wechselwirkungen zwischen Materieteilchen und Licht liefern. An diesen Theorien fällt außer ihrem gewaltigen Erfolg besonders auf, daß sie bis vor kurzem nach Form und Inhalt verschieden waren. Jede grenzte sich von den anderen ab, als ob sie Auswüchse einer merkwürdigen Wahnvorstellung von der Natur wären. Das läuft unserer Überzeugung von einer Einheit der Natur entschieden zuwider.

Nur sehr selten haben Naturwissenschaftler den ehrgeizigen Versuch unternommen, eine physikalische Theorie zu konstruieren, die alle erfolgreichen Theorien der Naturkräfte zu einem einzigen Bild zusammenfügt, aus dem sich im Prinzip alle anderen Dinge herleiten lassen. Ein Vertreter unserer modernen Sichtweise von der Einheit der Natur war Bernhard Riemann, der im neunzehnten Jahrhundert die Grundlage für die systematische Behandlung nichteuklidischer Geometrien legte. Er hatte die Vision einer durch die Mathematik geeinten «Gesamttheorie der Physik» und schrieb dazu an den Mathematiker Richard Dedekind:

So läßt sich eine vollkommen in sich abgeschlossene mathematische Theorie zusammenstellen, welche von den für die einzelnen Punkte geltenden Elementargesetzen bis zu den Vorgängen in dem uns wirklich gegebenen continuierlich erfüllten Raume fortschreitet, ohne zu scheiden, ob es sich um die Schwerkraft oder die Electrizität, oder den Magnetismus, oder das Gleichgewicht der Wärme handelt.

Besonders berühmte Versuche, eine solche Theorie zu verwirklichen, unternahmen Eddington und Einstein sowie später auch Heisenberg. Aber diese Versuche blieben aus mehreren Gründen erfolglos. In der Rückschau erkennen wir, wie unvollständig damals die Theorie der Elementarteilchen war. Weder Einstein noch Eddington konnten auch nur ahnen, was zu einer Vereinheitlichung nötig wäre. Das von ihnen entzündete Feuer glühte jedoch im Hintergrund weiter, auch wenn es oft von dem Feuerwerk der jeweils neuesten Fortschritte im Verständnis bestimmter Teile der Natur überstrahlt wurde, bevor es – durch Versuche theoretischer Physiker wieder angefacht – unser Weltbild in einem neuen Licht zeigte. Während die frühen Wegbereiter der Vereinheitlichung von ihren Kollegen als Einzelgänger angesehen wurden, die nur wegen anderer glänzender Beiträge zur Physik anerkannt wurden, schwimmen die heutigen Vereinheitlicher mit dem Strom der Physik und können sich immer wieder des Zulaufs der begabtesten jungen Studenten erfreuen. Darin unterscheidet sich die Physik der achtziger Jahre von ihren Vorläufern.

Von den heutigen Anwärtern auf den Titel einer «Theorie für Alles» hofft man, sie könnten alle Naturgesetze in einer einzigen und einfachen Darstellung zusammenfassen. Daß wir eine solche Vereinheitlichung überhaupt suchen, sagt etwas Wesentliches darüber aus, was wir in bezug auf das Universum erwarten. Diese Erwartungen stammen wohl aus einer Verschmelzung unserer früheren Welterfahrung und übernommenen religiösen Überzeugungen über ihr Wesen und ihren Sinn. Unsere monotheistischen Traditionen bestärken uns in der Annahme, daß das Universum im Grunde eine Einheit ist und nicht an verschiedenen Orten verschiedene Gesetze gelten. Es ist weder ein Überbleibsel aus dem Kampf der Titanen, die der Natur der Dinge die Willkür ihres Willens aufzwangen, noch der Kompromiß eines kosmischen Rates. Zur Tradition des christlichen Abendlandes gehört auch die Annahme, alle Dinge seien von einer Logik bestimmt, die unabhängig von diesen Dingen herrscht, und die Gesetze seien – gleichsam als Gebote eines transzendenten göttlichen Gesetzgebers – von außen auferlegt. In anderer Hinsicht spiegeln unsere vorgefaßten Meinungen unsere Traditionen. In einigen spüren wir die Kraft des griechischen Gebots, wonach der Aufbau der Welt eine notwendige und unbeugsame Wahrheit ist, die gar nicht anders sein kann. Andere dagegen halten andere Weltsysteme ebenso für möglich – danach ist das Universum kontingent. In diesem Zusammenhang ist eine Bemerkung von Charles Babbage erwähnenswert. Dieser Exzentriker des neunzehnten Jahrhunderts und Wegbereiter des Computers beschäftigte sich viel mit dem Begriff des Naturgesetzes. Er verglich als erster die Welt der Materie mit einem Rechner, dessen Programm (wie wir heute sagen) die Naturgesetze enthält. Dieses Bild führte ihn weiter zur Vorstellung eines anderen Programms, eines, bei dem gelegentlich auch Unregelmäßigkeiten oder neue Erscheinungen auftreten:

> Je mehr der Mensch die Gesetze erforscht, die das materielle Universum bestimmen, desto stärker ist er davon überzeugt, daß alle seine verschiedenen Formen auf der Wirkung einiger weniger Grundsätze beruhen. Die Prinzipien selbst streben immer rascher auf ein noch umfassenderes Gesetz zu, dem alle Materie unterworfen zu sein scheint. Dieses Gesetz mag möglicherweise ganz einfach sein, und doch darf man nicht vergessen, daß es nur eins unter unendlich vielen solchen Gesetzen ist: Jedes dieser Gesetze kann Folgen haben, die mindestens so weit reichen wie die des bestehenden, und deshalb muß der Schöpfer, der das jetzige Gesetz auswählte, die Folgen aller anderen Gesetze vorhergesehen haben.

Wir sind fasziniert von dem, was wir gewöhnlich «Schönheit» nennen; wir verbinden es mit einer innewohnenden Einheit und Harmonie angesichts oberflächlicher Vielfalt und Verschiedenheit. Wir erwarten deshalb, daß sich die Einheit der Welt auf besondere Weise ausdrücken lassen müsse. Als Physiker können wir oft hören, wie von der «Schönheit» oder «Eleganz» bestimmter Gedanken oder Theorien in einem solchen Maße gesprochen wird, daß wir diesen Schönheitssinn zum Leitfaden oder sogar zu einer Vorbedingung für die Formulierung von richtigen mathematischen Theorien über die Natur machen – so, wie es Dirac einmal ausgeführt hat. Auf die Frage, was er meine, wenn er von der Schönheit einer mathematischen Theorie der Physik spreche, antwortete Dirac, daß man es dem Frager nicht zu erklären brauche, wenn er ein Mathematiker sei; einem Nicht-Mathematiker jedoch könne man es unmöglich klarmachen.

Diracs Forderung nach Schönheit mag anderen Naturwissenschaftlern, einem Biologen etwa, merkwürdig erscheinen, besonders dann, wenn er entdeckt, wie wenig effektiv sich die Physiker trotz all ihrer mathematischen Möglichkeiten erweisen, sobald sie in den Bereich des Lebendigen eindringen. Physiker sind ja daran gewöhnt, sich mit den ursprünglichen Symmetrien und Grundgesetzen der Natur abzugeben. Diese Gewohnheit bringt sie dazu, überall Symmetrie und mathematische Eleganz zu erwarten und zu suchen. Aber die Welt des Lebendigen ist kein Marmorpalast. Sie ist vielmehr der Wirrwarr, der durch natürliche Auslese und den Wettstreit vieler miteinander wechselwirkender Faktoren entstand. Das Ergebnis ist oft weder elegant noch symmetrisch.

Roger Bosćovič

Lieber Leser, du hast eine Theorie der Naturphilosophie vor dir, die aus einem einzigen Kraftgesetz hergeleitet wurde.

Roger Bosćovič

Unser Bild von der physikalischen Welt hat sich in diesem Jahrhundert so rasant entwickelt, daß wir uns nur mit Mühe in die Lage eines Wissenschaftlers aus einem früheren Jahrhundert zu versetzen vermögen. Newton kannte keine Klassifizierung der Naturkräfte. Radioaktivität und Kernkräfte waren unbekannt, Elektrizität und Magnetismus galten als gänzlich verschieden. Bevor Newton die irdischen und himmlischen Einflüsse der Schwerkraft vereinheitlichte, wurden sie begrifflich völlig verschieden erfaßt. Newton vereinfachte unsere Wahrnehmung der Welt, indem er alles, was mit der Schwerkraft zu tun hatte, in einem einzigen Schema beschrieb; in ihm führte er alle beobachteten Wirkungen auf eine einzige Anziehungskraft zurück, die zwischen allen Massen wirkt. Trotz des Erfolgs, den dieses Unterfangen dabei und in den Bereichen der Thermodynamik und Optik hatte, in denen er eine Fülle verwirrender Beobachtungen logisch einfach erfassen konnte, wußte Newton, daß es ihm verborgene geheimnisvolle Bereiche gab. Er vermutete weitere Naturkräfte – «sehr starke Anziehungen» –, die Körper zusammenhalten, verfolgte diesen Verdacht jedoch nicht weiter.

Eine besonders bemerkenswerte, aber vernachlässigte Gestalt in der Geschichte der modernen europäischen Naturwissenschaft war Roger Bosćovič. Dieser serbokroatische Jesuit war ein Dichter und gleichzeitig als Architekt Ratgeber von Päpsten, ein Weltbürger, der zur gesellschaftlichen Oberschicht gehörte, Diplomat und Geschäftsmann, Theologe, Berater von Regierungen und Mitglied der Royal Society, vor allem aber Mathematiker und Wissenschaftler und leidenschaftlicher Anhänger Newtons. Er hatte als erster eine Vision einer wissenschaftlichen Theorie für Alles. Sein berühmtestes Werk, die *Theoria Philosophiae Naturalis* wurde 1758 in Wien veröffentlicht und fand nach mehreren Auflagen eine endgültige Fassung in der 1763 in Venedig verlegten erweiterten und überarbeiteten Ausgabe. Bosćovićs Einfluß reichte weit und war besonders in England stark, wo Faraday, Maxwell und Kelvin bekundeten, wieviel sie seinen Anregungen verdankten.

Bosćovič beabsichtigte, das Newtonsche Gesamtbild der Natur wesentlich zu erweitern. Insbesondere versuchte er, «alle beobachteten physikalischen Erscheinungen aus einem einzigen Gesetz herzuleiten». Dabei führte er eine Anzahl neuer Begriffe ein, die zum Teil noch heute das Denken der Naturwissenschaftler beeinflussen. Er legte großen Wert auf die atomistische Vorstellung, betonte, daß die Natur aus identischen Elementarteilchen besteht, und beabsichtigte zu zeigen, daß größere Körper endlicher Größe durch die Wechselwirkung zwischen ihren elementaren Bestandteilen entstehen. Die sich daraus ergebenden Strukturen sah er als Gleichgewichtszustände zwischen den einander entgegengesetzten Kräften von Anziehung und Abstoßung. Damit wurde zum ersten Male ein ernsthafter Versuch gemacht, die Existenz von Festkörpern in der Natur zu verstehen. Wie Bosćovič erkannte, reicht Newtons Gravitationsgesetz allein zur Erklärung von Strukturen bestimmter Größe nicht aus, denn es schreibt der Schwerkraft keine für sie typische Längenskala zu, in der ihre Wirkungen besonders deutlich sind. Die Abhängigkeit mit dem Inversen des Quadrats des Abstands zeichnet keinen Längenbereich aus; die Reichweite der Kraft ist unendlich. Damit es Körper bestimmter Größe geben kann, muß innerhalb einer kleineren Längenskala zwischen der Schwerkraft und einer anderen Kraft ein Gleichgewicht bestehen.

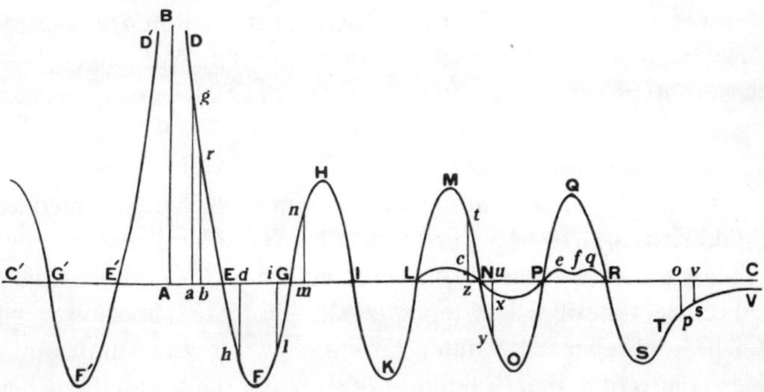

2.1 Bosćovičs ursprüngliches Kraftgesetz, wie er es in seiner zuerst 1758 veröffentlichten *Theoria Philosophiae Naturalis* beschreibt. Die Veränderung der Kraft zwischen zwei «Massepunkten» in Abhängigkeit von ihrer Entfernung wird durch die Wellenkurve beschrieben, die nacheinander durch die Punkte DFHKMOQSTV läuft. Die Abszisse AC gibt ihre Entfernung an, entlang der Ordinate AB ist die Kraftstärke aufgetragen. Die Kraft wirkt abstoßend, solange diese Kurve oberhalb der Geraden AC verläuft, und anziehend, wenn sie darunter liegt. Bei sehr großen Entfernungen (bei und jenseits von V) ist sie anziehend und näherungsweise gleich der Kraft, die sich aus dem Newtonschen Gravitationsgesetz ergibt. Wenn der Abstand zweier Punkte sehr klein ist, ist die Kraft abstoßend, was verhindert, daß alle Materie zur Größe Null zusammenfällt. Angesichts dieses Bildes bemerkt Bosćovič: «Ein Gesetz dieser Art mag auf den ersten Blick sehr kompliziert und als das Ergebnis der recht zufälligen Kombination mehrerer verschiedener Gesetze erscheinen. Es kann jedoch von der einfachsten Art sein und nicht im geringsten kompliziert; es läßt sich zum Beispiel durch eine einzige stetige Kurve darstellen... Es genügt, sie nur anzuschauen.»

Bosćovič schlug ein alle bekannten physikalischen Wirkungen umfassendes vereinheitlichtes Kraftgesetz vor. Dieses nannte er seine «Theorie». Bei großen Entfernungen, wie sie die Beobachtung des Mondes erfordern, nähert es sich dem Newtonschen Gravitationsgesetz. Bei kleineren Abständen jedoch wirkt die Kraft abwechselnd anziehend und abstoßend; dadurch entstehen Gleichgewichtsstrukturen, deren Größen durch die für dieses Kraftgesetz charakteristischen Längenskalen bestimmt sind. Abbildung 2.1 veranschaulicht das von ihm vorgeschlagene «Kraftgesetz». Bosćovič betonte, sein Gesetz sei nicht nur eine «zufällige» Ansammlung von Kräften, sondern eine «einzige stetige Kurve», was seiner Meinung nach das alles umfassende vereinheitlichende Wesen der Theorie bezeugt. Zusätzlich zu der hier gezeigten anschaulichen Darstellung seines Kraftgesetzes formulierte Bosćovič sein Gesetz als eine konvergierende Folge mathematischer Terme, Potenzen des Inversen des Abstands, von denen jede kleiner war als ihr Vorgänger; je mehr Terme summiert werden, desto besser wird die Näherung an das wahre Kraftgesetz.

Es gibt in Bosćovičs detaillierter Abhandlung viele andere Neuerungen; hier möchten wir die Aufmerksamkeit nur auf einen einzigen weiteren Punkt richten: Er war der erste, der eine vereinheitlichte mathematische Theorie aller Naturkräfte erahnte, danach suchte und sie schließlich aufstellte. Sein stetiges Kräftegesetz war die erste Theorie für Alles. Vielleicht konnte im achtzehnten Jahrhundert nur ein so umfassend gebildeter Theoretiker und Praktiker wie Bosćovič die Mutmaßung hegen, die Natur selbst sei nicht weniger vielfältig.

Symmetrien

«Ja unbedingt», erwiderte Whimsey, «ich bin imstande zu glauben, ohne zu verstehen. Das ist Übungssache.»

Dorothy Sayers

Für die alten Griechen stellten die stets gleichbleibenden Harmonien der Natur die vollkommensten Naturgesetze dar. In den letzten zweihundert Jahren hat sich der Begriff vom Naturgesetz zu einem System von Regeln gewandelt, die angeben, wie sich die Dinge in Raum und Zeit verändern. Wir möchten also den Zustand eines Systems, das wir hier und jetzt kennen, zu späteren Zeiten und an anderen Orten vorhersagen können.

Merkwürdigerweise lassen sich solche Gesetze über Veränderungen immer in völlig äquivalente Aussagen umformen, die sicherstellen, daß etwas unverändert bleibt: Diese immer gleichen Größen werden *Invarianten* genannt.

Im Lauf des neunzehnten Jahrhunderts haben Mathematiker viel Zeit darauf verwendet, alle denkbaren Arten von Veränderung und zugehöriger Invarianz sowohl ganz konkret als auch abstrakt zu klassifizieren. Diese Klassifizierung führte zu dem Zweig der Mathematik, den wir heute *Gruppentheorie* nennen. Eine «Gruppe» ist eine Menge von Veränderungen mit drei einfachen Eigenschaften: Es muß die Möglichkeit geben, daß sich nichts verändert, es muß die Möglichkeit geben, daß jede Veränderung wieder aufgehoben oder in den Urzustand umgekehrt werden kann, und irgend zwei Veränderungen müssen, nacheinander ausgeführt, eine Veränderung ergeben, die sich auch durch eine einzige Veränderung erreichen ließe.

Selbst die grundlegendsten der uns bekannten physikalischen Gesetze entsprechen einer Invarianz, die wiederum einer Menge von Veränderungen äquivalent ist, die eine Symmetriegruppe bilden. Sie beschreibt all die Variationen eines unveränderlichen Grundmusters. So ist zum Beispiel die Erhaltung der Energie äquivalent mit der Invarianz des Bewegungsgesetzes in bezug auf zeitliche Verschiebungen (das Ergebnis eines Versuchs darf also nicht davon abhängen, zu welcher Zeit er ausgeführt wird, wenn alle anderen Faktoren gleich sind). Ebenso ist die Erhaltung des Impulses mit der Invarianz der Bewegungsgesetze in bezug auf die räumliche Lage des Versuchslabors äquivalent und die Erhaltung des Drehimpulses mit einer Invarianz in bezug auf die räumliche Orientierung des Labors. Andere Erhaltungsgrößen der Physik ergeben sich als Integrationskonstanten der Gesetze, die die Veränderung beschreiben, und stellen sich als äquivalent mit anderen weniger einsichtigen Invarianzen der Naturgesetze heraus. Interessanterweise beruft sich Newton nicht auf die Erhaltung der Energie. Bei den Erörterungen, die Naturwissenschaftler nach Newtons Zeit über die theologische Bedeutung seiner so erfolgreichen Weltbeschreibung anstellten, scheint die Existenz von Erhaltungsgesetzen vielmehr eher zu einer Verbreitung des Atheismus beigetragen zu haben. Einige, etwa Newton selbst, hatten das Gefühl, das dynamische Modell der Himmelsbewegungen (des Sonnensystems) brauche die stützende und ordnende Hand Gottes; die spätere Entdeckung der Erhaltungsgesetze ließ jedoch vermuten, daß in die Natur Grundlagen eingebaut sind, die die Welt daran hindern, einfach aufzuhören zu sein. Für göttliche Eingriffe blieb weniger Spielraum, als man angenommen hatte. In diesem Zusammenhang, also in bezug auf göttliche Einwirkung auf die Bewegung im Sonnensystem, machte Laplace sein berühmtes Geständnis *«Nous n'avons pas besoin de cette hypothèse-là»*. Später schwang das Pendel zurück; dann waren viele von der Notwendigkeit einer übernatürlichen Einwirkung überzeugt, weil sie meinten, es müsse ein Erhaltungsgesetz *verletzt* werden, damit das Universum aus dem Nichts entstehen kann. Zudem führte der offensichtliche Erfolg des Begriffs vom Naturgesetz zu einer Neuformulierung des teleologischen Gottesbeweises, der die Existenz Gottes anhand der Zweckmäßigkeit des Weltenplans nachweist. Wir gehen hier nicht weiter darauf ein, werden aber später, in Kapitel 6, seine Bedeutung besonders beleuchten.

Selbst heute haben viele Menschen das Gefühl, die Erschaffung der Welt aus dem Nichts müsse ein grundlegendes Erhaltungsgesetz verletzen, demzufolge es nichts umsonst gebe. Dabei weist tatsächlich nichts darauf hin, daß das Universum als Ganzes einen von Null verschiedenen Wert für diese Erhaltungsgröße aufweisen sollte. Anscheinend ist die gesamte Massenenergie aller Bestandteile eines *endlichen* Universums ihrem Betrag nach immer gleich, ihrem Vorzeichen nach jedoch entgegengesetzt zu der gesamten potentiellen Energie der Gravitation zwischen diesen Teilchen. Sie könnte also plötzlich und spontan auftreten, ohne die Erhaltung der Massenenergie zu verletzen. Entsprechend gibt es keine Hinweise darauf, daß das Universum insgesamt rotiert oder eine Gesamtladung hat. Wohl aber wäre die Entdeckung einer anderen Erhaltungsgröße möglich, die für das Universum insgesamt nicht null ist, oder es könnten sich Hinweise auf eine Drehung oder eine nicht verschwindende elektrische Ladung ergeben. Diese Überlegungen beruhen auf der Annahme eines endlichen Universums. Wir wissen aber weder, ob sie berechtigt ist, noch werden wir es je wissen, weil die Endlichkeit der Lichtgeschwindigkeit uns immer nur einen endlichen Teil der Welt sehen läßt. Wenn das Universum eine unendliche Ausdehnung hat, ist völlig unklar, wie man damit Beobachtungsgrößen verknüpfen sollte, und die Frage, ob es aus dem «Nichts» erscheinen kann, ohne die Erhaltung von Ladung, Drehimpuls und Energie zu verletzen, ist viel schwieriger zu beantworten und noch nicht geklärt.

Die Tatsache, daß sich Gesetze für Veränderungen darstellen lassen als etwas, das bei allen möglichen Veränderungen, die ein bestimmtes in ihnen enthaltenes Muster wahren, unverändert bleibt, fand viel Resonanz bei den Physikern, die in der Natur nach Symmetrie und Harmonie suchten. Symmetrie ist das beherrschende Thema der Grundlagenphysik – in dieser Hinsicht steht die Elementarteilchenphysik der platonischen Tradition nahe. Die Mathematiker haben bei der Suche nach Symmetrie alle vorgefundenen Arten von Veränderungen katalogisiert und ihre wesentlichen Bestandteile sorgfältig in jenen Zweig der Mathematik eingebaut, der jetzt Gruppentheorie genannt wird. Wenn der Teilchenphysiker im Kaleidoskop seiner Wissenschaft alle möglichen Muster anschaut, findet er dort die Symmetrien, die für eine Anwendung in Frage kommen. Eine Vorauswahl stellt sicher, daß die möglichen Muster die gesamte Welt der Elementarteilchen umfassen und aus ihnen nichts folgt, was der Wirklichkeit offensichtlich widerspricht. Die verbliebenen Kandidaten werden dann mathematisch genauer untersucht, und das führt zu Vorhersagen darüber, wie Teilchen in einer Welt zusammenwirken sollten, in der die vorgegebene Symmetrie herrscht. So erweist sich also blindes Vertrauen auf Symmetrie als ein gutes Mittel, um Theorien für die Wechselwirkung zwischen Elementarteilchen zu gewinnen. Wir kennen kein solches Verfahren zum Aufstellen von Theorien, die weniger grundlegende Größen etwa in der Wirtschaft oder beim Wetter erklären. Die feste Burg der Symmetrie ist die unsichtbare Welt der kleinsten Teilchen.

Jede der vier Naturkräfte wird durch eine Theorie erfaßt, die sich aus der Annahme einer Invarianz gegenüber allen möglichen Veränderungen herleitet. Die Suche nach Vereinheitlichung geht darüber hinaus, indem sie darauf abzielt, die Erhaltungsgrößen der einzelnen Kräfte in einer einzigen «Großen Vereinheitlichung» zusammenzufassen, in die sich alle Teile eindeutig und vollständig einfügen. Solche Systeme sind nicht leicht zu finden. Bis vor kurzen noch zeigten sich bei allen große Mängel, wenn das entstehende Invarianzmuster zur Berechnung beobachtbarer Größen benutzt wurde. Man stieß nämlich bei den Rechnungen auf unendlich große Werte, mit denen man jeweils auf ganz besondere Weise umzugehen hatte, damit vernünftige Vorhersagen möglich waren.

Bis jetzt hat sich nur in einer kleinen Klasse ungewöhnlicher physikalischer Theorien eine solche Schwäche nicht gezeigt; sie wurden von Michael Green, John Schwarz und Edward Witten aufgestellt und als die vollständigsten Naturgesetze beschrieben. Bei diesen sogenannten Superstring-Theorien weist die Vorsilbe «Super» auf eine starke Symmetrie hin, die für sie gilt. Diese «Supersymmetrie» erfaßt eine Symmetrie zwischen sonst getrennten Klassen von Elementarteilchen, den sogenannten Bosonen und Fermionen. In den meisten Situationen läuft das auf eine Symmetrie zwischen Materie und Strahlung hinaus. Dieser Gedanke war schon lange vor Green, Schwarz und Witten bekannt. Sie jedoch konnten ihn mit der tragkräftigen Vorstellung eines «String» verbinden.

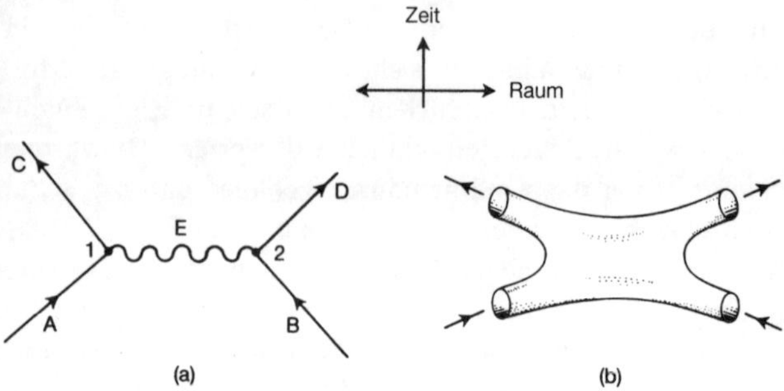

2.2 Schematische Darstellung von Wechselwirkungen zwischen zwei punktförmigen Teilchen A und B, die durch den Austausch von E vermittelt werden (a) und zur Erzeugung von C und D führen, sowie der Wechselwirkungen zwischen zwei Stringschleifen, die zu zwei Strings führen (b). Die Zeichnung gibt die Wechselwirkung in Raum und Zeit wieder, wobei zur Erleichterung der Darstellung alle Raumdimensionen bis auf eine unterdrückt wurden. Bei der Bewegung durch Raum und Zeit beschreibt der Punkt eine Bahn, die Schleifen jedoch beschreiben Röhren. Die mathematischen Unendlichkeiten, die mit der Wechselwirkung von Punkten verknüpft sind, entstehen an den Eckpunkten 1 und 2 in (a). Im Gegensatz dazu weist die Wechselwirkung zwischen Strings überhaupt keine scharfen Ecken auf; sie ist glatt und stetig, weil bei ihrer Berechnung keine mathematischen Unendlichkeiten auftreten.

Frühere Elementarteilchentheorien hatten die elementarsten Größen der Natur als punktförmige Teilchen gesehen, die keine endliche Ausdehnung haben (sie lassen sich beliebig genau lokalisieren; bei einem Beschuß mit anderen hochenergiereichen Teilchen weist nichts auf eine innere Struktur hin). Sie wurden von Quantenfeldtheorien beschrieben, in denen die allereinfachsten Elemente ausdehnungslose Punkte sind. Diese Theorien haben sich größtenteils durchaus zufriedenstellend bewährt, litten jedoch immer an Unendlichkeiten, die mit mathematischen *ad-hoc*-Methoden unterdrückt werden mußten. Im Lauf der Zeit wurden diese *ad-hoc*-Annahmen zunehmend lästig: Für jede Art Elementarteilchen mußten immer mehr Quantenfelder eingeführt werden, damit das Bild vollständig wurde. Strings ergeben ein viel schöneres Bild. Wenn die elementarsten Größen der Natur nämlich Fäden oder Saiten, also lineare Gebilde sind – die Physiker haben dafür das englische Wort String übernommen –, dann verschwinden wie von Zauberhand bei einigen allgemeinen Symmetrien alle unangenehmen Divergenzen der berechneten Größen. Das liegt an der Wechselwirkung zwischen Punkten und Linien. Abbildung 2.2 zeigt schematisch den Verlauf einer Wechselwirkung zwischen Punktteilchen und Strings. Bei der Wechselwirkung der Teilchen entstehen spitze Winkel, die mathematisch unendlich großen Werten entsprechen, während das glatte Bild der Röhren bei der Wechselwirkung zwischen Strings keine solchen Unstimmigkeiten erzeugt. Es könnte also sein, daß einige Naturgesetze, und nur diese, endlich und widerspruchsfrei sind.

Strings weisen eine Spannung auf, die von der Energie der Umgebung abhängt, in der sie sich befinden. Sie kann so stark werden, daß sie die Stringschleifen bei den niedrigen Energien, die wir im heutigen Universum beobachten, näherungsweise auf Punkte zusammenschrumpfen läßt. Unter den extremen Verhältnissen des Urknalls, mit dem Raum und Zeit begannen, sollte sich jedoch die wesentliche Stringeigenschaft der Dinge zeigen. Aufgrund solcher Stringtheorien wird jetzt von der Möglichkeit einer «Theorie für Alles» gesprochen. Hätten wir die richtige Fassung gefunden, könnte diese Theorie im Prinzip alle Gesetze für Radioaktivität, Schwerkraft, Elektromagnetismus und Kernphysik enthalten.

Wir sehen also die Naturgesetze und ihre endgültige Erfassung in einer widerspruchsfrei formulierten «Theorie für Alles» als eine Suche nach der endgültigen Symmetrie der Welt; ihr unterliegen alle erlaubten kausalen Gesetze für jene Veränderungen, die die Kräfte und Teilchen der Natur bestimmen. Wie wir uns einem solchen Wunderwerk nähern, muß davon bestimmt sein, welche Beziehung zwischen den Naturgesetzen – der Theorie für Alles – und dem Weltall besteht.

Ein Ausflug in die Philosophie

Warum kann uns nicht jemand ein Verzeichnis der Dinge geben, die jeder denkt und keiner sagt, und eines derjenigen, die jeder sagt und keiner denkt?
Oliver Wendell Holmes

Wir betrachten jetzt mehrere einfache Einstellungen zu den Naturgesetzen, die alte Begriffe auf moderne Weise fassen. Beschränken wir uns der Einfachheit halber auf drei solcher Begriffe: den Begriff Gottes (G) im herkömmlichen Sinn von Allwissenheit, Vollkommenheit und Allmacht, den Begriff der Welt (W) im Sinne des Universums, das die gesamte materielle Welt von Raum und Zeit umfaßt, und den Begriff des Naturgesetzes (N), das die Wirkung beschreibt. Wir können zwischen diesen drei Begriffen Beziehungen vermuten, die recht prägnant verschiedenen Naturphilosophien entsprechen.

So könnte zwischen dem Paar W und N eine dieser fünf einfachen Beziehungen bestehen:

(1) W ist eine Teilmenge von N
(2) N ist eine Teilmenge von W
(3) N und W sind gleich
(4) N gibt es nicht
(5) W gibt es nicht

Abbildung 2.3 veranschaulicht diese Fälle.

Im ersten Fall reichen die Naturgesetze über die physikalische Welt hinaus. Das bekannte Universum ist eine der möglichen Manifestationen, andere jedoch sind ebenso möglich oder auch wirklich. Die neuere Richtung der kosmologischen Forschung, die versucht, die Erschaffung des Weltalls aus dem «Nichts» mathematisch zu beschreiben, setzt implizit den Fall 1 voraus, denn die Naturgesetze und so Grundlegendes wie die Logik müssen schon vor der Entstehung der materiellen Welt existiert haben. Falls ein solches Forschungsprogramm erfolgreich wäre, sollte es zu einem widerspruchsfreien Bild vom realen Universum führen, und in diesem Rahmen müßten sich Vorhersagen machen und durch wiederholbare Experimente bestätigen oder widerlegen lassen. Das nächste Forschungsprogramm müßte dann versuchen zu klären, warum gerade

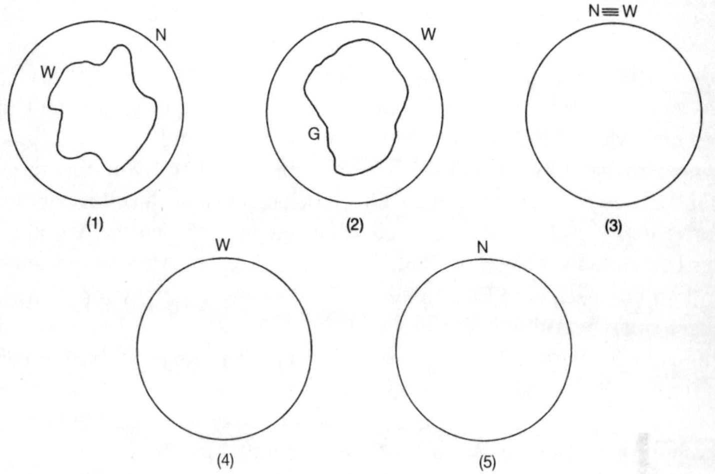

2.3 Die möglichen Beziehungen zwischen den Begriffen von W, dem materiellen Weltall, und N, den Naturgesetzen, wie sie im Text behandelt werden.

diese Naturgesetze, die zuließen, daß diese und keine andere Welt entstand, selbst existieren und ob sie auch anders sein könnten. Diese Aufgabe liegt noch in ferner Zukunft; interessant ist jedoch der Gedanke, daß es eine logische Struktur geben muß, die umfassender ist als das reale Universum, falls dieses durch ein Naturgesetz wie etwa das in Einsteins Allgemeiner Relativitätstheorie enthaltene beschrieben wird. Sicherlich macht man bei den meisten kosmologischen Untersuchungen implizit eine solche Annahme, denn danach gehorchen ja verschiedene mögliche mathematische Modelle des Universums alle denselben Naturgesetzen, unterscheiden sich aber in ihren Anfangsbedingungen. Leider können uns Beobachtungen nicht sagen, ob eine als mathematisches Gleichungssystem gegebene kosmologische Theorie wirklich das gesamte Universum beschreibt; denn wir sehen ja immer nur einen endlichen Teil der Welt.

Falls wir die zweite Möglichkeit wählen, müssen wir annehmen, daß die Naturgesetze nicht überall gleich sind, sondern von Raum und Zeit abhängen. Anderswo könnten andere Gesetze oder überhaupt keine

Gesetze gelten. In einem möglicherweise unendlichen Universum gäbe es dann Inseln der Vernunft. Da wir wissen, daß die Existenz von Beobachtern wie uns selbst und auch von Beobachtern, die von uns selbst ziemlich verschieden sind, eine gewisse Ordnung und Regelmäßigkeit voraussetzt, kann es uns nicht überraschen, wenn wir uns selbst als Bewohner eines der vernünftigen Ausläufer eines solchen chaotischen Universums wiederfänden. Mit Hilfe von Computersimulationen hat man versucht, die Entwicklung des Universums ausgehend von einem Zustand zu beschreiben, in dem die Dinge sich nicht genau an einige der uns vertrauten Gesetze halten, um dann zu zeigen, daß sich das Verhalten des Universums im Verlauf seiner Expansion, seines Alterns und seiner Abkühlung nach dem Beginn des Urknalls immer weniger von dem unterscheidet, was durch die uns vertrauten Naturgesetze bestimmt ist. Fünfzehn Milliarden Jahre nach dem Beginn aller Dinge beobachten wir in unserer Welt niedriger Energie eine Annäherung an bestimmte Verhaltensmuster, die so weitgehend erfüllt sind, daß man sie als gültig betrachten kann. Diese Betrachtungsweise läuft logisch auf den Schluß hinaus, daß die beobachteten Naturgesetze Folge einer späten Epoche in der Geschichte des Universums sind – derjenigen Epoche, in der der Mensch auf der Bühne des Weltgeschehens auftauchte. In den ersten Augenblicken des Urknalls wäre die Lage größtenteils gesetzlos und völlig anders gewesen.

Eine skeptischere Deutung der zweiten Alternative sieht die Naturgesetze als eine Erfindung des menschlichen Geistes, der sich seinerseits aufgrund von Naturvorgängen entwickelte. Dieser Prozeß wäre natürlich in verschiedenen Teilen des Kosmos verschieden abgelaufen: Die Umweltbedingungen bewirken spezifische Reaktionen, so daß die Evolution unter anderen Bedingungen auch anders abläuft. So gesehen sind die Naturgesetze teilweise oder insgesamt eine Schöpfung des Geistes; sie könnten mithin von einer Galaxie zur anderen variieren – abhängig davon, welche mit Geist ausgestatten Wesen sie wahrnehmen. Diese Ansicht ist für Philosophen nichts Ungewöhnliches, empfiehlt sich für Naturwissenschaftler jedoch weniger, denn sie führt zu keinem Forschungsprogramm, das sich überprüfen, falsifizieren oder inhaltlich ausweiten läßt. Sie ist so etwas wie eine spekulative Sackgasse. Man kann nichts anderes tun als auf hypothetische Außerirdische warten, deren «Gesetze» sich dann mit unseren «Gesetzen» vergleichen lassen.

Die dritte Möglichkeit setzt das Universum und die Naturgesetze in einer Weise gleich, die sich mindestens bis zu Augustin und Philon von

Alexandria zurückverfolgen läßt. Philon umging die Frage, was Gott vor der Erschaffung der Welt gemacht habe, durch den Hinweis, es habe kein «vor» gegeben, denn die Zeit sei ein Teil der Schöpfung. Eine solche Überlegung enthält die Wahrnehmung, daß die Zeit nicht nur durch Naturerscheinungen wie das Schwingen eines Pendels gemessen wird, sondern in einem tiefen Sinn immer mit physikalischen Ereignissen verbunden ist, der Welt also nicht als transzendenter Hintergrund auferlegt wird. Das führt ganz natürlich zu dem natürlichen Schluß, daß das Universum so alt ist wie die Zeit. Philon schreibt dazu

> Die Zeit existierte nicht vor der Zeit, sie ist vielmehr entweder mit ihr oder nach ihr ins Dasein getreten. Denn da die Zeit das Intervall der Bewegung des Weltalls ist, Bewegung aber nicht früher als das Bewegte eintreten kann, sondern entweder später oder zugleich entstanden sein muß, so muß auch die Zeit entweder ebenso alt sein wie die Welt oder jünger als sie.

Auch die modernen Kosmologen waren bis vor kurzem zu einer ähnlichen Sicht gezwungen. Denn bevor sie sich ernsthaft mit der Quantenkosmologie beschäftigten, war der Schluß unvermeidlich, es habe vor endlicher Zeit eine Raum-Zeit-Singularität gegeben. Vor dieser Singularität gab es die Welt nicht, danach gab es sie. Aus der mathematischen Beschreibung von Raum und Zeit folgt, daß bei dieser Singularität beide Begriffe aufhören zu existieren. Sie ist die Grenze des Universums. Umgekehrt müssen wir deshalb auch Universen mit einer solchen Singularität betrachten, denen ein Ursprung aus dem buchstäblichen Nichts zuzuschreiben ist, in dem jeweils das materielle Universum, die Naturgesetze und die Struktur von Raum und Zeit selbst zusammenkamen.

In diesem Zusammenhang sollte betont werden, daß Einsteins allgemeine Relativitätstheorie zwar die Möglichkeit einer solchen Singularität in unserer Vergangenheit zuläßt, eine Schöpfung deswegen jedoch nicht unbedingt aus dem Nichts erfolgt sein muß. Wer sich mit einem solch nüchternen Anfang nicht abfinden mag, findet Möglichkeiten, die Annahme einer Singularität zu umgehen. Wenn zum Beispiel etwa die Schwerkraft in ferner Vergangenheit keine anziehende, sondern eine abstoßende Kraft war, (und das scheint in Anbetracht dessen, was wir heute über das Verhalten von Materie bei hohen Energien wissen, ziemlich wahrscheinlich), müßte das Universum nicht notwendig in einer Singularität begonnen haben. Dies sei hier nur zur Veranschaulichung der dritten Sichtweise angemerkt. Wir könnten auch auf andere Möglichkeiten hinweisen, die aus der Expansion und der dadurch bedingten Veränderung des Universums folgen. Sollten wir also bei den Naturgesetzen eine reziproke Zeitschwankung erwarten? Aus logischen Gründen ist ausgeschlossen, daß sich alle Naturgesetze verändern, denn jedes Gesetz, das Veränderungen beschreibt, läßt sich ja auf die Invarianz einer grundlegenderen Größe zurückführen, die die Regeln für die Veränderung bestimmt. Gäbe es keine unveränderliche Grundlage, gäbe es überhaupt keine Naturgesetze. Das führt uns zur nächsten Möglichkeit.

Dieser vierte Fall, daß es keine Naturgesetze gibt, ist extrem. Er ließe sich auf zweierlei Weise umreißen. Einerseits könnte man eher philosophisch argumentieren und ins Feld führen, daß das, was wir Naturgesetze nennen, nichts anderes sei als die Denkkategorie, die unser Gehirn anzunehmen gezwungen ist, wenn es unseren Erfahrungen Sinn verleihen soll. Alles, was wir kennen, müßte dann nicht unbedingt einer von Naturgesetzen bestimmten letzten Wirklichkeit zugerechnet werden. Andererseits ist es vielleicht realistischer – der Vorstellung einiger Physiker folgend – anzunehmen, daß sich das Universum aus einem Chaos heraus entwickelt hat, das durch die gleichzeitige Gegenwart aller möglichen Ordnungen entstand, wobei mit fortschreitender Expansion und zunehmendem Alter des Universums einige dieser Ordnungen ein Übergewicht gewannen. Nach Milliarden Jahren beherrschten diese Ordnungen die Lage, und man kann heute in ihnen die vorherbestimmten Naturgesetze und nicht nur die beharrlichsten aller Möglichkeiten sehen. Diesen Fall haben wir oben schon erörtert.

Der letzte Fall besagt, daß kein Universum existiert. Das ist eine besondere Form des Nihilismus, den kein ernsthafter Philosoph überzeugt vertreten hat. Er ist jedoch interessant, weil so gesehen jene quantenkosmologischen Modelle, nach denen das Universum aus dem Nichts erschaffen wurde, das «Vor-Anfangs»-Stadium bewahren. Es läßt sich also nicht behaupten, eine solche Position sei logisch unmöglich oder widersprüchlich, denn im Rahmen dieser kosmologischen Beschreibung ist sie ein zulässiger Vorläufer des heutigen Zustands. Dieser mag instabil sein, unmöglich ist er wohl nicht. Wenn wir das behaupten wollten, gerieten wir in Gefahr, den berühmten und längst widerlegten ontologischen Schluß von Anselm und anderen wiederzubeleben; danach kann es Begriffe wie den eines höchsten Wesens geben, bei denen die Existenz des gedachten Objekts allein schon durch die Idee von diesem Objekt garantiert wird. Das erscheint besonders zweifelhaft, wenn man sich vorzustellen versucht, es gebe eine Größe, deren Nichtexistenz einen logischen Widerspruch bedingt.

Manche Menschen spüren eine stärkere Spannung zwischen den Begriffen Naturgesetz und Weltall als zwischen den Begriffen Gott und Weltall. In der Tat ist der Begriff eines höchsten Wesens in allen Kulturen ursprünglicher und natürlicher als der des Naturgesetzes. Man könnte sogar behaupten, daß keine Kultur eine vernünftige Vorstellung vom Naturgesetz gewann, die nicht zuvor eine Gottesvorstellung entwickelt hätte. Wieder lassen sich die einfachen Möglichkeiten folgendermaßen angeben:

(i) W ist eine Teilmenge von G
(ii) G ist eine Teilmenge von W
(iii) G und W sind gleich
(iv) G gibt es nicht
(v) W gibt es nicht

Die erste Möglichkeit, daß das Weltall ein Teil Gottes ist, heißt in der von Karl Christian Friedrich Krause Anfang des 19. Jahrhunderts geprägten Terminologie *Panentheismus*. Theologen unterscheiden diese Sicht vom einfachen Theismus, den sie mit der Ansicht verbinden, Gott sei völlig anders als das Weltall und stehe nicht nur über ihm, sondern gehe auch darüber hinaus. Der Panentheist glaubt, Gott sei in allen Dingen, aber wesensmäßig von ihnen verschieden.

Dem Fall (ii) entspricht die Meinung der Skeptiker, daß der Gottesbegriff allein eine Schöpfung des menschlichen Geistes sei. Mithin könnten rein materielle Vorgänge zu diesem Begriff führen. Andererseits wäre dieser Fall auch dann annähernd gegeben, wenn Gott in einem nichttraditionellen Verständnis in gewisser Weise auf die Rolle eines höheren Seins oder eines Überwesens innerhalb des Weltalls beschränkt wäre. Viel Science-fiction beschäftigt sich mit einem solchen paternalistischen Superwesen. Auch der halbreligiöse Glaube an hochentwickelte Formen intelligenten außerirdischen Lebens, die viele begeisterte Befürworter einer Suche nach außerirdischen Radiosignalen diskutieren, gehört vielleicht ebenfalls in diese Kategorie.

In der dritten Beziehung erkennen wir die Lehre des Pantheismus, die Gott mit dem natürlichen Weltall gleichsetzt. Diese Ansicht findet sich in vielen nicht-personalen östlichen Religionen und unter agnostischen Wissenschaftlern. Auch Einstein bekannte seine Sympathie zu dieser

Einstellung, als er sagte, sein Gott sei der Gott Spinozas, dessen Philosophie mit der pantheistischen Sicht besonders eng verbunden ist.

Bei den letzten Möglichkeiten können wir uns kurzfassen. Die Möglichkeit (iv) ist die Einstellung des Atheisten, während (v) schon weiter oben als (5) erörtert wurde.

Die dritte Seite unseres Beziehungsdreiecks besteht aus den möglichen Beziehungen zwischen den Naturgesetzen und einer Gottheit:

(a) N ist eine Teilmenge von G
(b) G ist eine Teilmenge von N
(c) G und N sind gleich
(d) N gibt es nicht
(e) G gibt es nicht

Der erste Fall stimmt mit der jüdisch-christlichen Tradition überein, die die Naturgesetze als Bedingungen sieht, die Gott dem Weltall auferlegt. Das war zum Beispiel die Sicht Newtons, der ja meinte, die Naturgesetze könnten auch anders sein und durch ein göttliches «Es werde» beliebig aufgehoben werden.

Die zweite Möglichkeit hat Ähnlichkeit mit der Prozeßtheologie, nach der sich ein Gottesbegriff entwickelt. Gott wird danach durch eine Logik höherer Ordnung eingeschränkt. Obwohl sich das mit vielen Vorstellungen von einer allmächtigen Gottheit nur schwer verträgt, läßt sich diese Position nicht leicht von Gottesvorstellungen abgrenzen, die im allgemeinen implizit voraussetzen, daß Gottes Handeln an gewisse logische Zwänge gebunden ist und mit Begriffen wie «gut» und «böse» zu tun hat. Andererseits läßt sich dieser Fall auch nicht-theistisch verstehen; der Gottesbegriff würde sich danach für gewisse Arten komplexer Biocomputer, wie wir selbst es sind, als eine unvermeidliche Konsequenz bei der Ausarbeitung der Naturgesetze ergeben.

Der dritte Fall, der die Naturgesetze mit Gott gleichsetzt, ähnelt dem unpersönlichen Gottesbild mancher Pantheisten. Aber er ähnelt auch der Sicht der Deisten, auf die sich Theologen aller Glaubensrichtungen im siebzehnten Jahrhundert als Ausweg aus komplizierten Grundsatzproblemen. Die Anzahl der Eigenschaften, die Gott im Weltall verkörpert, wird dabei drastisch verringert. Gott wird auf die Rolle eines ersten Grundes und Bewahrers der Naturgesetze reduziert, so daß die Natur in der Folge alle Dinge in einer harmonischen Entwicklung erhalten kann. Die Fälle (d) und (e) sind uns schon als (4) und (iv) begegnet.

Zum Abschied alles hinter sich lassen

Jede Lehre muß ihren Tag gehabt haben.
H. G. Wells

Unsere Untersuchung der Naturgesetze war recht oberflächlich.* Das war Absicht: Für die meisten Menschen ist ja die Frage nach einer Theorie für Alles nichts anderes als die nach den Naturgesetzen. Es geht ihnen um die Suche nach den grundlegendsten und weitreichendsten Fassungen dieser allgemeingültigen Gesetze. Aus diesen, so wird angenommen, folgt dann mit etwas Mühe alles, was man wissen oder in bezug auf das beobachtete Weltall klären möchte. In den nächsten Kapiteln hoffen wir, diese Meinung in Frage stellen zu können und aufzuzeigen, welche Aspekte der physikalischen Welt zum Verständnis der Gesamtstruktur nötig sind, obwohl sie sich vom herkömmlichen Bild der Naturgesetze unterscheiden. Damit sich der Begriff vom Naturgesetz mit anderen Begriffen vereinigen läßt, die zur Zeit noch logisch verschieden sind, muß er entweder wesentlich vertieft und erweitert werden, oder es müssen noch weitere Facetten des Weltalls entdeckt werden.

Von Bosćovič bis zu den Superstrings haben sich alle, die bisher nach einer einheitlichen Theorie für Alles forschten, ausschließlich auf die Suche nach den alles umfassenden Naturgesetzen konzentriert – die dann zugleich alles andere ausschließen. Im Grunde folgt dieser Ansatz implizit der platonischen Annahme zeitloser Universalien: Sie sind für das Wesen der Dinge wichtiger als die Welt der beobachtbaren und erfahrbaren Besonderheiten. In den folgenden Kapiteln untersuchen wir die Herausforderungen, die unsere heutigen Gedanken über die physikalische Welt für diese Ansicht bedeuten. Der erste Schritt ist fast vertraut. Da die Naturwissenschaft den Göttern der Veränderung huldigt, muß sie, wenn sie überhaupt etwas wissen will, herausfinden, wie alles anfing.

* Eine ausführlichere Untersuchung dieses Themas findet sich in meinem Buch *The World within the World* (dessen deutsche Übersetzung 1993 bei Spektrum Akademischer Verlag erscheint).

3. Anfangsbedingungen

Es war einmal und es war eine sehr gute Zeit.
James Joyce

Am Rand der Dinge

Die Wissenschaft ist eine Differentialgleichung. Die Religion ist eine Randbedingung.
Alan Turing

Naturgesetze sagen, wie sich Dinge ändern. Dahinter, so glauben wir, lauern jedoch Invarianzen, die die Wirklichkeit in eine Zwangsjacke stecken. Die Natur kann tun, was sie will, solange diese Wunderdinge bei allen Veränderungen gleichbleiben. Die Theorie für Alles ist auf der Suche nach dem endgültigen Verzeichnis aller möglichen Veränderungen. Sie läßt sich dabei von dem Gedanken leiten, ein einziges Gesetz, nicht eine Sammlung von Teilaussagen, müsse alles bestimmen. Die logische Einheit des Weltalls erfordert eine einzige Invarianz, die angesichts aller Komplexität und Vergänglichkeit, die wir um uns herum im kleinsten subatomaren Maßstab wie in den weitesten Tiefen des äußeren Raums beobachten, unverändert bleibt. Falls es diese alles umfassende Symmetrie wirklich gibt und wir ihre Form erkennen können, sind wir dem «Geheimnis des Universums», soweit man es entdecken kann, nahegekommen.

Aber auch das wäre noch nicht genug. Selbst wenn wir die Regeln für die Veränderung der Dinge kennen würden, könnten wir ihre heutige Struktur nicht verstehen, ohne zu wissen, wie sie begannen. Das hängt mit dem traditionellen Verständnis der Beziehung von Ursache und Wirkung im Universum zusammen und zeigt sich in unserer Darstellung der Naturgesetze als Differentialgleichungen oder Algorithmen, in denen das Ergebnis eindeutig durch die Anfangswerte oder Eingabe bestimmt ist. Differentialgleichungen sind eine Art mathematische «Maschinen», die es uns erlauben, aus der Gegenwart die Zukunft vorherzusagen; sie ermöglichen es ebenso, anhand der Gegenwart die Vergangenheit zu rekonstruieren.

Axiome

Die Mengenlehre läßt sich als eine Form exakter Theologie sehen.

Rudy Rucker

In der Mathematik spielen Axiome die Rolle von Anfangsbedingungen. Sie sind die Postulate, die zu Beginn, vor jedem logischen Schlußfolgern, aufgestellt werden. Das klassische Beispiel eines Axiomensystems ist die von Euklid um 300 vor Christus formulierte ebene Geometrie, das Vorbild aller strengen mathematischen Wissenschaften. Axiome sind Bedingungen, deren Richtigkeit wir für selbstverständlich halten. Aus ihnen lassen sich nach den festgelegten Regeln vernünftigen Denkens logische Folgerungen herleiten. Diese Regeln für das logische Denken entsprechen den Naturgesetzen, die Axiome dagegen den Anfangsbedingungen.

Axiome sind nicht beliebig wählbar, denn sie müssen logisch widerspruchsfrei sein. Ihre Anzahl ist nicht beschränkt, hat jedoch einen Einfluß auf die Menge und die Reichweite der logischen Folgerungen, die sich aus ihnen ziehen lassen. Euklid und die meisten anderen Mathematiker vor dem neunzehnten Jahrhundert wußten, wie wichtig die logische Widerspruchsfreiheit für jede Axiomenwahl ist; trotzdem wählten sie mit Vorliebe Axiome, die widerspiegeln, was wir in der Welt beobachten. So sind Euklids Axiome – etwa die Aussage, daß Parallelen sich nicht schneiden oder daß es zwischen zwei Punkten einer Ebene nur eine Verbindungsgerade gibt – offensichtlich das Ergebnis unserer Erfahrung beim Zeichnen von Geraden auf ebenen Flächen. Spätere Mathematiker fühlten sich dadurch nicht gebunden; sie forderten für ihre Liste von Axiomen nur Widerspruchsfreiheit. Axiome brauchen dann nicht mehr dem zu entsprechen, was wir sehen oder der Erfahrung entnehmen können. Es wird sich zeigen, ob die Anfangsbedingungen, die mit den tiefsten physikalischen Problemen wie etwa dem weiter unten zu behandelnden kosmologischen Problem zu tun haben, Vorgaben entsprechen, die unmittelbar mit vorstellbaren physikalischen Dingen zu tun haben, oder ob sie abstrakte mathematische oder logische Begriffe sind, die lediglich Widerspruchsfreiheit garantieren. Selbst wenn das letztere zuträfe, könnte bereits die Forderung nach Widerspruchsfreiheit in einem so komplexen System wie dem Weltall ausreichen, um die Anfangsbedingungen eindeutig und vollständig festzulegen.

Eine weitere wichtige Einsicht, die die mathematische Analyse der Axiomensysteme vermittelt, betrifft die Möglichkeit, die Menge an Information, die in einem Axiomensystem steckt, zu quantifizieren. Nichts, was mit Hilfe zugelassener logischer Regeln aus diesen Axiomen folgt, kann mehr Information enthalten, als die Axiome zulassen. Das ist im wesentlichen die Ursache für die durch den Gödelschen Unvollständigkeitssatz gesetzten Grenzen der logischen Herleitung. Die Axiome der gewöhnlichen Arithmetik (und jedes axiomatischen Systems, das reich genug ist, um die ganze Arithmetik zu umfassen) enthalten weniger Information als gewisse arithmetische Aussagen; deshalb läßt sich mit Hilfe dieser Axiome und der zugehörigen logischen Regeln nicht bestimmen, ob diese Aussagen richtig oder falsch sind. Ein Axiomensystem jedoch, das nicht so umfassend ist wie die ganze Arithmetik, leidet nicht unter der Gödelschen Unvollständigkeit. Im Rahmen der sogenannten Presburger-Arithmetik, die aus der Addition (ohne Subtraktion) im Bereich der natürlichen Zahlen einschließlich der Null besteht, sind alle Aussagen entscheidbar. Das reduzierte Axiomensystem enthält soviel Information, daß bei allen Aussagen, die sich in dieser Ausdrucksweise machen lassen, entschieden werden kann, ob sie richtig oder falsch sind.

Im ersten Kapitel haben wir als ein Kriterium zur Bestimmung der Zufälligkeit mathematischer Ausdrücke den Begriff der algorithmischen Kompression eingeführt. Mit Hilfe dieses Begriffs können wir auch hier unsere Betrachtung präzisieren. Wir können nie beweisen, daß eine uns vorliegende Folge zufällig ist; umgekehrt können wir aber sehr wohl den Beweis führen, daß sie es nicht ist, indem wir eine Komprimierung angeben. Die minimale Komprimierung, die für ein logisches Problem möglich ist, entspricht den Axiomen des Systems. Es folgt also, daß kein Satz beweisbar ist, der mehr Information enthält als die Axiome des Systems.

Axiome sind deshalb nicht ganz so selbstverständlich, wie man gehofft haben könnte. Oft fällt die Entscheidung schwer, ob mögliche Axiome wirklich voneinander unabhängig sind. Ein klassischer Fall dieser Art betrifft eines der schwierigsten ungelösten Probleme der Mathematik, nämlich die sogenannte *Kontinuumshypothese*. Vor Georg Cantor hatten die Mathematiker bis zur Mitte des neunzehnten Jahrhunderts die Existenz unendlicher Größen geleugnet. Unendlichkeiten waren nach Meinung eines berühmten Mathematikers eine «Abscheulichkeit». Gauß wehrte sich dagegen, unendliche Größen als etwas Gegebenes hinzunehmen – eine solche Verwendung sei in der Mathematik unzulässig. Das *Unendliche* sei nur eine *façon de parler:* gemeint seien Grenzen, denen sich bestimmte Verhältnisse beliebig genau annähern, während andere Verhältnisse unbegrenzt anwachsen können.

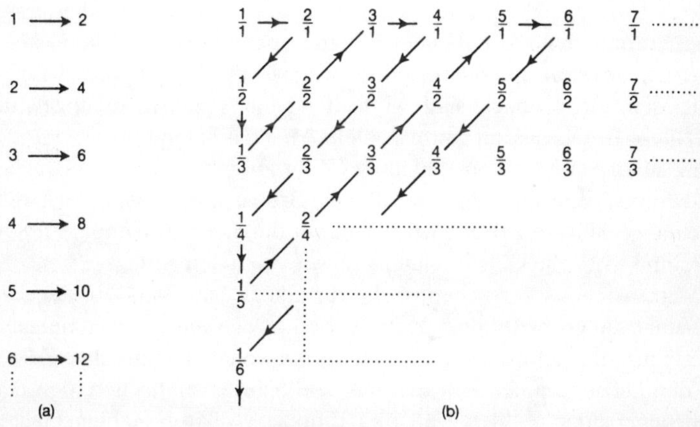

3.1 Die positiven geraden Zahlen bilden eine unendliche Menge derselben «Größe» wie die aller positiven ganzen Zahlen, weil sich diese beiden Mengen, wie hier gezeigt, eineindeutig aufeinander abbilden lassen. Sie lassen sich also abzählen (a). Auch die Menge aller Brüche läßt sich in eine eineindeutige Beziehung mit den natürlichen Zahlen bringen und deshalb abzählen (b), wenn sie so wie gezeigt angeordnet und dann in der durch die Pfeile angegebenen Reihenfolge abgezählt wird.

Hier begegnen wir der Vorstellung, daß das Unendliche niemals wirklich ist; es ist nur eine Abkürzung für etwas, das beliebig groß sein kann. Aber Cantor stellte die Welt auf den Kopf, indem er Unendlichkeiten wie andere mathematische Größen behandelte und eine Reihe von Zahlen für Unendlichkeiten verschiedener Mächtigkeit aufstellte. Die kleinste dieser Zahlen ist der Menge $\{1, 2, 3, 4, 5, \ldots\}$ der natürlichen Zahlen zugeordnet – Cantor bezeichnete sie als $\aleph_0$ (Aleph-Null). Einer anderen unendlichen Menge wird dieselbe *Kardinalzahl* $\aleph_0$ zugeschrieben, wenn sich zwischen ihren Elementen und den natürlichen Zahlen eine eineindeutige Beziehung herstellen läßt, ihre Elemente also abgezählt werden können. So läßt sich zum Beispiel die unendliche Menge aller geraden Zahlen $\{2, 4, 6, 8, 10, \ldots\}$ entsprechend der in Abbildung 3.1 (a) gezeichneten Pfeile abzählen. Die Pfeile in Abbildung 3.1 (b) zeigen, wie sich alle rationalen Zahlen so anordnen lassen, daß auch sie ausnahmslos abgezählt werden können. Damit gibt es eine direkte Entsprechung zwischen $\aleph_0$ und allen Brüchen, wenn sie als Folge $\frac{1}{1}, \frac{2}{1}, \frac{1}{2}, \frac{1}{3}, \frac{2}{2}, \frac{3}{1}, \frac{4}{1}, \frac{3}{2}, \frac{2}{3}, \frac{1}{4}, \frac{1}{5}, \frac{2}{4}, \frac{3}{3}, \frac{4}{2}, \frac{5}{1}, \frac{6}{1}, \frac{5}{2}, \frac{4}{3}, \ldots$ und so weiter *ad infinitum* geschrieben werden. In diesem Sinn bilden also die rationalen Zahlen eine unendliche Menge mit derselben Kardinalzahl wie die der natürlichen Zahlen. Auf den ersten Blick ist das ein überraschendes Ergebnis, denn die natürlichen Zahlen scheinen uns eher spärlich verteilt zu sein, während die Brüche zwischen ihnen sehr dicht gepackt sind; wir treffen beim Abzählen auf ungeheuer viel mehr Brüche als auf ganze Zahlen. Aber das hat mit der *Anordnung* der Zahlen zu tun; bei eineindeutiger Zuordnung zwischen den Brüchen und den natürlichen Zahlen werden die Brüche jedoch nicht der Größe nach abgezählt. Ein Bruch wird eben nur durch ein Zahlenpaar festgelegt, und es gibt so viele Zahlenpaare, wie es Zahlen gibt.

Wenn wir jetzt versuchen, nicht nur alle Brüche, sondern auch die Dezimalzahlen abzuzählen, passiert etwas ganz Neues, weil es viel mehr Dezimalzahlen gibt als Brüche. Der Sprung von den natürlichen Zahlen zu den Dezimalzahlen läßt sich mit dem Schritt vergleichen, den man von den beiden Zahlen Null und Eins zu größeren Zahlen machen müßte. Man braucht dazu weitere Information, weil wir ausgehend von Null und Eins nur durch Addition zweier Einsen zu Zwei kommen können, was jedoch voraussetzt, daß wir bereits über den Begriff «Zwei» verfügen.

Wie Cantor zeigte, können wir die Menge der Dezimalzahlen (der sogenannten «reellen Zahlen») nicht abzählen. Ihre Kardinalzahl ist größer als die der natürlichen Zahlen, und deshalb lassen sie sich nicht eineindeutig auf sie abbilden. Er zeigte dies mit einer ganz neuartigen und sehr beweiskräftigen Überlegung. Betrachten wir zur Veranschaulichung die folgenden vierstelligen Zahlen:

1234
5**6**78
90**1**2
345**6**

Dann gehört die Zahl 1616, die aus den unterstrichenen Ziffern in der Diagonale dieser Anordnung besteht, nicht zu diesen Zahlen. Cantor zeigte, daß sich dann, wenn eine solche Anordnung von Zahlen hinreichend groß ist, immer eine solche Diagonalzahl finden läßt, die nicht zu den unendlich vielen dort aufgezählten Zahlen gehört. Betrachten wir (ohne Einschränkung der Allgemeinheit, nur der Einfachheit zuliebe) die Zahlen zwischen Null und Eins, und nehmen wir an, wir könnten alle unendlichen Dezimalzahlen abzählen. Dann kommen wir, wie Cantor zeigte, zu einem Widerspruch. Nehmen wir nämlich an, wir könnten alle möglichen unendlichen Dezimalzahlen hinschreiben und mit Hilfe der natürlichen Zahlen abzählen. Die Liste möge so beginnen

1 0,**2**34566789...
2 0,5**7**5603737...
3 0,46**3**214516...
4 0,846**2**16388...
5 0,5621**9**4632...
6 0,46673**2**271...

und immer so weiter. Nehmen wir jetzt die Zahl, bei der nach dem Komma die unterstrichenen Ziffern stehen:

0,273292...

Wir addieren jetzt zu jeder dieser Ziffern Eins und erhalten damit die Zahl

0,384303...

Diese Zahl kann in der ursprünglichen Liste nicht vorkommen, weil sie anders ist als jede Zahl in der Liste. Sie unterscheidet sich nämlich von der ersten Zahl in der ersten Stelle nach dem Komma, von der zweiten in der zweiten Stelle und so weiter. Entgegen unserer ursprünglichen Annahme enthält die Liste also nicht alle möglichen Dezimalzahlen. Die Annahme, alle unendlichen Dezimalzahlen könnten systematisch abgezählt werden, war also falsch. Die Kardinalzahl der reellen Zahlen ist größer als die der natürlichen; sie wird mit $\aleph_1$ (Aleph-Eins) bezeichnet.

Cantor warf die interessante Frage auf, ob es unendliche Mengen gibt, die ihrer Größe nach zwischen den natürlichen Zahlen und den reellen Zahlen liegen. Er meinte, die Antwort sei nein, konnte diese sogenannte *Kontinuumshypothese* aber nicht beweisen. Das Problem soll ihm viel Kopfzerbrechen bereitet haben; anscheinend deshalb hatte er einen Nervenzusammenbruch. Tatsächlich läßt sich ein solcher Beweis nicht führen. Allerdings gelang es Kurt Gödel und seinem jungen amerikanischen Assistenten Paul Cohen, im Zusammenhang damit einige tiefe und ungewöhnliche Sätze zu beweisen. Gödel zeigte, daß sich kein logischer Widerspruch ergibt, wenn wir die Kontinuumshypothese einfach wie ein zusätzliches Axiom behandeln und zu den üblichen Axiomen der Mengenlehre hinzufügen*. Cohen konnte jedoch 1963 zeigen, daß die Kontinuumshypothese von den anderen Axiomen der Mengenlehre unabhängig ist (genau wie Euklids Parallelenpostulat sich schließlich als unabhängig von den anderen Axiomen der ebenen Geometrie erwies); sie läßt sich deshalb aus diesen Axiomen weder herleiten noch mit ihrer Hilfe widerlegen.

Mathematische Axiome haben also viel mehr Ähnlichkeit mit den Anfangsbedingungen für Naturgesetze, als wir es vielleicht erwartet hätten. Es besteht sogar die Hoffnung, sie könnten sich als identisch erweisen; letztlich müßte man dann für eine Theorie für Alles nur noch logische Folgerichtigkeit fordern. Wir haben aber auch gelernt, wie außerordentlich subtil diese Bedingungen sind und welche schwierigen Wechselbe-

---

* Die sieben Axiome der üblichen Mengenlehre, die für die Herleitung aller Mathematik (und deshalb für die mathematische Darstellung der Physik) hinreichend sein sollten, sind die folgenden: (1) *Extensionalitätsaxiom*: Zwei Mengen sind genau dann gleich, wenn sie dieselben Elemente enthalten. (2) *Teilmengenaxiom*: Wenn eine Menge M und eine zulässige Mengeneigenschaft gegeben sind, gibt es eine Menge, die genau jene Elemente von M enthält, die diese Eigenschaft haben. (3) *Paarmengenaxiom*: Zu zwei Mengen gibt es eine weitere Menge, die genau die Elemente dieser beiden Mengen enthält. (4) *Vereinigungsmengenaxiom*: Zu einer Menge M, deren Elemente selbst wieder Mengen sind, gibt es eine Menge, deren Elemente die Elemente der Elemente von M sind. (5) *Unendlichkeitsaxiom*: Es gibt mindestens eine unendliche Menge (nämlich die der natürlichen Zahlen 1,2,3,...). (6) *Potenzmengenaxiom*: Zu jeder Menge gibt es eine weitere, deren Elemente die Teilmengen von M sind. (7) *Auswahlaxiom*: Wenn M eine nichtleere Menge von Mengen ist und zwei verschiedene Elemente von M kein gemeinsames Element haben, dann gibt es eine Menge, die aus jedem Element von M genau ein Element enthält. Von diesen Axiomen sagte Kurt Gödel:

> Obwohl die Dinge der Mengentheorie so fern von jeder Sinneserfahrung sind, haben wir auch für sie so etwas wie eine Wahrnehmungsfähigkeit, wie sich aus der Tatsache sehen läßt, daß die Axiome sich uns als wahr aufdrängen. Ich sehe keinen Grund, warum wir dieser Art der Wahrnehmung, also der mathematischen Eingebung, weniger vertrauen sollten als der Sinneswahrnehmung... Auch sie könnten einen Aspekt der objektiven Wirklichkeit darstellen.

ziehungen bestehen. Wir können jene frei wählen, die unseren Zwecken am besten entsprechen. Uns fehlt offenbar ein Gespür für die Angemessenheit so abstruser Axiome, wie es zum Beispiel die Kontinuumshypothese ist; wie können wir dann wissen, ob sie eingeschlossen werden sollte oder nicht? Die mit der Kontinuumshypothese gemachten Erfahrungen veranlaßten Alonzo Church zu der Bemerkung:

> Wenn eine Wahl zwischen rivalisierenden Mengentheorien getroffen werden muß und nicht nur ganz neutral aus alternativen Theorien mathematische Folgerungen gezogen werden müssen, scheint die einzige Grundlage dafür dasselbe informale Einfachheitskriterium zu sein, das auch die Wahl zwischen rivalisierenden physikalischen Theorien bestimmt, falls alle die Versuchsdaten gleich gut erklären.

Da die Kontinuumshypothese, wie Cohen bewies, von den anderen Axiomen der Mengenlehre unabhängig ist, können wir den bestehenden Axiomen der Mengenlehre entweder sie oder ihre Negation hinzuzufügen. In beiden Fällen erhalten wir eine Erweiterung der Mengenlehre, genau wie wir Euklids Parallelenpostulat beibehalten oder, wenn wir logisch konsistente nichteuklidische Geometrien schaffen wollen, durch seine Negation ersetzen können. Für einen mathematischen Platoniker, der mathematische Größen als wahre Ideen existierender Objekte betrachtet, kann stets nur eine dieser zwei einander ausschließenden Mengentheorien die Wirklichkeit beschreiben; für einen Konstruktivisten oder Formalisten sind beide gültige Schöpfungen unseres Verstands.

In einem Bereich jedoch besteht eine Beziehung zwischen der Grundlagenphysik und diesen Grundfragen zur Unendlichkeit, dort nämlich, wo es darum geht, ob es in Wirklichkeit ein Kontinuum gibt oder nicht. Die meisten Bilder der physikalischen Welt nehmen an, daß die Grundbegriffe – Felder, Raum und Zeit – stetige Größen sind und keine diskreten Einheiten. Diese Spannung zwischen diskreter Stufung und stetiger Kontinuität ist ein altes Problem der Naturphilosophie, das in jedem Zeitalter im neuen Gewand wieder aufersteht. Für eine Theorie der Unendlichkeit ist der ungeheure Unterschied der Komplexität zwischen einer stetigen und einer diskreten Theorie für Alles ungeheuer wichtig. Denn die Anzahl der *stetigen* Transformationen zwischen zwei Mengen reeller Zahlen hat eine andere Kardinalzahl als die Gesamtzahl nicht stetiger Transformationen. Wenn wir Stetigkeit fordern, reduziert sich der Umfang überraschenderweise ganz gewaltig. Da auch jene Klasse von Transformationen (oder «Gleichungen»), die wir physikalische Gesetze nennen, zu diesen stetigen Transformationen gehört, sehen wir, daß eine unstetige Welt um vieles komplexer sein kann als eine stetige. Sie ist in ihren Möglichkeiten viel weniger eingeschränkt. Gegenwärtig sind die Physiker von der Symmetrie bezaubert und suchen in der Grundlagenphysik nur nach stetigen Bildern. Eines Tages haben sie vielleicht Grund, nach Strukturen einer im Grunde diskreten Welt zu suchen. In Kapitel 9 werden wir uns einige der Ursachen dafür anschauen.

Welche Aussagen bewiesen oder widerlegt werden können, hängt entscheidend von der Information ab, die in den Axiomen steckt. Einige Wissenschaftstheoretiker haben Gödels Sätze über die Unvollständigkeit der Arithmetik (und damit aller logischen Systeme, die die Arithmetik enthalten) als Beweis dafür angeführt, daß wir aus mathematischen Gesetzen niemals etwas über die physikalische Welt erfahren können; wir können ja weder ein System erzeugen, das alle wahren – und nur die wahren – Aussagen der Arithmetik enthält, noch können wir entscheiden, ob alle arithmetischen Aussagen richtig oder falsch sind. Stanley Jaki, Träger des Templetonpreises, meint dazu:

> Es scheint die Stärke des Gödelschen Satzes auszumachen, daß die letzten Grundlagen der kühnen symbolischen Konstruktionen der mathematischen Physik immer in jene tiefere Ebene des Denkens eingebettet sein werden, die gleichermaßen durch die Weisheit und durch die Verschwommenheit von Analogien und Intuitionen gekennzeichnet ist. Für den theoretischen Physiker folgt daraus, daß es Grenzen für die Genauigkeit gibt, mit der wir etwas mit Sicherheit wissen können, daß also dem reinen Denken der theoretischen Physik genau wie allen Spekulationen eine Grenze gesetzt ist.

Die physikalische Wirklichkeit könnte natürlich selbst dann, wenn sie letztlich mathematisch ist, nicht die ganze Arithmetik nutzen; sie könnte also vollständig sein und im Umfeld einer der entscheidbaren Bereiche der Mathematik liegen, die nicht so reich sind wie die gesamte Arithmetik. Im Universum scheint zwar der ganze Reichtum der Arithmetik zur Anwendung zu kommen – jedenfalls ist dies in unseren Fassungen der mathematischen Naturgesetze der Fall –, aber möglicherweise entsteht dieser Anschein nur deshalb, weil unsere mathematischen Formulierungen nicht die elegantesten und knappsten Darstellungen der in den Naturgesetzen enthaltenen Wahrheiten sind.

Zeitsymmetrie

Der Historiker ist ein rückwärts schauender Prophet.
August von Schlegel

Gelegentlich ist die Wirkung der Anfangsbedingungen so überwältigend, daß man sie für eine neue Art Gesetz halten könnte. Dies ist uns beim sogenannten Zweiten Hauptsatz der Thermodynamik am vertrautesten, wonach die Entropie oder das Maß der Unordnung eines geschlossenen physikalischen Systems im Lauf der Zeit nicht abnehmen kann. So erleben wir, wie Porzellantassen zufällig in Stücke zerbrechen, aber niemals, wie aus den Bruchstücken von selbst wieder eine Tasse wird. Unsere aufgeräumten Schreibtische werden selbstverständlich wieder unaufgeräumt, aber niemals umgekehrt. Die Gesetze der Mechanik, die den Ablauf dieser Veränderungen bestimmen, lassen jedoch auch die Zeitumkehr jeder dieser vertrauten Bewegungen zu. In einer Welt, in der sich von selbst Scherben wieder in eine Porzellantasse und unaufgeräumte Schreibtische in ordentliche verwandeln, werden also keine Naturgesetze verletzt. Wenn Dinge sich in geschlossenen Systemen offenbar unweigerlich zum «Schlimmeren» hin entwickeln, so deshalb, weil die Anfangsbedingungen, die für eine Zunahme der Ordnung nötig sind, nur mit außerordentlich geringer Wahrscheinlichkeit auftreten. Die Scherben müßten sich alle mit genau der richtigen Geschwindigkeit und in genau die richtige Richtung bewegen, damit sie sich zur Tasse zusammenfinden. Praktisch gibt es viel mehr Möglichkeiten, wie ein Schreibtisch sich aus einem ordentlichen Zustand zu einem unordentlichen hin entwickeln kann als umgekehrt von Unordnung zu Ordnung. Die Illusion eines Naturgesetzes, das für Unordnung sorgt, beruht also auf der hohen Wahrscheinlichkeit der ziemlich «typischen» Bedingungen, aus denen Unordnung folgt.

Am Beispiel des Zweiten Hauptsatzes der Thermodynamik wird uns klar, wie wichtig die Anfangsbedingungen besonders in wenig vertrauten Situationen sind. Sonst nämlich könnten wir uns dazu verleiten lassen, von einer Theorie für Alles Erklärungen zu erwarten, die sie gar nicht geben kann. Außerdem sehen wir, wie die Wahl (oder der Zufall) der Anfangsbedingungen, physikalisch gesehen, ein Gefühl für eine Zeitrichtung schafft. Der «Pfeil» der Entropiezunahme spiegelt die Unwahrscheinlichkeit jener Anfangsbedingungen wider, die in einem geschlossenen physikalischen System zu einer Abnahme der Entropie führen würden.

Wohin wir auch schauen, überall im Weltall sehen wir, wie sich geschlossene physikalische Systeme aus einem geordneten Zustand zu einem Stadium völliger Unordnung hin entwickeln, das wir thermisches Gleichgewicht nennen. Das kann nicht Folge bekannter Gesetze für diese Veränderungen sein, weil diese Gesetze im Grunde zeitsymmetrisch sind – sie lassen die Zeitumkehr jeder erlaubten Ereignisfolge zu. Für die Ausbildung eines Gefühls für die zeitliche Richtung sind die Anfangsbedingungen ganz entscheidend. Später, wenn wir uns mit der Quantenkosmologie beschäftigen, werden wir einige der aufregenden Folgen diskutieren, die die Anfangsbedingungen für das ganze Universum haben. Dabei werden wir verdeutlichen, wie entscheidend die Anfangsbedingungen für unser Verständnis der Abläufe im beobachteten Universum sind. Eine Theorie für Alles muß darüber hinaus, um glaubwürdig zu sein, einige eher metaphysische Forderungen erfüllen: Einfachheit, Ökonomie der *ad-hoc*-Annahmen, Mittel, Natürlichkeit und dergleichen mehr. Sonst bleibt nur die radikal andere Möglichkeit, in der mathematischen Beschreibung der Natur, die wir kennen und schätzen gelernt haben – den kausalen Gleichungen mit ihren Anfangsbedingungen –, ein Kunstprodukt zu sehen, das unseren eigenen Vorlieben für Denkkategorien entspringt und lediglich eine Näherung für die wahre Natur der Dinge ist. Vielleicht gibt es auf einer tieferen Ebene keine Trennung zwischen jenen Aspekten der Wirklichkeit, die wir gewohnheitsmäßig «Gesetze» nennen, und jenen, die wir als «Anfangsbedingungen» kennengelernt haben.

Zeit ohne Zeit

Es gibt nichts Neues unter der Sonne.

Jesus Sirach

Leibniz und Laplace zogen beide verblüffende Folgerungen aus dem perfekten Determinismus. Wenn all unsere Bewegungsgesetze die Form von Gleichungen haben, die es erlauben, aus der Gegenwart eindeutig und vollständig die Zukunft zu bestimmen, könnte ein höheres Wesen, das den Anfangszustand genau kennt, aufgrund dieses Rohmaterials die gesamte Zukunft des Universums vorhersagen. Die entsprechenden Aussagen von Laplace werden oft zitiert; der Determinismus wurde in der klassischen Physik «Laplacescher Determinismus» genannt; dieser Gedanke wurde jedoch schon in dem im letzten Kapitel vorgestellten bemerkenswerten Buch, das Bosćovič 1758 veröffentlichte, ausführlicher beschrieben. Er schreibt über Determinismus und Stetigkeit der Bewegung:

Mit Ausnahme freier Bewegungen, die durch die Wirkung eines Willens beliebig herbeigeführt werden, muß jeder Materiepunkt eine stetige gekrümmte Linie beschreiben, deren Bestimmung sich auf das folgende allgemeine Problem zurückführen läßt: Gegeben sei eine Anzahl von Materiepunkten und für jeden von ihnen ein Raumpunkt, den er zu einem beliebigen Augenblick besetzt; gegeben seien auch Richtung und Geschwindigkeit der Anfangsbewegung, wenn sie sich gerade in Bewegung setzen, oder die Tangentialbewegung, wenn sie sich schon bewegen, und gegeben seien die Kraftgesetze, wie sie durch eine stetige Kurve beschrieben würden [wie in dem in Abbildung 2.1 im letzten Kapitel gezeigten Kraftgesetz]... dann muß die Bahn jedes der Punkte gefunden werden... Obwohl nun ein solches Problem die Möglichkeiten des menschlichen Verstands weit übersteigt, kann doch jeder Geometer voraussehen, daß das Problem determiniert ist... Ein Verstand, der die Fähigkeiten hat, die nötig sind, um mit einem solchen Problem auf geeignete Weise umzugehen, und glänzend genug wäre, die Lösungen zu erkennen (und ein solcher Verstand könnte sogar endlich sein, wenn die Anzahl der Punkte endlich wäre und der Begriff der Kurve, die das Kraftgesetz darstellt, durch eine endliche Darstellung gegeben wäre), ein solcher Geist, sage ich, könnte von einem stetigen Bogen, der in einer auch noch so kleinen Zeitspanne von allen Massepunkten beschrieben wird, das Kraftgesetz selber herleiten... Wenn das Kraftgesetz und Lage, Geschwindigkeit und Richtung aller Punkte zu jedem Augenblick bekannt wäre, würde es einem solchen Geist möglich sein, alle notwendigen nachfolgenden Bewegungen und Zustände vorherzusehen und alle Erscheinungen vorauszusagen, die notwendig daraus folgen.

Später haben die Naturwissenschaftler nach praktischen Verfahren gesucht, wie solches Wissen zu erreichen sei; im zwanzigsten Jahrhundert stellt die Quantentheorie grundsätzlich in Frage, ob irgend ein Beobachter überhaupt ein solches Wissen haben könnte und ob die Behauptung ihrer Existenz sinnvoll sei. Wir lassen diese wichtigen Entwicklungen jetzt jedoch beiseite und beschäftigen uns mit einer der verblüffenden Folgen der streng deterministischen Welt von Bosćovič, Laplace und Leibniz, die zu den Alltagssorgen der Physiker gehört, deren Arbeit nicht unmittelbar von den Mehrdeutigkeiten der Quantenmechanik berührt wird.

In einer völlig deterministischen Welt ist alle Information über ihre Struktur implizit in den Anfangsbedingungen enthalten. Die Existenz der Zeit ist ein Geheimnis. Sie ist zu nichts gut. Nichts muß unbedingt «geschehen»; alles ist in den Gesetzen und den Anfangsbedingungen verborgen. Man denkt dabei vielleicht sofort an die Naturgesetze als Rechenvorschriften, die die Zukunft aufgrund der Vergangenheit vorhersagen; wir sahen jedoch, daß den Gesetzen Invarianzprinzipien entsprechen. Aussagen also, nach denen sich eine gewisse Größe nicht verändert. Die deterministische Zwangsjacke läßt die Zeit als überflüssig erscheinen. Alles, was je geschehen kann, ist implizit im Anfangszustand enthalten. Unser jetziger Zustand enthält alle Information, die nötig ist, um die Vergangenheit zu rekonstruieren und die Zukunft vorherzusagen. Joseph Conrad gibt dem in *Herz der Finsternis* beängstigenden Ausdruck:

Der Menschengeist ist zu allem imstande – weil er alles umfaßt, die Vergangenheit sowohl wie die Zukunft.

Diese Lage stellte die Wissenschaftler in der Zeit vor der Quantentheorie immer vor ein Dilemma. Während der Debatten darüber, wie wahrscheinlich die Darwinsche Evolution im Vergleich zu einer Erschaffung der Welt des Lebendigen in seiner jetzigen wunderbar angepaßten Form ist, bemerkten einige Wissenschaftler die wesentliche Übereinstimmung zwischen diesen beiden Ansichten, da der jetzige Zustand der Welt nicht mehr und nicht weniger sein kann als eine Widerspiegelung der Anfangsbedingungen. Andere sorgten sich um das Problem des freien Willens in einer streng determinierten Welt. Eine solche Überlegung führte James Clerk Maxwell dazu, den himmelweiten Unterschied zwischen dem grundsätzlichen und dem praktischen Determinismus zu verdeutlichen.

Es gibt sehr viele physikalische Situationen, vom Wetter bis zum Herzschlag, in denen man den genauen Zustand des Systems schon nach kurzer Zeit nicht mehr kennt, wenn auch nur für einen Augenblick die kleinste Unsicherheit bestand. Fast gleiche Ausgangszustände führen zu ganz verschiedenen Entwicklungen. Solche Systeme heißen «chaotisch». Viele der Komplexitäten des Lebens sind so: Veränderungen im Wirtschaftsleben, auf dem Aktienmarkt und im Klima. Bei diesen Dingen kommt es deshalb nicht darauf an, wie genau wir die Regeln für die Veränderungen kennen, denn wir können den jetzigen Stand der Dinge ja nicht mit absoluter Genauigkeit erfassen. Wichtig ist vielmehr die Fähigkeit zur raschen Vorhersage. Wissenschaftler brauchten merkwürdig lange, bis sie den überwältigenden Einfluß dieser Abhängigkeit von den

Anfangsbedingungen in der wirklichen Welt erkannt hatten. Die Scheuklappen der deterministischen Newtonschen Weltanschauung und die auf den vermeintlich «unverbrüchlichen» Gesetzen Gottes beruhenden Fortschritte der Technik bestimmten die vorherrschende Sicht vom Wesen der Welt. Nur die größten Denker des neunzehnten Jahrhunderts, Maxwell und Poincaré etwa, erkannten, daß die Natur es uns selbst dann oft versagen würde, die Zukunft vorauszusagen, wenn wir über die genauen Naturgesetze verfügen könnten. Maxwell kam durch sein Nachdenken über das Problem des freien Willens zu der praktischen Erkenntnis, daß viele Folgen natürlicher Ereignisse äußerst empfindlich vom Anfangszustand abhängen. Später versuchte Henri Poincaré, die subtile Dynamik der Planetenbewegung in unserem Sonnensystem zu verstehen. Er schreibt:

> Eine sehr kleine Ursache, die unserer Aufmerksamkeit entgeht, kann eine beträchtliche und unübersehbare Wirkung haben: Wir sagen dann, die Wirkung sei auf den Zufall zurückzuführen. Wenn wir die Naturgesetze und den Zustand des Weltalls zu Beginn genau kennen würden, könnten wir die Situation dieser Welt in einem späteren Augenblick vorhersagen. Aber selbst wenn uns die Naturgesetze keinerlei Geheimnis verbergen würden, könnten wir den Anfangszustand doch immer nur *näherungsweise* kennen. Wenn es uns möglich wäre, die folgende Situation mit *derselben Näherung* vorherzusagen, wäre das alles, was wir brauchten, um sagen zu können, das Phänomen sei vorhergesagt worden, es sei von Gesetzen bestimmt. Aber so ist es nicht immer. Es kann geschehen, daß kleine Unterschiede in den Anfangsbedingungen zu sehr großen Unterschieden führen. Ein kleiner Fehler zu Beginn führt zu einem gewaltigen Fehler im Ergebnis. Vorhersagen werden unmöglich, und wir stehen vor einem Zufallsereignis.

Die Evolution reagiert, darauf weist Poincaré hier hin, außerordentlich empfindlich auf den tatsächlichen Bewegungszustand; das bedingt ein sehr kompliziertes und erratisches Verhalten, das sich in der Praxis nicht eindeutig auf seine Ursachen zurückführen läßt. Wer es beobachtet, hält es für «Zufall». Die Bewegungen jedoch sind an sich nicht unbestimmt. Wären uns die Anfangsbedingungen genau bekannt, könnten wir auch das zukünftige Verhalten genau vorhersagen. Wir wissen jetzt, was Poincaré noch nicht wissen konnte, daß nämlich Quantenaspekte der Wirklichkeit ganz *grundsätzlich* und nicht nur praktisch solche fehlerfreie Kenntnis der Anfangszustände verhindern. Wenn wir einen Billardball so genau stoßen könnten, wie es die Quantenunschärfe der Welt erlaubt, genügte schon ein Dutzend Zusammenstöße mit den Tischseiten und anderen Bällen, und schon würde diese Unsicherheit den ganzen Tisch erfassen. Die Bewegungsgesetze könnten uns dann nichts mehr über die einzelnen Bahnen des Balls mitteilen.

Im Zusammenhang mit diesen ahnungsvollen Worten Maxwells und Poincarés reizt es, in Boscovičs Werk nach Gedanken über die praktischen Möglichkeiten eines «Geistes» zu suchen, der alle Bewegung verstehen kann. Boscovič sieht anscheinend die Unvermeidlichkeit störender Einflüsse auf die Realität, nicht aber ihre Instabilität. Er warnt zudem vor allen Hoffnungen, mit Hilfe des Determinismus zu vollständigem Wissen gelangen zu können:

> Wir können darauf nicht hoffen, nicht nur, weil unser menschlicher Geist der Aufgabe nicht gewachsen ist, sondern auch, weil wir weder die Zahl noch die Lage noch die Bewegung eines jeden dieser Punkte kennen... und es gibt einen anderen Grund, nämlich daß die von geistigen Substanzen erzeugten freien Bewegungen diese Kurven beeinflussen...

Die Allgegenwärtigkeit chaotischer Phänomene wirft in bezug auf unsere Träume von der Allwissenheit, die uns eine Theorie für Alles bringen könnte, ein weiteres Problem auf. Selbst wenn wir das Problem der Anfangsbedingungen bewältigen und den natürlichsten oder einzig möglichen widerspruchsfreien Ausgangszustand kennen könnten, müßten wir vielleicht doch die Wirklichkeit anerkennen, wonach der Anfangszustand ganz unvermeidlich unsicher ist; es wird dadurch unmöglich, den zukünftigen Zustand genau vorherzusagen. Möglich sind nur statistische Aussagen.

Chaotische Axiome

«In der Mathematik», so sagte David Hilbert, «gibt es kein ignorabimus… Wir müssen es wissen, und wir werden es wissen.» Wie so viele Aussagen älterer Wissenschaftler höchsten Rangs war auch diese völlig falsch.

Ian Stewart

Die Entsprechung zwischen den Anfangsbedingungen für deterministische Naturgesetze und den Axiomen für logische Strukturen läßt sich noch etwas weiterführen; sie offenbart dann eine unerwartete Parallele zwischen Chaos und Zufall in Axiomensystemen. Manche Fragen lassen sich nicht beantworten, weil es unendlich viele mathematische Tatsachen gibt, die nicht aus Axiomen hergeleitet werden können. Wieder erweisen sich die im ersten Kapitel eingeführten Begriffe Komplexität und algorithmische Komprimierbarkeit als die geeignetsten Hilfsmittel zum Verständnis. Eine gewisse Menge an Information können wir mit den Axiomen und Beweisregeln verknüpfen, die ein bestimmtes Axiomensystem ausmachen; seinen Informationsgehalt definieren wir als Größe des Computerprogramms, das alle möglichen Herleitungen untersucht und alle möglichen Theoreme beweist. Dann läßt sich von keiner Zahl, deren Komplexität größer ist als die des Axiomensystems, beweisen, sie sei zufällig. Wenn wir diesen Mangel durch Hinzunahme weiterer Axiome oder Schlußregeln auszugleichen versuchen und so den Informationsgehalt des Systems vergrößern, gibt es immer noch größere Zahlen, deren Zufälligkeit sich nicht beweisen läßt. Der Macht der Mathematik sind Grenzen gesetzt.

Am überraschendsten hat der amerikanische Mathematiker Gregory Chaitin die Folgen dieser Denkweise an einem berühmten mathematischen Problem aufgezeigt. Wenn wir eine Gleichung aufschreiben, die zwei (oder mehr) Größen x und y verknüpft, also etwa

$$x + y^2 = 1,$$

und wenn wir für x und y nicht nur ganze Zahlen zulassen, gibt es unendlich viele Paare (x,y), die diese Gleichung lösen (zum Beispiel $x = \frac{3}{4}$ und $y = \frac{1}{2}$). Nehmen wir jedoch an, uns läge daran, die Lösungen zu finden, bei denen x und y beide positive ganze Zahlen sind. Ein solches Problem heißt zu Ehren von Diophantos von Alexandria, dem größten Algebraiker des Altertums, «diophantisch». In unserem einfachen Beispiel sind (x,y) = (1,0) oder (0,1) die einzigen Lösungen. Ein weniger triviales diophantisches Problem ist das, das sich aus der Fermatschen Vermutung ergibt. Der Jurist Pierre de Fermat schrieb an den Rand seines Exemplars von Diophants berühmtem Werk *Arithmetica*:

Eine dritte Potenz läßt sich nicht als Summe zweier dritter Potenzen, eine vierte nicht als Summe zweier vierter oder ganz allgemein keine Potenz, die größer ist als die zweite, in zwei Potenzen derselben Ordnung zerlegen; für diese Tatsache habe ich einen wahrhaft wunderbaren Beweis. Der Rand ist zu schmal, er reicht nicht aus.

Heute glaubt niemand, daß Fermat einen solchen Beweis gefunden haben könnte; das Problem ist noch immer ungelöst. Modern gesprochen behauptete Fermat, beweisen zu können, daß die Gleichung

$$x^n + y^n = z^n$$

keine positiven ganzzahligen Lösungen x, y und z hat, wenn n eine natürliche Zahl größer als 2 ist. Alle anderen mathematischen Vermutungen Fermats konnten entweder bewiesen oder widerlegt werden. Deshalb heißt diese bemerkenswerteste Annahme von ihm «Fermatsche Vermutung».

Allgemeiner könnten wir eine diophantische Gleichung hinschreiben, die einen Parameter q enthält, der alle ganzzahligen Werte 1,2,3,... annehmen kann. So vereinfacht sich

$$x + y^2 = q$$

für $q = 1$ auf unser obiges Beispiel. Nehmen wir nun an, wir hätten es mit einer diophantischen Gleichung zu tun, die nicht nur x und y, sondern m Variablen $x_1, x_2, x_3, \ldots, x_m$ und die Größe q enthält. Wir schreiben diese Gleichung in m Veränderlichen als

$$P(q, x_1, x_2, x_3, \ldots, x_m) = 0.$$

Chaitin fragte nun, ob eine Gleichung dieser Art für $q = 1, 2, 3, \ldots$ endlich oder unendlich viele Lösungen hat. Zunächst schien das nur eine kleine Abänderung der Frage zu sein, ob diese Gleichung für jedes $q = 1, 2, 3, \ldots$ ganzzahlig lösbar ist. Aber sie ist unglaublich viel schwieriger zu beantworten. Man weiß sogar, daß die Antwort unmöglich ist. Sie ist insofern zufällig, als ihre Lösung mehr Information braucht, als das Problem enthält. Sie läßt sich nicht auf andere mathematische Fakten und Axiome zurückführen. Selbst die Arithmetik enthält Zufälligkeiten. Einige ihrer Wahrheiten lassen sich nur durch den Versuch erforschen. So gesehen gleicht sie schon fast einer Naturwissenschaft.

Kosmologische Zeit

Die Zeit ist Gottes Art und Weise zu verhindern, daß alles auf einmal passiert.

Texanisches Graffiti, anonym

In den meisten wissenschaftlichen Fragestellungen sind die Anfangsbedingungen ziemlich profan. Wir arrangieren sie so, daß wir einen bestimmten Effekt, dessen Eintreten wir vermuten, besser beobachten können. In der Kosmologie – der Wissenschaft der Struktur und der Entwicklung des Universums – ist die Lage jedoch insgesamt interessanter. Denn solange wir die kosmischen Anfangsbedingungen nicht kennen, bleibt unser Wissen vom Kosmos unvollständig. Wir würden selbst dann, wenn wir eine Theorie für Alles hätten, nicht wissen, warum das Weltall auf bestimmte Weise begann. Bei einer Zahlenfolge können wir vermuten, nach welchem System sie aufgebaut ist, so daß wir die nächste Zahl vorhersagen und die ganze Folge arithmetisch komprimieren können; wir können jedoch nicht sagen, warum sie gerade mit dieser Zahl beginnt. Das Problem der kosmischen Anfangsbedingungen ist deshalb so einzigartig, weil es metaphysische Folgen hat. Wenn ganz spezielle Anfangsbedingungen die Entwicklung des Weltalls, die zu dem heutigen Zustand führte, in Gang brachten, können wir uns fragen, was zur Wahl dieser und keiner anderen Anfangsbedingungen führte.

Anfangsbedingungen bestimmen die Grobstruktur des Weltalls. Sie spielen bei der Bestimmung seiner Größe, seiner Gestalt, seiner Temperatur und seiner Zusammensetzung eine Rolle. Nach dem Gesagten scheint die Lage klar: Ganz bestimmte Anfangsbedingungen haben zu dem heute beobachteten Zustand geführt, und wir können bestenfalls hoffen, sie herauszufinden. Aber die Lage ist, wie wir sehen werden, viel interessanter; mehr als fünfundzwanzig Jahre lang wurden fast alle unsere Vorstellungen über den Bau der Welt durch die Vorstellungen der

Kosmologen über die Anfangsbedingungen beherrscht. Diese Anfangsbedingungen wurden vor über zehn Milliarden Jahren festgelegt, als das Weltall einem ungeheuren Experiment der Hochenergiephysik glich; und beim Nachdenken darüber kommen wir zu einem Konflikt mit unseren Vorstellungen von der endgültigen Struktur der Elementarteilchen – der kleinsten Bausteine – der Materie. Die Frage, warum das Weltall so ist, wie es ist, ist unausweichlich mit der Frage verknüpft, warum die Grundlagenphysik so ist, wie sie ist.

Wir untersuchen zunächst die Auswirkungen und Möglichkeiten der üblichen kosmologischen Bilder, bei denen sich Naturgesetze und Anfangsbedingungen grundsätzlich unterscheiden lassen.

Nachdem Edwin Hubble Ende der zwanziger Jahre die Expansion des Weltalls entdeckt hatte, daß sich das Universum als Ganzes ständig ausdehnt, zeigte sich, daß damit implizit ein «Anfang» des Universums vorgegeben war – in dem Sinne nämlich, daß sich die Expansion nicht unbegrenzt in die Vergangenheit zurück extrapolieren läßt. Innerhalb einer endlichen Vergangenheit stoßen wir nämlich offenbar auf einen bestimmten Moment, bei dem die Dichte des Universums unendlich und die Ausdehnung aller Materie null wird. Mitte der sechziger Jahre bestätigte sich das Modell vom «Urknall» als Beginn der Expansion: mit der Entdeckung der kosmischen Hintergrundstrahlung, die die Theorie als Reststrahlung aus den heißen Anfangsstadien – mit inzwischen durch die Expansion stark abgekühlter Temperatur – vorhergesagt hatte. Später wurden durch eine sorgfältige Erforschung der Modelle eines expandierenden Universums im Rahmen der Allgemeinen Relativitätstheorie weitere detaillierte Vorhersagen abgeleitet – und bestätigt –, die sich auf die Annahmen über die Bedingungen eine Sekunde nach Beginn des Urknalls stützten. Moderne Kosmologen sind sich gewöhnlich darin einig, daß für die Entwicklung des Universums von den ersten Sekunden seiner Existenz bis heute, etwa fünfzehn Milliarden Jahre später, ein allgemeiner Erklärungsrahmen erreicht wurde. Das heißt nicht, daß wir alles, was passiert ist, verstanden hätten. Wir können zum Beispiel nicht im Detail rekonstruieren, wie Galaxien entstanden sind, aber solche Vorgänge beeinflußten die Expansion insgesamt nur wenig. Über die erste Sekunde nach dem vermutlichen Anfang läßt sich kaum etwas Sicheres sagen, denn wir kennen keine «fossilen» Überreste aus dem frühen Universum, an denen wir die Genauigkeit unserer Rekonstruktion seiner Geschichte überprüfen könnten. Zur Rekonstruktion der ersten Augenblicke müßten wir das Verhalten der Materie bei viel höheren

Energien kennen, als sie in irdischen Experimenten erreichbar sind. Die Erforschung der ersten Anfänge des Universums ist vielleicht die einzige Möglichkeit, wie wir unsere Theorien über das Verhalten der Materie bei extrem hohen Temperaturen überprüfen können. Es könnte sich nämlich herausstellen, daß ein bestimmtes – bislang hypothetisches – Elementarteilchen wirklich existiert und beim Urknall in solchen Mengen erzeugt wurde, daß diese Teilchen die Ausdehnung des Universums durch den Sog ihrer Schwerkraft heute viel stärker verlangsamt hätten, als wir es beobachten.

Die Katze beißt sich also in den Schwanz. Wir müssen das Verhalten der Elementarteilchen kennen, damit wir das sehr frühe Universum verstehen können, aber wir müssen wissen, wie das frühe Universum aussah, um das Verhalten der Elementarteilchen verstehen zu können.

Nach dieser Warnung wollen wir aber nun unser bewährtes Bild des Universums in die erste Sekunde seiner Geschichte zurückverfolgen und anhand der neuesten Vorstellungen der Elementarteilchenphysik als Leitlinie überlegen, was in ferner Vergangenheit möglich oder wahrscheinlich war.

Traditionell (und zur Zeit) lassen sich drei verschiedene Einstellungen zum Problem der kosmologischen Anfangsbedingungen unterscheiden:

- Es gibt keine Anfangsbedingungen.
- Ihr Einfluß ist unwesentlich.
- Sie haben eine ganz bestimmte Form.

Die erste Möglichkeit entspricht der Annahme, daß das Weltall keinen Anfang hatte – daß es keinen Anfangszustand gab. Diese Einstellung wurde mit besonderer Hartnäckigkeit von Hermann Bondi, Fred Hoyle und Thomas Gold vertreten, die 1948 die «Steady-State»-Theorie aufstellten – die von einem gleichbleibenden Zustand des Universums ausgeht. Diese Theorie, so zeigte sich schon vor vielen Jahren, verträgt sich nicht mit der Beobachtung; Einzelheiten sind für unsere jetzigen Überlegungen unwichtig. Interessant ist dabei die Motivation, keinen Zeitpunkt in der Geschichte des Universums auszuzeichnen – eine Analogie zu Copernicus, der es ablehnte, irgendeinen Ort des Universums besonders auszuzeichnen. Und die Annahme, daß das Universum zu einem bestimmten Augenblick vor endlicher Zeit begann, sich auszudehnen (oder zu existieren), oder auch daß es zu einem zukünftigen Zeitpunkt aufhören wird zu expandieren, würde natürlich für jeden Beobachter ganz bestimmte Zeitpunkte besonders auszeichnen. Die Vertreter der «Steady-State»-Theorie nannten die Verallgemeinerung des kopernikanischen Prinzips für den Raum auf eine raum-zeitliche Situation das *vollkommene kosmologische Prinzip*. (Diese Formulierung forderte Herbert Dingle zu der Bemerkung heraus, das sei so, als ob man «einen Spaten ein vollkommenes landwirtschaftliches Instrument» nennen wollte, und einige Amerikaner meinten, die Behauptung, das Universum sei zu allen Zeiten gleich, sei lediglich ein Mittel seiner Urheber sicherzustellen, daß es immer ein England gab.) Obwohl sich das Steady-State-Universum ausdehnt, bleibt seine Dichte zu allen Zeiten konstant, denn es wird ständig gerade genug neue Materie erschaffen, um die expansionsbedingte Verdünnung zu kompensieren. Diese fortwährende Materieerzeugung in einer Art ständigem Schöpfungsprozeß steht in krassem Gegensatz zum einmaligen Schöpfungszeitpunkt in den kosmologischen Urknallmodellen. Der Ausgleich zwischen der Erzeugungsrate der Materie und der expansionsbedingten Dichteabnahme ist in den Steady-State-Modellen von selbst gesichert; diese Rate ist zudem mit weniger als einem Atom pro Kubikmeter innerhalb von zehn Milliarden Jahren äußerst gering und kann nicht unmittelbar entdeckt werden.

Trotz der Tatsache, daß das Universum nach dieser Theorie keinen wirklichen Anfang hat – es dehnt sich schon immer mit gleicher Durchschnittsgeschwindigkeit aus und wird sich auch immer weiter so ausdehnen –, müssen auch bei diesen Modellen die definierenden Parameter festgelegt werden: Es gibt kein eindeutiges Steady-State-Universum. Der Wert der konstanten weltweiten Materiedichte oder der dazu äquivalenten Entstehungsrate sowie der weltweiten Ausdehnungsgeschwindigkeit bedarf einer Erklärung. Wir müssen bei diesem Modell zu einem bestimmten Augenblick bestimmte Bedingungen festlegen. Vielleicht besagt eine Theorie für Alles schließlich, daß das Universum keinen zeitlichen Anfang hat und in seinem Expansionsverhalten (zumindest seit etwa zehn Milliarden Jahren) dem Steady-State-Modell ähnelt; dann blieben jedoch zum Beispiel die Expansionsrate, die Entstehung der Galaxien und das Ungleichgewicht zwischen Materie und Antimaterie unerklärt.

Diese logische Unvollständigkeit ist ein Kennzeichen aller Modelle, die einen seit unendlich langer Zeit bestehenden Kosmos beschreiben. Es sind Angaben nötig, die die Rolle von «Anfangs»-Bedingungen spielen, selbst wenn es streng genommen im zeitlichen Sinn keinen

«Anfang» gibt. In einem unendlich alten Universum brauchen wir die Anfangsbedingungen vor einer zeitlichen Unendlichkeit.

Jahrhundertelang haben Philosophen und Theologen versucht, die Frage, ob der Kosmos unendlich alt sein kann oder nicht, nur durch Nachdenken zu entscheiden. Einige wollten zeigen, daß der Begriff einer vergangenen zeitlichen Unendlichkeit einen logischen Widerspruch enthält. Solche Überlegungen erinnern an kosmologische Beweise für die Existenz Gottes, die nicht nur zeigen wollen, daß das Universum einen Ursprung gehabt haben muß, sondern darüber hinaus die Existenz eines Schöpfers folgern (oder in der Praxis annehmen). Das Argument hat Schwächen – auch wenn man sich darüber im klaren sein muß, daß die Frage letztlich nicht beantwortbar ist. In einer üblichen Fassung verweist diese Argumentation darauf, daß alles, was wir sehen, eine Ursache hat; deshalb müsse auch die Welt eine Ursache haben. Diese Überlegung ist fragwürdig, weil die Welt nicht in dem Sinn ein «Ding» ist wie alle anderen genannten Dinge. «Die Welt ist», wie Wittgenstein sagt, «die Gesamtheit der Tatsachen, nicht der Dinge.» Der Schluß auf *eine* Ursache ist, so gesehen, analog zu der Überlegung, alle Vereine müßten eine Mutter haben, da ja jedes Vereinsmitglied eine Mutter hat. Man könnte auch Einwände gegen die Behauptung erheben, alle Ereignisse hätten Ursachen. In der Schattenwelt der Quantenmechanik braucht das nicht mehr der Fall zu sein. Nach einer verbreiteten Interpretation der Quantenmechanik läßt sich nicht jede einzelne Beobachtung mit einer Ursache verbinden; dies ist einer der Gründe, warum eine quantenmechanische Beschreibung der Erschaffung des materiellen Weltalls ohne jede direkte Anfangsursache vorstellbar ist.

Als wir die Eigenschaften des Steady-State-Modells des Universums diskutierten, die zusätzlich zu den Naturgesetzen festgelegt werden müßten, haben wir die Expansionsrate erwähnt, aber die Form des Universums nicht näher betrachtet. Eine der ungewöhnlichen Eigenschaften des Steady-State-Modells ist seine Unempfindlichkeit gegenüber Einflüssen, die es an einer in allen Richtungen gleichen Expansion hindern könnten. Wenn irgendwo im Weltall plötzlich eine besonders gewaltige Explosion passierte oder ein Gott zeitweise darauf hinwirkte, daß es sich in eine Richtung rascher ausdehnte als in eine andere, würden diese Abweichungen von dem durch das perfekte kosmologische Prinzip geforderten Zustand bald verschwinden, und die Expansion würde wieder völlig symmetrisch werden. Diese Eigenschaft macht ein solches kosmologisches Modell sehr attraktiv, weil sich unser Universum, wie Beobachtungen zeigen, mit einer Genauigkeit von eins zu tausend in alle Richtungen mit der gleichen Expansionsrate ausdehnt. Die Suche nach einer natürlichen Erklärung für diese überraschende Tatsache bringt uns zu dem zweiten der drei Erklärungsversuche für die Anfangsbedingungen im Universum.

Der Einfluß der Anfangsbedingungen auf die Kosmologie beschäftigt uns deshalb so sehr, weil die Anfangsbedingungen den am wenigsten gesicherten Teil unseres Wissens darstellen. Womöglich werden wir niemals feststellen können, wann (und ob) das Universum je begann. Deshalb gab es immer Kosmologen, die der Meinung waren, man solle eine Erklärung für die jetzige Struktur des Kosmos suchen, die so wenig Gewicht wie möglich auf diese immer ungewissen Anfangsbedingungen legt. Aber wie läßt sich das erreichen?

Es gibt viele physikalische Systeme, die ihre Anfangsbedingungen rasch «vergessen». Damit meinen wir, daß, unabhängig davon, wie das System gestartet ist, die späteren Zustände mit sehr hoher Genauigkeit übereinstimmen. Rühren Sie einen großen Topf voll Honig kräftig um – der Honig wird bald wieder zur Ruhe kommen, ganz gleich, wie stark Sie gerührt haben. Wenn man Steine aus hinreichend großer Höhe – etwa aus einem Flugzeug – fallen ließe, würden sie ganz unabhängig von der Kraft, mit der sie abgeworfen wurden, im wesentlichen mit derselben Geschwindigkeit auf den Boden aufprallen; denn die Schwerkraft, die den Stein beschleunigt, und der Luftwiderstand, der ihn verlangsamt, werden, sobald eine gewisse Geschwindigkeit erreicht ist, gleich groß und kompensieren einander. Danach spürt der Stein keine Kraft mehr und fällt mit gleichbleibender Geschwindigkeit. Ganz analog könnte sich das Universum verhalten haben. Kosmologen haben in den siebziger Jahren lange nach natürlichen physikalischen Prozessen gesucht, die in den Frühstadien des Universums einsetzten und unabhängig von den genauen Anfangsbedingungen den heutigen Zustand hervorrufen mußten. Insbesondere hofften sie zu erklären, warum das sichtbare Universum die bemerkenswerte Eigenschaft hat, sich in alle Richtungen bis auf ein Tausendstel gleich schnell auszudehnen. Eine solche Erklärung könnte darin liegen, daß wir nur lange genug zu warten brauchen (und die Entwicklung von Leben braucht eine sehr lange Zeit), um in allen Richtungen stets annähernd gleiche Expansionsgeschwindigkeiten vorzufinden, unabhängig davon, wie groß die Unterschiede anfangs gewesen sein mögen, weil sich immer physikalische Glättungsprozesse entwickeln, die diese Unregelmäßigkeiten ausgleichen, indem sie Expansionsenergie von einem Ort zum anderen transportieren.

Das klingt alles ganz überzeugend. Aber leider waren die frühen Versuche, dieses Bild zu vervollständigen, größtenteils erfolglos. Das Ausglätten der Unregelmäßigkeiten ist ja, und das ist das Hauptproblem, einer jener Vorgänge, die vom Zweiten Hauptsatz der Thermodynamik bestimmt werden. Eine unregelmäßige Expansion läßt sich nur reduzieren, wenn diese teilweise Reduktion der Unordnung – der «Entropie» – in anderer Form durch eine viel größere Erzeugung von Entropie bezahlt wird. In der Praxis hat diese kompensierende Entropie die Form von Wärmestrahlung. Wenn wir aus einem ungeordneten Haufen Holz einen Stuhl bauen, verletzen wir den Zweiten Hauptsatz nicht, weil wir eine Menge körperlicher und geistiger Arbeit darauf verwenden, und das zeigt sich in unserem Körper in Form von Wärme und mechanischer Energie. Wir finden jedoch heute im Universum nicht viel Wärmestrahlung vor, und deshalb können in der Vergangenheit nur wenige Unregelmäßigkeiten geglättet worden sein. Selbst wenn es ein solches Ausglätten gegeben haben sollte, gibt es viele kosmologische Modelle, in denen die Unregelmäßigkeiten bis heute noch nicht behoben sein könnten. Die glättende Wirkung ist nicht stark genug, um einen Hang zu immer stärkerer Verzerrung zu überwinden, der latent in den Anfangsbedingungen einiger möglicher Universen enthalten ist.

Diese negativen Entdeckungen waren für die Kosmologen etwas enttäuschend, als sie gegen Ende der siebziger Jahre auf diesem Weg eine Erklärung für die großräumigen Regelmäßigkeiten des Universums suchten. Dann jedoch kam ein neuer Gedanke auf. Wie Alan Guth zeigen konnte, läßt sich die heutige Struktur des Universums fast ohne Bezug auf Anfangsbedingungen und ohne Kopfzerbrechen über zuviel Wärme erklären, falls die Expansion in den Anfangsphasen sehr viel schneller erfolgt wäre.

Genau dies leistet das Modell einer kosmischen Inflation. Es beruht auf der Vorhersage, daß es im Reich der Elementarteilchen bestimmte Materieformen gibt, bei denen im Effekt eine Massenabstoßung – statt der Gravitationsanziehung – auftritt. Diese Formen der Materie sind mit einem negativen Druck verbunden, der nach der Allgemeinen Relativitätstheorie zusammen mit der Energiedichte die Kraft bestimmt, die Massen aufeinander ausüben. Wenn in den frühesten Expansionsphasen des Universums eine solche abstoßende Kraft wirksam war, wurde die Materie durch die Gravitation nicht zusammengezogen – und damit die

Expansion gebremst –, sondern die Materie wurde auseinandergetrieben – und die Expansion also *beschleunigt*. Diese Periode der Beschleunigung wird die *Inflation* des Weltalls genannt. Sie läßt alle verzerrenden Einflüsse außerordentlich schnell verschwinden; das Universum dehnt sich rasch sehr symmetrisch aus, was die heute beobachtete große Regelmäßigkeit erklären kann. Schon wenn die Inflation nur kurz wirkt, werden alle Unregelmäßigkeiten, dic es ursprünglich gegeben haben könnte, auf ein infinitesimal niedriges Niveau reduziert. Wir haben dann, so behauptet diese Theorie, *tabula rasa* und können die reguläre Expansion, die wir zur Zeit beobachten, ganz unabhängig von den Anfangsbedingungen erklären. Tatsächlich stimmt das nicht ganz. Man kann die Anfangsbedingungen nämlich absichtlich auch so wählen, daß sie sich durch die *vorgegebene* Inflationsperiode nicht hinreichend glätten lassen; umgekehrt wird es dann, wenn zuerst die Anfangsbedingungen gewählt werden, immer einen ausreichenden Grad der Inflation geben. Es ist wie mit dem Ei und der Henne. Wenn man die Inflationsperiode bestimmt, *nachdem* die Anfangsbedingungen vorgegeben sind, läßt sich das, was man sieht, immer erklären; wenn aber umgekehrt zunächst durch die Naturgesetze und die Naturkonstanten die Inflationsperiode vorgegeben ist, gibt es auch Anfangsbedingungen, deren Einfluß sich im nachhinein nicht mehr beseitigen läßt. Die Antwort auf die Frage: «Was sollte man zuerst wählen?» hängt zutiefst von der eigenen Einstellung zu den Anfangsbedingungen und ihrer Beziehung zu den Naturgesetzen ab. Wenn wir den klassischen Standpunkt vertreten, daß die Anfangsbedingungen von den physikalischen Gesetzen unabhängig sind, könnten wir mangels genauerer Information die Anfangsbedingungen des Universums beliebig vorgeben; sie wären dann jedoch in ihrem Status den Naturgesetzen und Naturkonstanten untergeordnet. Wir können uns leicht veränderte Anfangsbedingungen vorstellen und sie jedesmal, wenn wir im Labor physikalische Gesetze anwenden, nach Belieben festlegen – eine ganz normale Vorgehensweise in der Physik. Wenn jedoch ein physikalisches Gesetz oder der Wert einer Naturkonstanten geändert werden muß, ist die Lage anders. Deshalb scheint die Annahme vernünftig zu sein, die Konstanten und physikalischen Gesetze – und damit auch die Dauer einer jeden Inflationsperiode – sei *vor* der Festlegung der Anfangsbedingungen gegeben. Dann kann die Inflation das beobachtete Universum nicht immer unabhängig von den Anfangsbedingungen «vorprogrammieren». Vielleicht stellt sich schließlich heraus, daß die erfolglosen Anfangszustände in gewissem Sinne «unwahrscheinlich» sind, aber die Frage, was einen wahrscheinlichen von einem unwahrscheinlichen Anfangszustand unterscheidet, bleibt unbeantwortet.

Im herkömmlichen Urknallbild des expandierenden Weltalls erscheint es als recht rätselhaft, warum sich ein Ort vom anderen so wenig unterscheidet. Um dieses Geheimnis zu klären, müssen wir zunächst zwischen dem gesamten, möglicherweise unendlich ausgedehnten Universum und dem «sichtbaren» Universum unterscheiden – jenem Teil, aus dem das Licht in der seit dem Beginn vergangenen Zeit zu uns gelangen konnte. Wir können uns das beobachtbare Universum als Kugel mit einem Radius von etwa fünfzehn Milliarden Lichtjahren vorstellen, deren Mittelpunkt wir sind. Fünfzehn Milliarden Lichtjahre ist die Entfernung, die Licht in den fünfzehn Milliarden Jahren zurückgelegte, die wir für eine wahrscheinliche Einschätzung der seit dem Beginn der Expansion vergangenen Zeit halten. (Dieser Zeitspanne entspricht ein Mittelwert der Beobachtungsergebnisse, nach denen sich das Alter des Weltalls auf 13 bis 18 Milliarden Jahren errechnet.) Wir wissen nur etwas über den Teil des Universums, der unserer Beobachtung zugänglich ist. So können unsere Beobachtungen keinerlei Auskunft darüber geben, ob das Universum endlich oder unendlich ist.

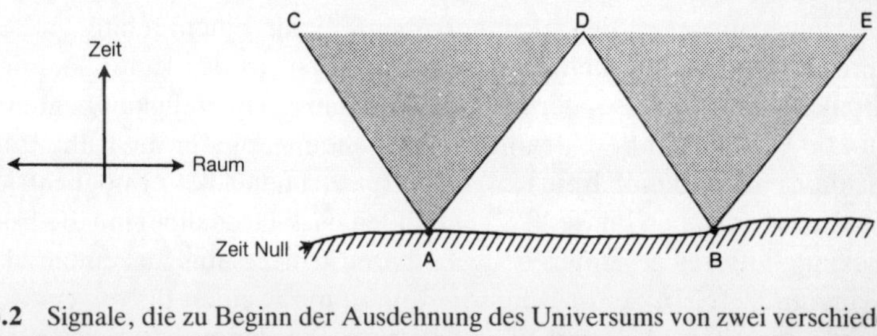

3.2 Signale, die zu Beginn der Ausdehnung des Universums von zwei verschiedenen Punkten A und B ausgeschickt werden, können einander erst zur Zeit D erreichen. Das Innere der Kegel CAD und DBE stellt die Teile von Raum und Zeit dar, die sich durch Lichtsignale von A und B aus erreichen lassen. Eine Verständigung zwischen den Bereichen außerhalb der Kegel ist nicht möglich, weil Signale sich nicht schneller als mit Lichtgeschwindigkeit fortpflanzen können. Eine Verständigung ist daher auf das Innere der Kegel beschränkt. Man beachte, daß A die Zukunft nicht vorhersagen kann. Die Bedingungen bei D sind nicht nur durch das von A, sondern auch durch das von B ausgesandte Signal bestimmt.

Die großräumige Struktur des beobachtbaren Universums ist erstaunlich gleichförmig. Die Bedeutung dieser ungewöhnlichen Homogenität wird klar, wenn wir die Ausdehnung dieses Bereiches durch Extrapolation in die Vergangenheit für frühere Zeitpunkte berechnen. Zum Beispiel hätte sich der beobachtbare Bereich zum Zeitpunkt, als das Universum nur eine Sekunde alt war, in einen Bereich von nur anderthalb Lichtjahren Durchmesser pressen lassen. Als das Universum 10^{-35} Sekunden alt war, hätte «unser» beobachtbarer Teil in einen Bereich mit nur einem Zentimeter Durchmesser gepaßt. Das klingt unglaublich klein, ist aber für einen Kosmologen unannehmbar groß. Dieser Durchmesser ist $3 \cdot 10^{25}$ mal so groß wie der Abstand, der gerade noch eine kausale Verknüpfung von Ereignissen innerhalb dieser Bereiche erlauben würde. Dieser Abstand entspricht der Strecke, die das schnellste Signal – also Licht – in der vergleichbaren Zeit durchlaufen konnte; 10^{-35} Sekunden nach Beginn des Urknalls war diese Entfernung einfach das Produkt aus 10^{-35} Sekunden und der Lichtgeschwindigkeit ($3 \cdot 10^{10}$ Zentimeter pro Sekunde), also $3 \cdot 10^{-25}$ Zentimeter. Das heute beobachtete Universum hat sich also aus einer großen Anzahl voneinander völlig unabhängiger Bereiche entwickelt, die zu sehr frühen Zeiten nicht einmal voneinander «gewußt» haben können (Abbildung 3.2).

Die Ursache dieses sogenannten *Horizontproblems* ist nach unserer Beschreibung klar. Das Universum dehnte sich zu Beginn zu langsam aus, um die Homogenität des beobachtbaren heutigen Universums durch physikalische Glättungsprozesse erklären zu können. Dieser Teil des Universums muß sich zu einer frühen Zeit aus einem relativ großen Bereich entwickelt haben, der viel größer war als der Einflußbereich physikalischer Prozesse, der ja durch die Lichtgeschwindigkeit begrenzt ist. Die Periode der beschleunigten Ausdehnung, die für die frühe Entwicklung des inflationären Kosmos kennzeichnend ist, ermöglicht jedoch in einer frühen Phase 10^{-35} Sekunden nach Urknallbeginn die Entwicklung unseres gesamten beobachtbaren Universums aus einem viel kleineren Bereich. Selbst wenn die Inflation nur einen flüchtigen Moment – zwischen 10^{-35} und 10^{-33} Sekunden – gedauert hätte, hätte das gesamte beobachtbare Universum zu diesen sehr frühen Zeiten in Reichweite der Lichtsignale liegen können. Die von uns beobachtete großräumige Homogenität wäre damit plausibel erklärt. Sie ist das Ergebnis der Expansion eines Bereichs, der winzig genug war, um durch physikalische Prozesse, die den von der Relativitätstheorie auferlegten Kausalitätsbedingungen gehorchen, geglättet worden zu sein.

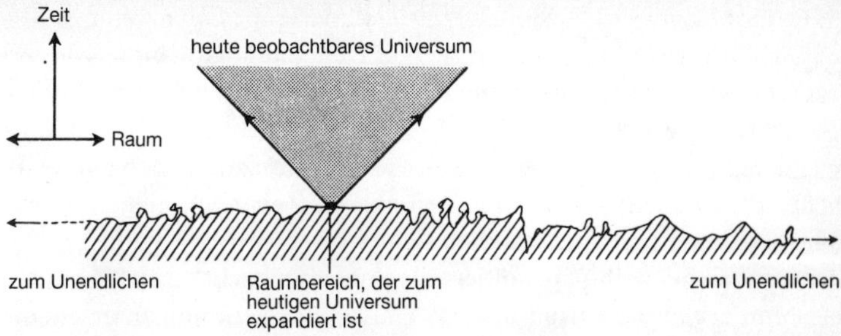

3.3 Die Struktur des sichtbaren Universums wird durch Bedingungen bestimmt, die nur einen winzigen Teil der «Anfangs»-Bedingungen des Universums ausmachen. Wenn das Universum unendlich groß ist, sind sowohl sein sichtbarer Teil als auch der Teil der Anfangsbedingungen, die es bestimmen, nur infinitesimale Teile des Ganzen.

Dieses neue Bild der frühen Entwicklung des Weltalls schreibt den Anfangsbedingungen nur eine Nebenrolle zu. Zwar spiegelt das beobachtbare Universum zum Teil die «Anfangs»-Bedingungen, die die Struktur vor Beginn der Inflation bestimmten, aber die Bedingungen, die diese Aufgabe haben, stellen doch nur einen winzigen Teil des gesamten Katalogs der Anfangsbedingungen für das gesamte (möglicherweise unendliche) Universum dar (Abbildung 3.3).

Das beunruhigt den Wissenschaftler. Unsere Beobachtung der Struktur des sichtbaren Universums kann uns bestenfalls Information über einen nur winzigen Teil der Anfangsbedingungen geben, die die ersten Augenblicke des expandierenden Weltalls kennzeichnen. Wir können mit Hilfe der Beobachtung niemals alle Anfangsbedingungen in Erfahrung bringen. Sie sind dazu verdammt, immer im Bereich von Philosophie und Theologie zu bleiben. Dadurch wird auch jede Überprüfung dieser Theorie außerordentlich schwierig. Selbst wenn manche Variationen der Anfangsbedingungen keine oder nicht genug Inflation zulassen, gibt es doch immer einen Teil des gesamten Universums, in dem sich die Bedingungen dazu eignen, und das genügt uns schon. Wie wir in einem späteren Kapitel sehen werden, müssen wir genauer untersuchen, welche Rolle unsere eigene Existenz bei der Bewertung solcher Theorien spielt.

Das Bild, das die Inflationstheorie uns von den Anfangsbedingungen zeichnet, ist deshalb das eines möglicherweise chaotischen oder zufälligen Anfangsstadiums – vergleichbar den Wellenbewegungen des Meeres, lokal entwickeln sich die winzigen Bereiche unabhängig von allen anderen. Wir befinden uns heute in einem dieser Bereiche – nachdem er sich stark «aufgebläht» hat. Sein Inneres sollte sehr glatt aussehen und sich gleichmäßig ausdehnen; jenseits seiner Grenzen jedoch gibt es Bereiche, deren Licht uns in der verfügbaren Zeit noch nicht erreichen konnte. Diese Bereiche entziehen sich unserer Kenntnis völlig und sind höchstwahrscheinlich ganz anders als unser beobachtbares Universum. Das kann erklären, warum uns das Universum so homogen erscheint – obwohl dies nicht für alle Bereiche zu erwarten ist.

Die inflationäre Periode der Ausdehnung glättet Unregelmäßigkeiten nicht durch solche Entropie erzeugende Prozesse, wie sie in den siebziger Jahren durch Kosmologen untersucht wurden. Vielmehr fegt sie die Unregelmäßigkeiten hinter den Horizont unseres sichtbaren Weltalls, dorthin also, wo wir sie nicht sehen können. Nach dieser Hypothese ist die Welt der Sterne und Galaxien nur die Widerspiegelung eines winzigen, vielleicht sogar unendlich kleinen Bereichs des ursprünglichen frühen Universums, dessen Ausdehnung und Struktur uns letztlich immer verborgen bleiben muß. Eine Theorie für Alles kann da nicht helfen, denn die uns möglichen Beobachtungen können nur über einen winzigen Bruchteil des Ganzen Aufschluß geben.

Vielleicht gibt es jedoch gar keine so strenge Trennung zwischen Naturgesetzen und Anfangsbedingungen, wie wir sie angenommen haben; für einige Gesetze könnte lediglich ein Typus von Anfangsbedingungen zulässig sein. Diese Möglichkeit wollen wir jetzt etwas genauer untersuchen.

Diese letzte Option in bezug auf die Anfangsbedingungen läuft im Effekt darauf hinaus, daß ein «Metagesetz» die Anfangsbedingungen bestimmt. Das inflationäre Modell sieht die Anfangsbedingungen als frei wählbar; ihre genaue Fassung wirkt sich, wie wir zeigen können, nur sehr wenig auf das aus, was wir heute sehen – solange die physikalischen Gesetze, die Eigenschaften der Elementarteilchen und die Naturkonstanten dieses Zaubermittel der Inflation zulassen. Im Gegensatz dazu suchen die Verfechter besonderer Anfangsbedingungen nach einem grundsätzlichen Zusammenhang zwischen der Form der Gesetze und der Anfangsbedingungen, der über unsere normalen Erfahrungen in der klassischen Physik hinausgeht. Üblicherweise werden die Anfangsbedingungen durch die Form der Gesetze kaum eingeschränkt. Wenn die Lösung einer Gleichung, die eine physikalische Veränderung beschreibt, auch die Anfangsbedingungen eindeutig festlegt, bedeutet dies unweigerlich, daß die fragliche Lösung sehr speziell und deshalb aller Wahrscheinlichkeit nach keinem realen Zustand entspricht. Wenn wir einen tiefen Zusammenhang zwischen der Form der Naturgesetze und den zulässigen Anfangsbedingungen finden wollen, müssen wir deshalb nach einer Situation suchen, in der die Entwicklung ein Element von Wahrscheinlichkeit enthält. Das ist bei jeder quantenmechanischen Beschreibung der Dinge so. Zum größten Teil konzentrieren sich diese Versuche, Gesetze mit Anfangsbedingungen in Beziehung zu setzen, auf die Quantenkosmologie, die sich zwar enorm entwickelt, aber noch in ihren Kinderschuhen steckt. Man stößt dabei auf schwierige Grundlagenprobleme, die mit der Deutung der Quantentheorie, über die schon viel geschrieben worden ist, und mit dem weniger häufig diskutierten *Problem der Zeit* zusammenhängen.

Das Problem der Zeit

Die Engländer sind kein sehr spirituelles Volk. Sie erfanden das Kricketspiel, damit es ihnen ein Gefühl für die Ewigkeit vermittelt.

George Bernard Shaw

Im Lauf der Jahrtausende rätselten Philosophen immer wieder über das Wesen der Zeit. Das Problem läßt sich auf die Frage reduzieren, ob die Zeit ein absoluter Hintergrund ist, vor dem sich die Ereignisse abspielen, oder ein nachgeordneter Begriff, der sich völlig aus physikalischen Vorgängen herleiten läßt und deshalb von ihnen beeinflußt wird. Im ersten Fall könnten wir die Erschaffung der physikalischen Welt als Vorgang *in der Zeit* charakterisieren. Im Rahmen dieses Bildes ist es sinnvoll, darüber nachzudenken, was vor der Erschaffung der materiellen Welt geschah und was nach seinem Ende passieren könnte. Hier ist die Zeit ein transzendenter Teil der Wirklichkeit, der weder einen vorstellbaren Anfang noch ein Ende hat. Das paßt gut zu der platonischen Vorstellung, nach der es gewisse ewige Wahrheiten oder Baupläne gibt, aus denen die zeitlichen Wirklichkeiten ihre Eigenschaften herleiten. Tatsächlich weist ja die Zeit selbst viele Eigenschaften auf, die üblicherweise mit einer Gottesvorstellung verknüpft werden. Als Alternative bietet sich eine Auffassung an, die schon bei Aristoteles und am eindrucksvollsten bei Augustin und Philon von Alexandria beschrieben wird und später bei den frühen islamischen Naturphilosophen auftaucht. Danach entstand die Zeit zusammen mit der Welt. Als es das Weltall noch nicht gab, gab es keine Zeit, keinen Begriff von «vorher». Mit dieser Vorstellung konnten die Scholastiker des Mittelalters die quälende Frage vermeiden, was sich vor der Erschaffung der Welt abspielte und was Gott damals tat. Im wesentlichen wird die Zeit hier als abgeleitetes Problem angesehen, das unausweichlich mit dem Universum und allem, was darin ist, verknüpft ist. Der Beginn der Zeit ist der Augenblick, in dem die Konstanten und Gesetze der Natur vorbereitet sind und zu wirken beginnen. In seinem *Gottesstaat* schreibt Augustin:

> Ohne Zweifel also ist die Welt nicht *in* der Zeit, sondern *mit* der Zeit erschaffen. Denn was in der Zeit geschieht, das geschieht vor und nach einer Zeit – nach einer, die vergangen ist, vor einer, die erst kommen wird. Vor der Welt aber konnte Zeit nicht sein, weil ja keine Kreatur war, mit deren bewegtem Zustandwandel sie hätte werden können. Vielmehr ist in Einem mit der Zeit auch die Welt erschaffen.

Das entspricht unserer gewöhnlichen Zeiterfahrung. Wir messen sie mit Uhren, die aus Materie bestehen und den Naturgesetzen gehorchen. Wir nutzen die Existenz periodischer Bewegungen, seien es nun die Erddrehung, Pendelschwingungen oder Schwingungen eines Cäsiumkristalls als Uhren, deren Ticken für uns den Lauf der Zeit definiert. Wir können dem Zeitbegriff keine andere alltägliche Bedeutung geben als die des Vorgangs, mit dem wir sie messen. Wir könnten so die operationalistische Ansicht vertreten, daß die Zeit allein durch die Art der Messung definiert wird.

Nach der ersten, transzendenten Sichtweise der Zeit könnten wir also von Körpern sprechen, die sich *in* der Zeit bewegen; nach der zweiten ist die Zeit durch die Bewegung der Dinge definiert. Einer der Vorteile der ersten Sichtweise ist es, daß man weiß, wo man steht, und daß die Zeit immer gleich aussieht: Sie ist heute die gleiche wie gestern und morgen. Aus der zweiten Sichtweise dagegen lassen sich neue Zeitbegriffe gewinnen – der Zeitbegriff könnte sogar abgeschafft werden –, wenn sich der materielle Gehalt des Weltalls verändert. Wir sollten uns einer solchen Möglichkeit besonders dann bewußt sein, wenn wir an den Urknall zurückdenken, in dem die Verhältnisse besonders extrem waren. Denn für einen Augenblick, der der Beginn der Zeit zu sein scheint, ist der Begriff der Zeit wohl besonders schwierig. In einem expandierenden und sich ständig verändernden Universum führt die operationale Sicht der Zeit vermutlich zu einer subtilen und sich immer wandelnden Vorstellung von der Rolle und dem Sinn der Zeit.

Absoluter Raum und absolute Zeit

Zeit, Ort und Bewegung, als allen bekannt, erkläre ich nicht. Ich bemerke nur, daß man gewöhnlich diese Größen nicht anders als in bezug auf die Sinne auffaßt und so gewisse Vorurteile entstehen.
Isaac Newton

Die Vorstellung von einer transzendenten absoluten Zeit, die wie auf einem kosmischen Billardtisch des unendlichen und unveränderlichen Raums den Gang der Ereignisse begleitet, war die Grundlage der monumentalen Weltbeschreibung Newtons. Wenn die Gleichungen einmal gegeben sind, die die Veränderung der Welt in Raum und Zeit beschreiben, ist der ganze zukünftige Ablauf durch die Anfangsbedingungen bestimmt.* Die Zeit scheint überflüssig zu sein. Alles Geschehen ist in den Anfangszustand einprogrammiert.

Die Newtonschen Bewegungsgesetze können auf die Beschreibung der Welt angewandt und in Rückwärtsrichtung der Zeit verfolgt werden. Unser Universum dehnt sich aus; eine Newtonsche Beschreibung führt deshalb zu der Behauptung, es müsse einmal einen Augenblick gegeben haben, in dem alles die Größe Null und unendliche Dichte hatte – jenen Urknall, den Fred Hoyle als erster verächtlich «Big Bang» nannte. Weil jedoch Raum und Zeit im Newtonschen Weltbild absolut sind, lassen sich über den Newtonschen Urknall weder als Ursprung der Zeit noch als Ursprung des Raums Schlüsse ziehen. Der Urknall ist einfach ein Teil

---

* Dies trifft nicht zu, wenn andere physikalische Prozesse berücksichtigt werden. Das Verhalten von Billardkugeln, das ja den Newtonschen Gesetzen gehorcht, hängt nach einem Zusammenstoß von der Härte der Kugeln ab, und dazu wiederum muß das Material bekannt sein, aus dem die Kugeln gemacht sind. Diese Information geht über die Newtonsche Mechanik hinaus.

der Vergangenheit, in dem, so sagen es bekannte Gesetze voraus, einige physikalische Größen über alle Grenzen wachsen – wir sagen, ihr Wert sei dort unendlich. Aber Raum und Zeit gibt es trotzdem auch vorher.

Die ersten Wissenschaftler, die darüber nachdachten, was es bedeutet, wenn etwas im Rahmen der Newtonschen Theorie anscheinend zu existieren aufhört oder unendlich wird (die also über das nachdachten, was wir heute «Singularitäten» nennen), waren im achtzehnten Jahrhundert Leonhard Euler und Roger Bosćovič. Sie untersuchten die physikalischen Folgen, die es hätte, wenn der Schwerkraft ein anderes Gesetz zugrunde läge als das berühmte Newtonsche Gravitationsgesetz, nach dem die Kraft zwischen zwei Körpern umgekehrt proportional zum Quadrat ihres Abstands ist. Bei der Untersuchung von Objekten, die eine zentrale Sonne umlaufen, fanden sie bei anderen Kraftgesetzen die unangenehme Eigenschaft, daß deren Lösungen einfach nach einer gewissen zukünftigen Zeit zu existieren aufhören. In einer von so ausgefallenen Kraftgesetzen bestimmten Welt lassen sie sich einfach nicht fortsetzen. Bosćovič hielt die Folgen eines anderen Kraftgesetzes, bei dem nicht das Abstandsquadrat, sondern die dritte Potenz des Abstands im Nenner steht, für absurd, da der Zentralkörper in diesem Fall aus der Mitte des Weltsystems verschwinden würde. Bosćovič wies zudem auf Eulers frühere Arbeiten über Bewegung unter dem Einfluß der Schwerkraft hin, in der dieser überragende Mathematiker behauptet, daß «der bewegte Körper vernichtet wird, wenn das Zentrum der Kraft vernichtet wird. Wieviel vernünftiger wäre es, daraus zu schließen, daß dieses Kraftgesetz unmöglich ist?»

Tatsächlich ergeben sich große Probleme, wenn man versucht, die Newtonschen Axiome der Schwerkraft und Bewegung auf das gesamte Universum anzuwenden. Sie lassen keinen *unendlichen*, von Materie erfüllten Raum zu. Dann nämlich kommt es an jedem Punkt zu unendlich vielen Gravitationswirkungen, weil es unendlich viele anziehende Körper gibt. Ein Newtonsches Universum muß daher eine endliche Größe haben und also räumlich begrenzt sein. Wenn wir uns den Newtonschen Raum als in jede Richtung ausgedehnt vorstellen, muß diese Begrenzung ein wohldefinierter Rand sein. Wenn zum Beispiel der Raum um uns als Mittelpunkt kugelsymmetrisch ist, ergibt sich als Grenzfläche dieses Raums die Kugeloberfläche. Andererseits könnte das räumliche Weltall ein Würfel sein, dessen Grenzfläche dann die sechs Würfelseiten wären. Diese Vorstellung eines begrenzten Universums ist nicht sehr reizvoll, denn in ihm muß das Verhalten aller physikalischen Größen zur Zeit des Beginns vorgegeben werden. Das Newtonsche Universum ist deshalb als eine endliche Materieinsel im Meer des unendlichen absoluten Raums zu sehen.

Schlimmer noch, die Newtonsche Theorie ist unvollständig. Sie enthält nicht genug Gleichungen, um uns zu sagen, wie all die zulässigen Veränderungen im Universum tatsächlich ablaufen. Wenn sich das Universum in jede Richtung genau gleich schnell ausdehnt oder schrumpft, ist in der Tat alles vorherbestimmt; treten jedoch zu Beginn auch nur die kleinsten Abweichungen von einer vollkommenen Kugelsymmetrie auf, bricht der Determinismus zusammen. Da die Newtonsche Theorie eines absoluten Raumes und einer absoluten Zeit also Mängel aufweist, ist der nächste Schritt, zu überlegen, wie sich die Begriffe von Raum und Zeit mit der Materie des Universums verbinden lassen.

Die früheste und faszinierendste Überlegung dieser Art stammt von William Clifford, einem englischen Mathematiker, der genau die Situation erwog, die Einstein später in der Allgemeinen Relativitätstheorie beschäftigte. Clifford wurde durch die mathematischen Forschungen Riemanns angeregt, der die geometrische Untersuchung gekrümmter Flächen und Räume mit nichteuklidischer Geometrie wesentlich verallgemeinert hatte (einer Geometrie also, bei der die Summe der drei Innenwinkel eines Dreiecks nicht mehr 180° ergibt, wenn drei Punkte auf einer gekrümmten Fläche durch die kürzesten Linien zu einem Dreieck verbunden werden). Clifford erkannte, daß der übliche euklidische Raum nur einer von vielen möglichen ist. Wir können für die wirkliche Welt nicht länger eine euklidische Geometrie voraussetzen. Wohl scheint sie lokal flach zu sein, aber das überzeugt deshalb nicht, weil kleine Ausschnitte gekrümmter Flächen fast immer flach erscheinen. Nachdem Clifford sich mit Riemanns Gedanken eingehender beschäftigt hatte, machte er in seiner Arbeit von 1876 den folgenden radikalen Vorschlag:

> Ich möchte hier andeuten, wie diese Spekulationen auf die Erforschung physikalischer Erscheinungen angewendet werden können. Ich behaupte:
>
> (1) Kleine Raumteile *sind* in der Tat analog zu kleinen Erhebungen auf einer Fläche, die im Mittel flach ist; die gewöhnlichen Gesetze der Geometrie gelten dort also nicht.
>
> (2) Die Eigenschaft, gekrümmt oder verzerrt zu sein, wird wie eine Welle immerzu von einem Raumteil zum nächsten weitergegeben.

(3) Diese Veränderung der Raumkrümmung ist das, was eigentlich passiert, wenn wir von der *Bewegung der Materie*, sei sie wägbar oder ätherisch, sprechen.

(4) In der physikalischen Welt spielt sich nichts anderes ab als diese Veränderung, die (möglicherweise) dem Gesetz der Stetigkeit unterliegt.

Diese Bemerkungen sind bemerkenswert prophetisch. Obwohl Einstein sie anscheinend nicht gekannt hat, wurden Cliffords Vorahnungen zum Hauptgedanken der Allgemeinen Relativitätstheorie. Die Geometrie des Raums und der Fluß der Zeit sind nicht mehr absolut festgelegt und damit auch nicht mehr unabhängig vom Materiegehalt von Raum und Zeit. Die Materie und ihre Bewegung bestimmen die Geometrie und den Lauf der Zeit, und umgekehrt bestimmt diese Geometrie, wie sich die Materie bewegt. Einsteins elegante Gravitationstheorie enthält Gleichungen, die die Beziehung zwischen dem materiellen Gehalt des Weltalls und der Geometrie der Raumzeit bestimmen. Seine Feldgleichungen verallgemeinern eine klassische Gleichung des Newtonschen Felds, die Poissongleichung für das Gravitationsfeld einer Materieverteilung. Darüber hinaus gibt es in Einsteins Theorie Bewegungsgleichungen, die die Newtonschen Bewegungsgesetze verallgemeinern und insbesondere als Pendant zu den geradlinigen Bahnen im euklidischen Raum Geraden in der gekrümmten Geometrie ergeben.

Weiter wird in Einsteins Theorie der absolute Status der Zeit in Frage gestellt. Nach Einsteins Theorie gibt es im Universum keine bevorzugten Beobachter, für die alle Naturgesetze einfacher aussehen. Die physikalischen Gesetze erscheinen allen Beobachtern, unabhängig von ihrem Bewegungszustand, als gleich. Anders gesagt sollten alle Beobachter, ganz unabhängig vom Bewegungszustand des Labors – ob es in bezug auf ein anderes beschleunigt wird oder rotiert – dieselben physikalischen Naturgesetze erhalten. Vielleicht messen sie verschiedene Werte der Beobachtungsgrößen; aber stets wird sich herausstellen, daß diese durch dieselben invarianten Beziehungen verknüpft sind.

Während es in Einsteins Welt keine besondere Klasse von Beobachtern gibt, für die die Naturgesetze aufgrund ihrer Bewegung und der Art der Zeitmessung besonders einfach aussehen, ist Newtons Formulierung der Bewegungsgesetze keineswegs für alle Beobachter gleichermaßen anwendbar. Seine berühmten Gesetze gelten nur für Beobachter in solchen Laboratorien, die sich relativ zueinander und in bezug auf die entferntesten, von Newton für absolut ruhend gehaltenen Sterne gleichförmig bewegen und nicht rotieren. Für rotierende oder beschleunigte Beobachter haben die Bewegungsgesetze eine andere, kompliziertere

Form. Insbesondere, und das widerspricht dem berühmten ersten Newtonschen Axiom, können solche Beobachter bei Körpern, auf die keine Kräfte wirken, eine Beschleunigung der Bewegung sehen.

Die Gleichberechtigung der Beobachter, die Einstein in seine Allgemeine Relativitätstheorie einbaute, bedeutet, daß es keine vor anderen ausgezeichnete kosmische Zeit gibt. Während es in seiner Speziellen Relativitätstheorie keinen absoluten Standard für die Zeit geben kann – alle Zeitmessungen werden relativ zum Bewegungszustand des Beobachters gemacht –, ist die Lage in der Allgemeinen Relativitätstheorie anders. In dieser gibt es bereits Probleme, überhaupt eine Zeit separat vom Raum vorzugeben.

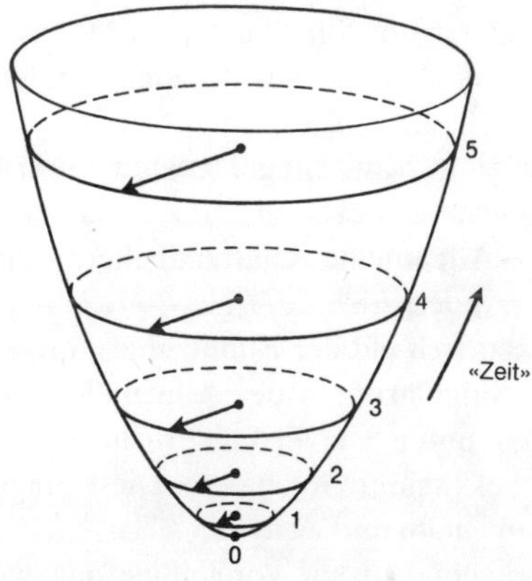

3.4 Jeder der durch den Raum geschnittenen Scheiben 1, 2, 3, 4 und 5 läßt sich eine «Zeit»-Angabe zuordnen, die durch den mit Pfeilen angedeuteten Kreisradius geeicht ist. Beim Durchlaufen der gekrümmten Fläche wird die Zeitzunahme durch den Zuwachs der Radien der die Scheiben begrenzenden Kreise angegeben.

Man kann sich die ganze Welt von Raum und Zeit – die «Raumzeit» – in Einsteins Theorie gut als einen Stapel von Räumen vorstellen (das läßt sich in zwei statt drei Raumdimensionen leicht veranschaulichen), wobei jede Scheibe dieses Stapels den ganzen Weltraum zu einer anderen Zeit darstellt. Mit Hilfe der Zeit lassen sich solche Scheiben voneinander unterscheiden. Nun können wir den ganzen raumzeitlichen Block auf viele verschiedene Weisen in «Zeitscheiben» zerschneiden, und die Frage, durch welchen Schnitt Raum und Zeit separiert werden sollen, ist eben von vornherein gegeben. Deshalb ist es angebrachter, von der Raumzeit zu sprechen als von den eher mehrdeutigen Partnern Raum und Zeit. Aber weil Materie und Raumzeit-Geometrie miteinander zusammenhängen, läßt sich «Zeit» *intern* durch eine geometrische Eigenschaft wie etwa die Krümmung der Schnittflächen definieren, also durch das Gravitationsfeld der Materie der Scheibe, die sie aus ihrer Flachheit herausgezerrt hat (Abbildung 3.4 gibt eine einfache Veranschaulichung). Das gibt uns eine Ahnung von der Möglichkeit, wie wir die Zeit einschließlich ihres Anfangs und ihres Endes mit dem, was die Welt enthält, und den Gesetzen, die ihre Veränderung bestimmen, verknüpfen können.

Das neue Bild der *Raumzeit* anstelle von Raum *und* Zeit hat Folgen für unser Verständnis der Anfangsbedingungen und des möglichen Beginns des Universums. Weil die Struktur der Raumzeit an die Materie gekoppelt ist, signalisiert jede Singularität der Materie der Raumzeit (so zum Beipiel die unendlich große Dichte, die nach dem herkömmlichen Bild beim Urknall vorliegt), daß auch die Raumzeit an ein Ende gekommen ist. Wir haben es jetzt mit Singularitäten *von* Raum und Zeit und nicht nur mit Singularitäten *in* Raum und Zeit zu tun. Zudem entspricht jede durch Einsteins Allgemeine Relativitätstheorie gegebene Raumzeit einem Universum. Anders als in der Newtonschen Theorie beschreibt sie niemals etwas, das sich auf der Bühne eines festgelegten Raums abspielt. So sind die Singularitäten der Allgemeinen Relativitätstheorie Kennzeichen des gesamten Universums, nicht nur eines Ortes in ihm oder eines Augenblicks seiner Geschichte. Diese Singularitäten markieren die Grenzen von Raum und Zeit.

Wenn wir entsprechend dieser Vorstellung das expandierende Universum betrachten und seine Geschichte in die Vergangenheit verfolgen, scheint es in einer solchen Singularität begonnen zu haben. Diese Vorhersage wurde von vielen als ein Beweis dafür angesehen, daß das Universum einen zeitlichen Anfang hat. Wie jede logische Herleitung folgt auch dieser Schluß aus gewissen Annahmen, deren Richtigkeit genauer überprüft werden muß. Am unsichersten ist dabei die Annahme, daß die Gravitation immer eine Anziehungskraft ist. Unsere modernen Elementarteilchentheorien enthalten viele Teilchenarten und Materieformen, auf die diese Annahme nicht zutrifft. Mehr noch, das oben eingeführte Bild des inflationären Universums beruht sogar darauf, daß sie *nicht* zutrifft, denn nur dann kann die kurzzeitige beschleunigte kosmische «Inflation» stattfinden. Zwar ließe sich ein zeitlicher Anfang vermeiden, wenn es keine Singularität gäbe; trotzdem aber müßten wir für eine frühere Zeit «Anfangsbedingungen» vorgeben, damit wir das beobachtete Universum aus den unendlich vielen anderen möglichen Welten auswählen können, die mit Singularitäten beginnen. Und selbst wenn es eine Singularität gäbe, müßte man zwischen verschiedenen Arten von Singularitäten auswählen. Die Festlegung der Eigenschaften dieser Singularität ist eine «Anfangsbedingung», die an der Grenze von Raum und Zeit festgelegt werden muß. Dazu brauchen wir zusätzliche Information.

Wie weit ist weit genug?

Zu einer Tür fand ich den Schlüssel nicht,
Da war ein Schleier, der verbarg das Licht.
Rubaijat des Omar Khajam

Die Allgemeine Relativitätstheorie (und jede andere relativistische Gravitationstheorie, in der Raum und Zeit nicht absolut festgelegt sind) hat noch eine subtile Eigenschaft, die die einfache Newtonsche Vorstellung von Raum und Zeit nicht hat. Es gibt nämlich viele verschiedene Raumzeiten, die sich aus denselben Anfangsbedingungen ergeben können.

Nehmen wir an, uns seien die Anfangsbedingungen bekannt, die für eine Raumzeit R zu einer Anfangszeit t_o gelten. Wir können eine andere Raumzeit konstruieren, indem wir aus der ersten Raumzeit alles entfernen, das später ist als eine Zeit t_1 (die später ist als t_o) oder was zur Zeit t_1 geschieht. Die neue Raumzeit R' stimmt in der Zeit vor t_o mit R überein, enthält aber, wie Abbildung 3.5 zeigt, weder Raum noch Zeit, die später sind als t_o. R und R' haben denselben Anfangszustand; wir könnten sogar auf unendlich viele Weisen Stücke von R abschneiden, um andere Raumzeiten zu erhalten, die von denselben Anfangsbedingungen ausgehen. R' und seine so geschlechtslos erzeugten Geschwister haben freilich den Mangel, daß es für eine Festlegung der Zeit t_1 überhaupt keinen physikalischen Grund gibt. Keine physikalische Größe erlebt eine Singularität. Wir brauchten ja nicht einmal zu erwähnen, welche Materie in diesen Universen steckt. Die Gleichungen, die das Verhalten der Materie bestimmen, könnten die Zukunft jenseits von t_1 gut beschreiben, wenn wir eine solche Zukunft nur zuließen.

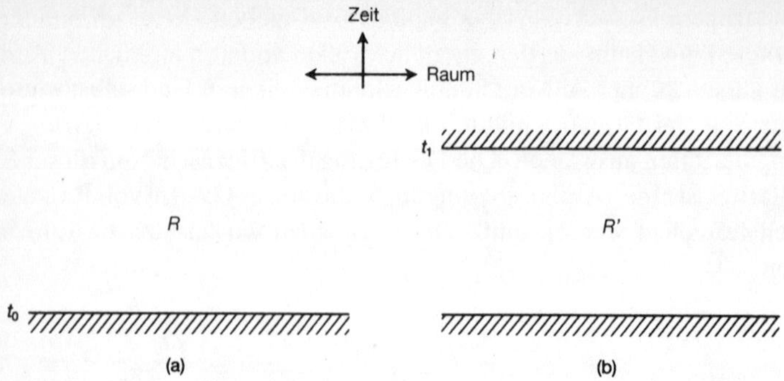

3.5 Zwei Raumzeiten *R* und *R'*, für die auf einer Fläche zur Anfangszeit t_o völlig gleiche Anfangsbedingungen herrschen. Im Fall (a) erstreckt sich die Raumzeit *R* so weit wie möglich, während sie in (b) willkürlich zu einer späteren Zeit t_1 zu einem Ende kommt, bei dem sich jedoch keine physikalische Unendlichkeit oder sonst ein Defekt der raumzeitlichen Struktur entwickelt. Die Raumzeit *R* stimmt deshalb bis zur Zeit t_1 mit *R* überein, existiert jedoch nicht über diesen Zeitpunkt hinaus. Praktisch wird immer angenommen, daß ein gegebener Satz von Anfangsbedingungen zur größtmöglichen Raumzeit führt und nicht zu einer der unendlich vielen künstlichen Möglichkeiten, die bis zu einem endlichen Augenblick damit identisch sind und dann ohne jeden physikalischen Grund aufhören.

Dieses willkürliche Abschneiden der Zukunft erscheint überaus künstlich. Kosmologen schließen diese Möglichkeit deshalb lieber aus und ziehen es vor, die zukünftige Entwicklung eindeutig festzulegen. Dazu muß in die Vorschrift für mögliche Raumzeiten oder Welten in Theorien wie der Allgemeinen Relativitätstheorie zusätzlich zur Festlegung der Anfangsbedingungen und der Naturgesetze eine weitere Bedingung eingeführt werden. Das Universum soll bestehen, so fordert man, bis die Naturgesetze, die das Verhalten von Masse und Energie regeln, ein Ende der Zeit selbst signalisieren – bei einer wirklichen physikalischen Singularität. Unter vernünftigen Bedingungen zeigt sich dann, daß es eine eindeutig bestimmte «größte» Raumzeit gibt, die alle anderen enthält, für die dieselben Anfangsbedingungen gelten; man erhält sie, indem man die Zeit vorwärts laufen läßt, bis die Gleichungen eine Singularität ankündigen. Dieses *maximal ausgedehnte* Universum kommt natürlich als die Raumzeit in Frage, die sich tatsächlich aus den vorgegebenen Anfangsbedingungen ergibt, obwohl wir bedenken sollten, daß im Prinzip auch jede der anderen gestutzten Raumzeiten den

Anfangsbedingungen unseres Weltalls entsprechen könnte. Wenn unser wirkliches Weltall nicht maximal ausgedehnt ist, könnte das Ende von Raum und Zeit wirklich in jedem Augenblick «wie ein Dieb in der Nacht» ohne jede beobachtbare Ursache oder Vorwarnung nahen.

Trotz all dieser Überlegungen zum Wesen der Zeit hat die Allgemeine Relativitätstheorie die herkömmliche Trennung zwischen Gesetzen und Anfangsbedingungen nicht aufheben können. Es bleibt immer eine erste Scheibe unserer gestapelten Raumzeit übrig, die bestimmt, wie die anderen in Zukunft aussehen werden.

Das Quantengeheimnis der Zeit

Es war ein Buch, mit dem alle, die sie lieber tot mögen, die Zeit totschlagen konnten.

Rose MaCaulay

In der Quantentheorie ist der Status der Zeit noch geheimnisvoller als in den Theorien Newtons und Einsteins. Als transzendente Größe unterliegt sie nicht der berühmten Unschärferelation Heisenbergs; vielmehr gelten, wenn sie operational durch andere wesentliche Eigenschaften eines physikalischen Systems definiert wird, für sie die durch die Quantenunschärfe auferlegten Beschränkungen indirekt. Entsprechend lassen sich bei dem Versuch, das gesamte Universum quantentheoretisch zu beschreiben, einige ungewöhnliche Folgen für die Zeit erahnen. Am ungewöhnlichsten von allen ist die Behauptung, eine Quantenkosmologie lasse eine Beschreibung eines aus dem Nichts geschaffenen Universums zu.

Diejenigen kosmologischen Modelle der Allgemeinen Relativitätstheorie, die die Quantentheorie nicht berücksichtigen, können zu einem Zeitpunkt beginnen, der durch Uhren definiert ist. Für diese Singularität müssen die Anfangsbedingungen, die das ganze zukünftige Verhalten dieser Welt bestimmen, vorgeschrieben sein. In der Quantenkosmologie jedoch tritt der Zeitbegriff nicht explizit auf. Die Zeit ist ein Konstrukt der Materiefelder und ihrer Konfigurationen. Da unsere Gleichungen uns etwas darüber mitteilen, wie sich diese Konfigurationen ändern, wenn wir von einer Scheibe des Raums zur nächsten gelangen, ist «Zeit» überflüssig. Das ist insgesamt gar nicht so verschieden von der Zeitangabe einer Pendeluhr. Die Uhrzeiger geben eigentlich nur an, wie viele Schwingungen das Pendel macht; der Begriff «Zeit» braucht nicht einmal erwähnt zu werden. Entsprechend benennen wir die Scheiben in unserem «Raumzeit-Stapel» durch die Materiekonfigurationen, die die intrinsische Geometrie jeder Scheibe erschaffen. Diese Information über die Geometrie und die Materiekonfigurationen ist uns in der Quantentheorie nur als eine Wahrscheinlichkeitsaussage zugänglich; sie ist in der sogenannten *Wellenfunktion des Universums* kodiert.

Die Verallgemeinerung der Einsteinschen Gleichungen auf die Quantentheorie stellt eines der großen Probleme der modernen Physik dar. Eine Überlegung beruht auf einer Gleichung, die zuerst von den amerikanischen Physikern John A. Wheeler und Bryce De Witt aufgestellt wurde und die Entwicklung der Wellenfunktion beschreibt. Diese Wheeler-De-Witt-Gleichung ist eine Erweiterung der berühmten Schrödingergleichung, die das Verhalten der Wellenfunktion der gewöhnlichen Quantenmechanik bestimmt, und sie erfaßt auch die Eigenschaften des gekrümmten Raums der Allgemeinen Relativitätstheorie. Wenn wir die jetzige Form der Wellenfunktion kennen würden, wüßten wir, wie wahrscheinlich bestimmte großräumige Kennzeichen des beobachteten Universums sind. Diese Wahrscheinlichkeiten häufen sich hoffentlich bei bestimmten Werten – ähnlich wie die großen Dinge unseres Alltags trotz der mikroskopischen Unschärfen der Quantenmechanik bestimmte Eigenschaften haben. Falls für ein theoretisches Modell die erwarteten Werte mit den beobachteten übereinstimmten, könnten wir sie als eine Folge der Tatsache erklären, daß unsere Welt die «wahrscheinlichste» aller möglichen Welten ist. Dazu braucht man jedoch Anfangsbedingungen für die Wheeler-De-Witt-Gleichung – eine Anfangsform der Wellengleichung der Welt.

Zur Erforschung der Wellenfunktion und zum Umgang mit ihr eignet sich am besten die Übergangsfunktion $T[x_1, t_1, x_2, t_2]$. Sie gibt die Wahrscheinlichkeit dafür an, daß man das Weltall zu einer Zeit t_2 in einem Zustand x_2 vorfindet, wenn es zu einer früheren Zeit t_1 in einem Zustand x_1 war, wobei die «Zeiten» durch eine andere Eigenschaft des Zustands beschrieben werden können, zum Beispiel durch die mittlere Dichte (Abbildung 3.6).

Natürlich sagen in der klassischen Physik die Naturgesetze den zukünftigen Zustand, der sich aus einem vergangenen entwickelt, genau voraus; wir können solche Wahrscheinlichkeitsbegriffe dort gar nicht

3.6 Einige Bahnen von Raumzeiten, deren Grenzflächen aus zwei dreidimensionalen Räumen mit der Krümmung $g_1$bzw. g_2 bestehen, wobei sich die Materiefelder in den Konfigurationen m_1 bzw. m_2 befinden.

verwenden. In der Quantenphysik jedoch wird ein zukünftiger Zustand nur als eine geeignet gewichtete Summe über alle logisch möglichen Pfade durch Raum und Zeit bestimmt, die das System gewählt haben könnte. Einer dieser Pfade ist der eindeutige der klassischen Beschreibung. Wir nennen ihn den *klassischen Pfad*. In manchen herkömmlich deterministischen Situationen hat die zugeordnete Quantenbeschreibung eine Übergangsfunktion, die grundsätzlich durch diesen klassischen Pfad bestimmt ist. Die anderen Pfade tragen dann zur Wellenfunktion des Gesamtzustands nicht mehr bei – wie Berge und Täler von Wellen, die nicht in Phase sind und einander aufheben. Es ist eine grundlegende Frage, ob alle für eine Quantenwelt zugelassenen möglichen Anfangsbedingungen dann, wenn sie sehr groß werden, zu einem «klassischen» Universum führen. Das könnte sich als eine sehr starke Einschränkung erweisen – und vielleicht sogar als eine notwendige Bedingung für die Existenz lebender Beobachter, was unser Universum unter allen möglichen als sehr ungewöhnlich auszeichnen würde. In diesem Fall ließe sich die Quantenmechanik nur dann vollständig verstehen, wenn ihre kosmologischen Konsequenzen erforscht sind.

Konkret hängt die Wellenfunktion von der Verteilung der Materie des Universums in einer bestimmten Raumscheibe und von inneren geometrischen Eigenschaften der Scheibe (etwa ihrer Krümmung) ab, die dann die «Zeit» eindeutig beschreiben. Wieder wird durch diese Benennung der Scheiben keine geometrische Größe vor anderen ausgezeichnet. Viele Zeitbeschreibungen sind zulässig; die Wheeler-De-Witt-Gleichung sagt uns dann, wie die Wellenfunktion einer solchen intern definierten Zeit mit anderen zusammenhängt. Wenn wir nahe am klassischen Pfad sind, lassen sich diese Entwicklungen der Wellenfunktion in interner Zeit als kleine «Quantenkorrekturen» der gewöhnlichen klassischen Physik deuten. Aber das ist nicht immer der Fall; wenn sich der wahrscheinlichste Fall weit vom klassischen entfernt, wird es immer schwieriger, der Quantenentwicklung *in* der Zeit einen Sinn zu geben. Die Raumscheiben, die uns die Wheeler-De-Witt-Gleichung liefert, stapeln sich also nicht von selbst zu etwas, das einer Raumzeit ähnelt. Die Übergangsfunktionen lassen sich jedoch finden. Die Suche nach den Anfangsbedingungen der Wellenfunktion wird dadurch das Quantenanalogon zur Suche nach den Anfangsbedingungen. Wir müssen in der Übergangsfunktion x_1 und t_1 durch unsere Werte ersetzen.

Quantentheoretische Anfangsbedingungen

Es gibt keinen weiter verbreiteten Irrtum als die Annahme, langwierige und genaue mathematische Berechnungen könnten garantieren, daß die Anwendung des Ergebnisses auf eine Naturgegebenheit absolut sicher ist.

A. N. Whitehead

Wie wir gesehen haben, sagt die Übergangsfunktion T etwas über den Übergang von einer möglichen Raumgeometrie, bei der die Materie in bestimmter Weise angeordnet ist, zu einer anderen Raumgeometrie aus. Betrachten wir nun $T[m_1, g_1; m_2, g_2]$, wobei m die Materiekonfiguration benennt und g ein geometrisches Kennzeichen des Raums ist, also etwa die Krümmung, mit deren Hilfe wir bei zwei Werten «1» und «2» intern die Zeit definieren. Wir können uns Welten vorstellen, die mit einem einzelnen Punkt beginnen und nicht mit einem Anfangsraum, so daß ihre Entwicklung konisch und nicht zylindrisch aussieht (wie es in Abbildung 3.6 der Fall war). Dies wird in Abbildung 3.7 schematisch dargestellt. Aber das ist kein großer Fortschritt bei unserem Versuch, den Begriff der Anfangsbedingungen anders zu fassen, weil sich die Singularität in den klassischen kosmologischen Modellen immer als ein Kenn-

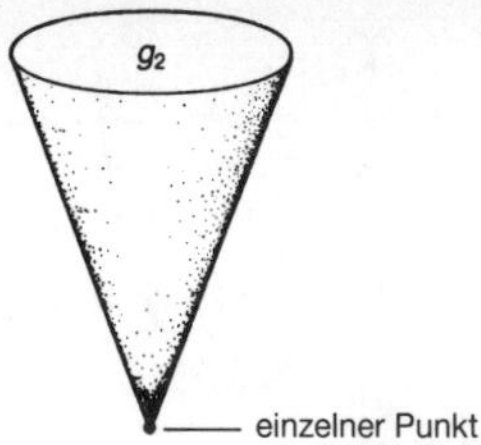

3.7 Ein Raumzeitpfad, dessen Grenze aus einem dreidimensionalen Raum mit Krümmung g_2 und einem einzelnen Anfangspunkt, also keinem weiteren dreidimensionalen Raum, besteht. Wenn es an dem Punkt in der Krümmung der Materieverteilung eine Singularität gibt, läßt sich die Übergangswahrscheinlichkeit T von einem Punkt mit Krümmung g_2 nicht berechnen. Falls das sein könnte, wäre das Ergebnis die Wahrscheinlichkeit dafür, daß ein bestimmtes Weltall statt aus dem Nichts aus einem Punkt entsteht.

zeichen des klassischen Pfads erweist und wir in jedem Fall anscheinend nur eine Anfangsbedingung herausgreifen, die zufällig, ohne besonderen Grund, die Entstehung als von einem anfänglich präexistenten Punkt ausgehend beschreibt. Wir haben den Dualismus zwischen Gesetzen (die hier durch die Wheeler-De-Witt-Gleichung dargestellt werden) und Anfangsbedingungen nicht beseitigt.

Wir könnten nun einen recht radikalen Weg einschlagen, der allerdings möglicherweise jeder physikalischen Bedeutung entbehrt und Glaubenssache ist. Wenn wir die Abbildungen 3.6 und 3.7 betrachten, sehen wir, wie ein Anfangszustand g_1 mit dem Zustand des Raums weiter oben in der Röhre oder in dem Kegel bei g_2 verknüpft ist. Könnten die Grenzen der Konfigurationen bei g_1 und g_2 nun auf irgendeine Weise so verknüpft werden, daß sie einen einzigen glatten Raum beschreiben, der keine unbequemen Singularitäten enthält?

In zwei Dimensionen, etwa auf der Oberfläche einer Kugel, kennen wir einfache Möglichkeiten, die glatt sind und keine Singularitäten enthalten. Wir könnten also auch versuchen, uns die gesamte Grenzfläche der vierdimensionalen Raumzeit nicht als g_1 und g_2 vorzustellen, sondern als eine einzige glatte dreidimensionale Fläche. Dies könnte die Oberfläche einer Kugel in vier Raumdimensionen sein. Diese glatten Flächen, die Mathematiker gewöhnlich ohne Rücksicht auf ihre Dimensionen betrachten und die wir uns besser vorstellen können, wenn wir

3.8 Ein uns sympathischer Pfad hat eine Grenze, die so sanft gerundet ist, daß sie aus nur einem einzigen dreidimensionalen Raum besteht und nicht, wie in Abbildung 3.7, an einer Stelle eine «Spitze» hat. Dies läßt eine Deutung der Übergangswahrscheinlichkeit als eine Schöpfung aus dem «Nichts» zu, weil es keinen Anfangszustand gibt. Die Fläche läßt sich nur dann als dreidimensionale Grenzfläche einer vierdimensionalen Raumzeit deuten, wenn wir annehmen, daß die Zeit sich wie eine Raumdimension verhält.

zur zweidimensionalen Oberfläche einer gewöhnlichen Kugel zurückkehren, haben die merkwürdige und reizvolle Eigenschaft, daß sie endlich, aber unbegrenzt sind: Die Oberfläche der Kugel ist endlich groß (man braucht nur endlich viel Farbe, um sie anzustreichen), aber wohin man auch geht, kommt man doch nie an einen ausgezeichneten Punkt wie etwa an die Spitze eines Kegels. Wir könnten die Kugel als etwas beschreiben, das aus der Sicht zweidimensionaler, auf ihr lebender Flachländer grenzenlos ist. Interessanterweise läßt sich eine solche Konfiguration als Anfangszustand des Weltalls vorstellen (Abbildung 3.8). Die Kugel, die wir als Beispiel benutzen, ist ein dreidimensionaler Raum, der von einer zweidimensionalen Fläche begrenzt wird. Unsere Quantengrenze dagegen – und hier kommt der radikale Schritt – muß ein dreidimensionaler Raum sein. Das vierdimensionale Gebilde, dessen Grenze sie ist, muß also ein vierdimensionaler *Raum* sein und nicht eine vierdimensionale *Raumzeit*, wie sie für das reale Universum immer angenommen wurde. Der Vorschlag geht also dahin, unseren gewöhnlichen Zeitbegriff in diese quantenkosmologische Auffassung einzubetten und zu einer weiteren Raumdimension zu machen, so daß die Drei-plus-eins-Raum- und -Zeitdimensionen zu einem vierdimensionalen Raum werden. Das ist nicht ganz so geheimnisvoll, wie es vielleicht klingt, weil Physiker in der gewöhnlichen Quantenmechanik dieses Verfahren, bei dem «Zeit zum Raum wird», oft als nützlichen Trick angewendet haben, obwohl sie sich nicht vorstellten, daß die Zeit *wirklich* wie Raum war. Am Ende der Berechnung gingen sie einfach wieder zur üblichen Deutung einer Dimension als Zeit und drei qualitativ anderen Dimensionen über, die wir Raum nennen.

Das Radikale an dieser Denkweise liegt darin, daß in der letzten quantengravitationalen Umgebung des Urknalls die Zeit wirklich zum Raum wird. Wenn man sich weiter vom Anfang der Welt entfernt, beginnen die Quanteneffekte destruktiv zu interferieren, und das Weltall kann dem klassischen Pfad mit immer größerer Genauigkeit folgen. Dann kristallisiert sich langsam die übliche Zeitvorstellung als ein vom Raumbegriff zu unterscheidender Begriff heraus. Umgekehrt verblaßt das herkömmliche Bild der Zeit, je weiter man sich dem Beginn nähert; dann, wenn sich die Wirkungen der Randbedingungen bemerkbar machen, läßt sich die Zeit nicht mehr vom Raum unterscheiden.

Diese Bedingung der «Randfreiheit» wurde von James Hartle und Stephen Hawking aus ästhetischen Gründen vorgeschlagen. Sie vermeidet Singularitäten des Anfangszustands und hebt den üblichen Dualismus zwischen Gesetzen und Anfangsbedingungen auf. Das geht, wenn es keinen Unterschied zwischen Raum und Zeit gibt. Genauer legt der Gedanke der «Randfreiheit» nahe, die Wellenfunktion des Universums als das gewichtete Aggregat von Pfaden zu berechnen, die auf jene vierdimensionalen Räume beschränkt sind, die wie die eben erwähnte Kugelfläche eine einzige glatte Grenzfläche haben. Die Übergangswahrscheinlichkeit, die diese Vorschrift für eine Wellenfunktion mit etwas anderem Materiegehalt m_2 in einer geometrischen Konfiguration g_2 liefert, hat die Form $T[m_2, g_2]$. Ein durch m_1 und g_1 beschriebener «Anfangs»-Zustand läßt also keine Leerstellen. Deshalb spricht man hier oft von einer «Erzeugung aus dem Nichts»; T gibt dann die Wahrscheinlichkeit dafür an, daß ein bestimmter Typ eines Universums aus dem Nichts geschaffen wurde. Wenn so die «Zeit zum Raum» wird, ist kein bestimmter Augenblick oder Punkt der Entstehung vor einem anderen ausgezeichnet. In der gewöhnlichen quantenmechanischen Beschreibung würden wir das Universum als Ergebnis eines quantenmechanischen Tunneleffekts beschreiben und sagen, es habe sich aus dem Nichts herausgetunnelt. Das Quantentunneln ist ein den Physikern vertrauter Vorgang, der oft beobachtet wird, und entspricht Übergängen, die keinen klassischen Pfad haben.

Die große Kluft

Wenn ich mich frage, woher es kommt, daß gerade ich die Relativitätstheorie gefunden habe, so scheint es an folgendem Umstand zu liegen: Der normale Erwachsene denkt nicht über die Raum–Zeit-Probleme nach. Alles, was darüber nachzudenken ist, hat er nach seiner Meinung bereits in der frühen Kindheit getan. Ich dagegen habe mich derart langsam entwickelt, daß ich erst anfing, mich über Raum und Zeit zu wundern, als ich bereits erwachsen war.

Albert Einstein

Das Gesamtbild, das sich aus dieser quantentheoretischen Beschreibung der Anfangsbedingungen für die Entstehung des Universums ergibt, sieht die Wheeler-De-Witt-Gleichung als das Naturgesetz, das beschreibt, wie sich die Wellenfunktion ändert. Die Geometrie des Raums läßt sich als ein Maß für die Zeit auffassen, die sich in großer Entfernung vom Urknall im wesentlichen wie die gewöhnliche Zeit der Allgemeinen Relativitätstheorie verhält. Wenn man jedoch zu dem Augenblick zurückschaut, den wir den zeitlichen Nullpunkt nennen könnten, verblaßt der Zeitbegriff, bis es ihn schließlich gar nicht mehr gibt. Diese Quantenwelt hat es nicht immer gegeben; sie entsteht genauso wie klassische Kosmologien, beginnt aber nicht in einem Urknall, bei dem die physikalischen Größen unendlich groß sind und für den weitere Anfangsbedingungen festgelegt werden müssen. In keinem dieser Fälle haben wir eine Ahnung, woraus sie entstanden sein könnte.

Wir sollten noch einmal betonen, daß dies ein radikaler Vorschlag ist (in Kapitel 5 werden wir sehen, daß er sogar noch radikaler gemacht werden kann). Er hat zwei Teile: Der erste ist der Gedanke, daß «Zeit zum Raum» wird, und der zweite beinhaltet zusätzlich, daß das Universum «keinen Rand» hat – und diese eine Vorschrift für den Zustand des Universums erfaßt nach dem herkömmlichen Bild sowohl die Anfangsbedingungen als auch die Naturgesetze. Selbst wenn man sich zur ersten Forderung bekennt, bleiben noch viele andere Möglichkeiten, ohne die zweite Annahme der Randfreiheit zu einem Weltall zu kommen, das sich aus dem Nichts heraus tunnelt. Aber diese Erklärungsansätze erfordern alle zusätzliche Information.

Die Erforschung der Wellenfunktion des Universums steckt noch in den Kinderschuhen. Sie wird sich zweifellos noch in mannigfacher Weise ändern. Die Bedingung der «Randfreiheit» läßt viele Wünsche offen. Sie enthält vermutlich zu wenig Information, um all die beobachtbaren Eigenschaften beschreiben zu können – etwa Unregelmäßigkeiten wie die Galaxien im realen Universum. Hier muß Zusatzinformation über die Materiefelder und ihre Verteilung im Universum ergänzt werden. Selbst wenn sich all das als barer Unsinn erweisen sollte, zeigen derartige Hypothesen, in welchem Maß der traditionelle Dualismus in bezug auf Anfangsbedingungen und Naturgesetze zweifelhaft sein könnte. Vielleicht ist er nur ein Kunstprodukt unserer Erfahrung in einem Bereich der Natur, in dem Quanteneffekte klein sind. Von einer wirklich vereinheitlichten Theorie der Natur mag man nachgerade erwarten, daß sie die Möglichkeit nutzt, die Zeit in Form des Materiegehalts im Universum festzulegen und so die Materie mit den Gesetzen für ihre Veränderung und dem Wesen der Zeit unauflöslich zu verbinden. Uns bleibt jedoch immer noch die Wahl der Randbedingungen für die Wellenfunktion des Universums. Wie ökonomisch die Beschreibung dabei auch sein mag, man kommt nicht daran vorbei, daß die Bedingung der «Randlosigkeit» und ihre mannigfachen Rivalen nur aus ästhetischen Gründen gewählt wurden. Für die innere logische Widerspruchsfreiheit der Quantenwelt sind sie nicht erforderlich.

Die dualistische Sicht, daß die Anfangsbedingungen unabhängig von den Naturgesetzen sind, muß allerdings in jedem Fall neu durchdacht werden. Wenn das Universum einmalig oder genauer: eindeutig ist, also die einzige logisch widerspruchsfreie Möglichkeit darstellt, sind auch die Anfangsbedingungen eindeutig und werden selbst zum Naturgesetz. Aufgrund dieser Überlegung suchen Forscher nach den Grundprinzipien für die Anfangsbedingungen. Dieser neue Gedanke weist auf eine grundlegende Asymmetrie zwischen Vergangenheit und Zukunft im Aufbau der Naturgesetze hin. Wenn wir andererseits glauben, es gebe viele mögliche Welten – es könnten ja wirklich viele mögliche Welten «irgendwo» sein –, käme den Anfangsbedingungen kein Sonderstatus mehr zu. Sie könnten einfach wie in einem ganz normalen physikalischen Problem jene Kennzeichen sein, die die Wirklichkeit aus einer allgemeinen Klasse von Möglichkeiten aussondern.

Die übliche Sicht, daß die Anfangsbedingungen des Universums für die Theologen da sind und die Entwicklungsgleichungen für die Physiker, scheint über den Haufen geworfen worden zu sein – zumindest vorübergehend. Die Kosmologen beschäftigen sich jetzt mit den Anfangsbedingungen, um herauszufinden, ob es ein «Gesetz» der Anfangsbedingungen gibt; die Bedingung der «Randfreiheit» wäre dafür nur ein mögliches Beispiel unter vielen. Sie ist wirklich radikal, aber vielleicht nicht radikal genug. Es ist beunruhigend, daß so viele Vorstellungen und Begriffe der modernen mathematischen Beschreibung – «Entstehung aus dem Nichts», «der gemeinsame Anfang von Zeit und Universum» – nur verfeinerte Betrachtungsweisen traditioneller Einsichten und Denkkategorien sind. Sicherlich stehen diese traditionellen Begriffe hinter vielen Vorstellungen, die sich als moderne, mathematisch gefaßte Theorien darstellen. Der Übergang von «Zeit zum Raum» wird, ist die einzige wirklich radikal neue Vorstellung, die wir nicht unserem philosophischen und theologischen Erbe zuschreiben können. Vermutlich werden viel mehr vertraute Begriffe neu verstanden werden müssen, bevor sich das wahre Bild abzeichnet.

4. Kräfte und Teilchen

Der leere Raum ist verdammt viel besser als so manche Materie, mit der die Natur ihn füllt.
Tennessee Williams

Die Materie des Weltalls

Das Bühnenbild war wunderschön, aber die Schauspieler standen davor.
Alexander Woollcott

Geräte aller Arten, ob Computer oder Fräsmaschinen, brauchen, wenn sie sich bewähren sollen, das passende Material. Man kann aufgrund allgemeiner mechanischer Prinzipien einen Schraubenschlüssel entwerfen, der dem schöneren Aussehen zuliebe vielleicht sogar noch symmetrisch ist, und er kann doch völlig nutzlos sein, wenn er nicht zu den Schraubenköpfen paßt, für die er benötigt wird. Entsprechend muß eine Theorie für Alles Auskunft darüber geben, was für Teilchen und Kräfte es gibt. Eine Kenntnis der Naturgesetze nützt wenig, solange nicht klar ist, worüber diese Gesetze bestimmen. In dieser Hinsicht ist der Unterschied zwischen der traditionellen klassischen Physik Newtons und der Welt der Elementarteilchen besonders kraß. Newton betonte die Allgemeingültigkeit seiner Bewegungsgesetze: Sie gelten ausnahmslos und unabhängig von ihren anderen Eigenschaften für «alle Teilchen». Genau wegen dieser Allgemeingültigkeit jedoch können die Gesetze der klassischen Physik nichts darüber aussagen, was für Teilchen oder Körper wirklich existieren. Sie betreffen nur bestimmte allgemeine Eigenschaften der Teilchen wie etwa ihre Masse. Uns, die wir seit der Schulzeit die Newtonsche Mechanik kennen, ist ihre Denkweise vertraut und einleuchtend; jedoch muß es für jene Menschen, die als erste über die Bewegung nachdachten, schwierig gewesen sein zu erfassen, welche Eigenschaften eines wirklichen Körpers in den Bewegungsgesetzen enthalten sind. Eine schöne Veranschaulichung dieses Dilemmas verdanken wir dem französischen Naturwissenschaftler Moreau de Maupertuis, der im achtzehnten Jahrhundert das Prinzip der kleinsten Wirkung aufstellte. Er schreibt in bezug auf die Gesetze der Impulserhaltung, die den Zusammenstoß zwischen solchen Dingen wie Billardkugeln beherrschen:

> Wenn jemand, der niemals einen Körper berührte oder nie sah, wie Körper zusammenstoßen, der aber wohl Erfahrung im Mischen von Farben hat, einen blauen Körper zu einem gelben laufen sähe und man ihn fragte, was bei einem Zusammenstoß dieser Gegenstände passiert, würde er vermutlich antworten, der blaue Körper würde grün, wenn er sich mit dem gelben vereinigt.

Es ist leicht einzusehen, warum die Anzahl der Eigenschaften eines Körpers, die für seine Dynamik eine Rolle spielen können, so klein wie möglich sein muß. Gewöhnliche Dinge, Steine, Fußbälle oder Autos etwa, haben sehr viele für sie spezifische Eigenschaften. Wären nun die Gesetze, die ihre Bewegung bestimmen, eng mit vielen der sie definierenden Eigenschaften verknüpft, so bestünde kaum noch ein Unterschied gegenüber dem Zustand, in dem es überhaupt keine Gesetze gibt. Alle Steine, Autos und Billardkugeln sind in tausendfacher Weise von allen anderen Steinen oder Autos oder Billardkugeln verschieden; jedes Ding reagiert auf seine Weise auf ein Gesetz. Diese Situation erinnert an eine Sichtweise, die bereits von einigen griechischen Philosophen beschrieben wurde. Dabei gingen die Griechen nicht davon aus, daß die Bewegungsgesetze von einem externen Gesetzgeber außerhalb der Natur bestimmt würden, sondern sie wurden auf Eigenschaften und Prinzipien zurückgeführt, die den Körpern inhärent sind. Platon versuchte dabei, das, was in der Welt beobachtet wird, als Abbild einer anderen Welt zu verstehen – wobei unsere Begriffe nur eine Annäherung an die wahren Ideen sind. Für Aristoteles dagegen ist das Verhalten der Körper durch die «Form» der Materie gegeben – die Ursache der Bewegung ist dabei dem Körper als Zielbestimmung oder Entelechie inhärent. Die philosophischen Ansätze von Platon und Aristoteles haben das abendländische Denken bis heute nachhaltig beeinflußt, auch wenn heute die Einheit von religiöser und wissenschaftlicher Argumentation in der Wissenschaft abgelehnt wird. Newton zum Beispiel lehnte es in seinem Briefwechsel mit Richard Bentley ab, etwa die Schwere damit zu erklären, daß sie der Materie inhärent sei.

> Daß die Schwerkraft der Materie eigentümlich ist, ihr inhärent und für sie wesentlich ist... erscheint mir als eine so große Absurdität, daß ich glaube, kein Mensch, der in Hinsicht auf philosophische Fragen das Vermögen zum Denken hat, könnte je darauf hereinfallen.

Newton sah, daß man diese Sichtweise aufgeben muß, um klar unterscheiden zu können zwischen dem, was wir wissen, und dem, was wir nicht wissen. Es kann keine allgemeingültigen Gesetze geben, wenn wir die Naturgesetze den Teilchen zuschreiben, die durch sie beherrscht werden. Bis zum Anfang des zwanzigsten Jahrhunderts unterschied die Physik deshalb logisch strikt zwischen dem Materiegehalt des Universums und den Gesetzen, die sie bestimmen. Materie muß, so meinte man, durch Beobachtung entdeckt werden, während die Gesetze, die das Verhalten bestimmter Dinge regeln, auf nur sehr wenige Eigenschaften wie etwa die elektrische Ladung oder die Masse wirken, von denen wir durch unsere Erfahrung wissen.

Das Wiederholungsprinzip

> *Die Wiederholung ist die einzige Form von Dauer, die der Natur zugänglich ist.*
>
> George Santayana

Die Gesetze für das Verhalten von Elementarteilchen sind deshalb verschieden, weil die Dinge, für die sie gelten, nicht verschieden sind. Während die Steine und Billardkugeln der klassischen Physik alle verschieden sind, gehören die einfachsten Teilchen alle zu Klassen *gleicher* Teilchen: Alle Elektronen sind ununterscheidbar gleich, alle Myonen ebenso und so weiter, die ganze Welt der Elementarteilchen hindurch. Die Teilchenwelt ist eine Welt der Klone. Wer ein Elektron gesehen hat, kennt sie alle. Gerade diese Nachahmung ermöglicht eine enge Verknüpfung der Gesetze für das Verhalten der Elektronen und Myonen mit den Eigenschaften der Elektronen und Myonen, die nicht auf Kosten der Allgemeingültigkeit geht. Sie spielt auch bei unserer Erforschung des Universums eine entscheidende Rolle, denn darauf gründet sich unsere Überzeugung, daß wir dem Verständnis des Ganzen näher kommen, wenn wir einen kleinen Teil des Universums gründlich erforschen.

Diese Wiederholbarkeit kennzeichnet die grundlegendsten Größen der Natur und ist der eigentliche Grund dafür, daß die physikalische Welt genau und zuverlässig ist, ganz gleich, ob es um die Vervielfältigung der Erbsubstanz DNS oder um die Stabilität der Eigenschaften der Materie geht. Wenn wir die Natur besser ergründen können, muß möglicherweise die strenge Trennung zwischen den Naturgesetzen und den Größen, die sie bestimmen, aufgegeben werden; ähnlich konnten wir im vorigen Kapitel in der quantentheoretischen Beschreibung der Welt die Trennlinie zwischen den Gesetzen und den Anfangsbedingungen verwischen. Wenn es wirklich eine Trennung zwischen den Teilen der Welt und den sie bestimmenden Gesetzen gibt, braucht jede Theorie für Alles zusätzlich Information über die Identität der Teilchen. Das erscheint unbefriedigend, gemessen an der Hoffnung, daß die Dinge in gewisser Weise vollkommen vereinheitlicht werden können und die Gesetze und die Elementarteilchen, die sie bestimmen, durch vollkommene und eindeutige Austauschbarkeit verknüpft sind. Die Gesetze sollten nicht nur festlegen, was die von ihnen bestimmten Größen tun, sondern auch, was sie sind.

Diese Symbiose zwischen Gesetzen, Teilchen und Kräften hat in der modernen Physik bei der Entwicklung eines bestimmten Typus physikalischer Theorie, der sogenannten *Eichtheorie*, eine Rolle gespielt. Unsere besten Theorien über die Grundkräfte der Natur – die Theorien für die Schwerkraft, den Elektromagnetismus und für die starke und schwache Kernkraft – sind alle Eichtheorien. Wir untersuchen jetzt die Dreierbeziehung zwischen Teilchen, Kräften und Gesetzen im Rahmen ihres Geltungsbereichs etwas genauer.

Für den Newtonianer, in dessen Physik universelle Gesetze das Verhalten von Objekten im absoluten Raum und in absoluter Zeit bestimmen, werden die Dinge auf geheimnisvolle Weise durch Kräfte bewegt. Die Schwerkraft wirkt instantan zwischen den Körpern – Newton fand es nicht fruchtbar, den physikalischen Prozeß weiter zu hinterfragen. Allmählich wurden aber im Lauf des zwanzigsten Jahrhunderts die Konsequenzen deutlich, die sich aus einer absoluten Geschwindigkeitsgrenze ergeben, wie sie Einsteins Spezielle Relativitätstheorie für die Übermittlung jedweder Information fordert. Eine Sofortwirkung der Gravitation verstieße dagegen, weil sie zuließe, daß sich Signale im Vakuum mit Überlichtgeschwindigkeit ausbreiten. Die Naturkräfte werden, so stellen wir es uns deshalb vor, durch den Austausch von Teilchen zwischen den wechselwirkenden Körpern vermittelt. So wirkt die Schwerkraft durch den Austausch von Gravitonen, die elektromagnetische Kraft durch den Austausch von Photonen, die schwache Wechselwirkung durch den Austausch massereicher W- oder Z-Teilchen und die starke Wechselwirkung zwischen Quarks durch den Austausch von Gluonen. In einigen Fällen spüren diese Austauschteilchen selbst die Kraft, die sie vermitteln. Das ist bei der Schwerkraft und der starken und schwachen Wechselwirkung so, nicht aber bei der elektromagnetischen Wechselwirkung zwischen elektrisch geladenen Elementarteilchen. Die Wechselwirkungen zwischen solchen Teilchen werden durch den Austausch von Photonen, also ungeladenen Teilchen, bewirkt. Wir sehen daran, wie eng die Naturkräfte mit den Elementarteilchen gekoppelt sind. Sie lassen sich nicht unabhängig voneinander betrachten.

Die anderen Dreiecksseiten, die Verbindung zwischen Kräften und Teilchen und die zwischen den Gesetzen selbst, lassen sich nur mit Hilfe der eleganten Eichtheorien beschreiben. Lange hatte man gemeint, die durch Galilei und Newton ausgelösten Revolutionen der Naturbeschreibung hätten bewirkt, daß die Naturwissenschaftler keine «Warum»-Fragen mehr stellen und sich zufriedengeben würden, wenn sie wüßten, «wie» die Dinge sind. Seltsamerweise denken heutige Teilchenphysiker ganz anders. Die Eichtheorien zeigen, daß Physiker sich nicht mit Theorien zufriedengeben müssen, die genau beschreiben, *wie* sich Teilchen bewegen und wechselwirken. Sie können auch etwas darüber erfahren, *warum* es diese Teilchen gibt und *warum* sie so wechselwirken.

Die erfolgreichsten Theorien der Grundlagenphysik – die Allgemeine Relativitätstheorie (die Theorie der Gravitation), die Quantenchromodynamik (die Theorie der starken Kräfte zwischen Quarks und Gluonen im Inneren von Atomen) und die Theorie von Weinberg und Salam (die vereinheitlichte Theorie der elektromagnetischen und schwachen Wechselwirkung) – sie alle sind Beispiele für sogenannte *lokale Eichtheorien*. Wir sahen schon in Kapitel 2, wie gewisse geometrische Invarianzen der Naturgesetze zu gewissen ihnen auferlegten physikalischen Invarianzen äquivalent sind. Zu jeder Symmetrie gibt es eine zugehörige Erhaltungsgröße. Diese Entsprechung gilt selbst dann, wenn die zugehörigen Symmetrien nicht nur einfache Drehungen oder Verschiebungen sind. Diese Invarianzen heißen innere Symmetrien und entsprechen Invarianzen gegenüber Umbenennungen der beteiligten Teilchen – so sind zum Beispiel Protonen und Neutronen austauschbar. Eichsymmetrien sind anders. Sie führen nicht zu Erhaltungsgrößen, vielmehr bedeuten sie starke Einschränkungen für die Form und den Geltungsbereich der Naturgesetze. Insbesondere schreiben sie vor, welche Naturkräfte es gibt und welche Eigenschaften der Elementarteilchen durch sie bestimmt werden. Das einfachste Beispiel dafür ist eine *globale Eichsymmetrie.* Sie fordert, daß die Welt sich nicht ändert, wenn alle Punkte in gleicher Weise verschoben werden. Wenn wir zum Beispiel eine unserer Hände verschieben, ist sie nachher an einem anderen Ort, sieht jedoch stets gleich aus. Die Annahme, die Veränderungen sollten überall gleich erfolgen, ist jedoch wenig natürlich. Wenn sich ein Teilchen in einem weit entfernten Teil des Universums verschiebt, kann ein Teilchen hier und jetzt erst dann davon erfahren, wenn ein Lichtsignal empfangen werden konnte. Dieses Signal müßte augenblicklich ankommen, wenn das Teilchen «auf dem laufenden» sein sollte. Globale Eichvarianz ist eine nicht sehr reizvolle Einschränkung, die an Newtons sofortige Fernwirkung erinnert. Das führt uns zu der Forderung einer realistischeren, aber viel strengeren Bedingung, daß nämlich die Dinge *unter lokalen Eichsymmetrien* invariant sein sollten; dabei kann sich jeder Punkt anders ändern.

In diesem Fall scheint Invarianz ausgeschlossen zu sein. In unserem früheren Beispiel würde sich jeder Teil der Hand in eine andere Richtung bewegen. Bei solch weitreichenden Veränderungen bleiben die Dinge nur dann invariant, wenn es Kräfte gibt, die die erlaubten Bewegungen einschränken. Denken wir uns also um die Hand herum Gummibänder gewickelt, die ihre Bewegungsfähigkeit einschränken: Die Welt der Elementarteilchen ist gleichsam durch ein unendliches Netz solcher miteinander verwickelter Zwänge verknüpft, die alle überhaupt möglichen Veränderungen in nur wenige, ganz bestimmte, verwandeln. Auf diese Weise schreibt die durch die lokale Eichsymmetrie auferlegte Invarianz vor, welche Naturkräfte zwischen den beteiligten Teilchen herrschen. Sie offenbaren, warum es den Elektromagnetismus geben muß und wie er wirkt.

Einsteins Allgemeine Relativitätstheorie ist eine lokale Eichtheorie dieser Art. Einstein wollte mit ihr das Spezielle Relativitätsprinzip verallgemeinern, demzufolge die physikalischen Gesetze für alle Beobachter gleich sind, die sich mit konstanter Geschwindigkeit relativ zueinander bewegen. Diese Verallgemeinerung vom unbeschleunigten zum beliebig beschleunigten Beobachter ist nur unter der Annahme möglich, daß es ein Schwerefeld gibt.

Die Grundlage unseres Wissens über die Wechselwirkung von Elementarteilchen ist der platonische Glaube an Symmetrie und ihre Bedeutung für die Eichtheorien. Das besagt nichts über die Teilchen. Wir wissen nicht, wie viele Teilchen einer bestimmten Art es geben muß oder warum es drei Arten von Neutrinos gibt und nicht nur eine oder warum es nur eine Art Photon gibt. Die Natur scheint das Prinzip der Wiederholung auf zweierlei Weise genutzt zu haben. Sie hat Gruppen zusammengehöriger Teilchen geschaffen; so sind Elektronen und Elektron-Neutrinos, aber auch Myonen und Myon-Neutrinos und Tauonen und Tau-Neutrinos einander zugeordnet. Myon und Tau ähneln in mancher Hinsicht dem Elektron. Man würde gern wissen, warum es diese kleinen Variationen über dasselbe Thema gibt und warum es gerade drei sind und nicht mehr. Die verschiedenen Eichtheorien können uns nicht verraten, wie viele solcher Ebenbilder es geben muß. Damit unser Weltbild einheitlich ist, müssen wir auch verstehen, wie die jeweiligen Eichtheorien und die mit ihnen verknüpften Symmetrien in ein größeres Bild, zu einer einzigen Beschreibung, zusammengefaßt werden können. Diese *Große Vereinheitlichte Theorie* löst die Probleme der verschiedenen getrennten Theorien, aber sie verrät nicht, was die Anzahl ähnlicher Teilchenarten beschränkt.

Die grundlegenden Symmetrien der Eichtheorien sind gleichsam endlich viele Variationen über ein einziges Thema. Die Vielfalt der Muster, die alle mit der Erhaltung einer bestimmten Symmetrie verträglichen Möglichkeiten umfassen, muß anhand einer endlichen Basis erzeugt werden. Je größer die Anzahl der erzeugenden Basiselemente, um so vielfältiger sind die Strukturen. Zudem definieren diese Erzeugenden der mit allen zugrundeliegenden Symmetrien verträglichen Strukturen diese Symmetrie; sie entsprechen den «Trägerteilchen», den Übermittlern der Naturkräfte. So gibt es in Maxwells Theorie des Elektromagnetismus nur eine Erzeugende – sie entspricht dem Photon. Die Symmetrie, die die schwache Kraft beherrscht, hat drei Erzeugende: das positiv und das negativ geladene W-Boson und das elektrisch neutrale Z-Boson. Die starke Kraft zwischen Quarks hat acht Erzeugende – sie entsprechen acht Gluonenarten, wobei die Gluonen als Ladungen dieser Kraft «Farben» tragen. In all diese Theorien ist eine gewisse «Endlichkeit» eingebaut. Die Endlichkeit der Symmetrie entspricht der endlichen Anzahl der Elementarteilchen, die die Symmetrie erzeugen. Eine

Welt mit einer bodenlosen Unendlichkeit von Elementarteilchen wäre auf dem Weg zur Anarchie. Ihre Symmetrien müßten so groß sein, daß sie ungeheuer wenig Einfluß hätten.

Elementarität

> *Wir sprachen von den «Eigenschaften der Dinge» und davon, in welchem Grade diese Eigenschaften erforscht werden können. Als extremen Gedanken stellten wir die folgende Frage: Nehmen wir einmal an, es wäre möglich,* alle *Eigenschaften eines* Sandkorns *zu entdecken; könnten wir das* gesamte Universum *dann vollkommen erforschen? Bliebe dann in unserem Verständnis des Weltalls nichts ungelöst?*
>
> A. Moszkowski

Bei der Suche nach einer Kennzeichnung der Kräfte und Teilchen in den elementarsten Einheiten der Natur ist die wichtigste Frage die nach dem Wesen ihrer elementarsten Einheiten. Bis vor wenigen Jahren noch stellte man sie sich unweigerlich als idealisierte «Punkte» der Ausdehnung Null vor. Quarks und Leptonen wurden als Teilchen gesehen, die in keinem Streuexperiment irgendwelche Hinweise auf eine innere Struktur geben. Ein Teilchenphysiker hätte auf die Frage, wie viele Engel auf einem Quark tanzen können, ohne jedes Zögern geantwortet: «Keiner.» Theorien, in denen die elementaren Größen punktförmig sind – sogenannte Quantenfeldtheorien – haben unangenehme mathematische Eigenschaften. Sie führen zu mathematischen Unendlichkeiten, die bei der Berechnung beobachtbarer Größen eliminiert werden müssen. Das läßt sich gewöhnlich mit Hilfe einer systematischen Vorschrift tun, die darauf hinausläuft, daß der unendliche Teil der Antwort ignoriert wird; das Verfahren hat wenig ästhetischen Reiz. Man duldet es in der Praxis nur deshalb, weil die endlichen Anteile, die bei diesen Rechnungen nach Entfernung der unendlichen Anteile übrigbleiben, zu Vorhersagen führen, die fantastisch genau sind. Irgendwo liegt diesem Bild offensichtlich eine tiefe Wahrheit zugrunde.

Man hat jetzt bemerkt, daß Theorien, in denen die elementarsten Objekte Linien oder Schleifen («Strings») und keine Punkte sind, diese Mängel vermeiden. Während zudem die Vorstellung von Punktteilchen bedingt, daß für jedes einzelne Elementarteilchen ein anderer Punkt mit Eigenschaften wie Masse ausgestattet werden muß, hat ein einzelner String ebenso wie die Saite einer Geige eine unendliche Anzahl von Schwingungsmöglichkeiten. Die Energie einer jeden solchen Schwingung entspricht (wegen der Äquivalenz $E = mc^2$ von Energie und Masse) einer anderen Masse. Die meisten dieser Teilchen haben Energien, die zu hoch sind, um beobachtet zu werden, andere aber sollten die Massen der bekannten Elementarteilchen enthalten. Darüber hinaus scheint die Anzahl der Kopien einer jeden Teilchenart mit der Symmetrie verknüpft zu sein, die diesen Theorien zugrunde liegt. Sie können uns darüber Auskunft geben, warum es bei niedriger Energie drei Arten von Neutrinos gibt. Während frühere Elementarteilchentheorien diese Zusammenhänge nicht erklären konnten, verknüpfen die Stringtheorien sie eng mit den Naturgesetzen und verwandeln sie in eine beantwortbare «Warum»-Frage. Diese Erklärungsmöglichkeit ist der Grund für die große Hoffnung, die man auf die Stringtheorien setzt und für ihren Anspruch, eine Theorie für Alles zu sein. Sie sollten den tiefen Zusammenhang zwischen den Symmetrien oder Naturgesetzen und den Größen aufzeigen, die diese Gesetze bestimmen; noch ist es für uns zu schwierig, der Theorie diese Information zu entnehmen. Es ist eine Sache, eine Theorie für Alles zu haben, und eine ganz andere, ihre Gleichungen zu lösen. Eines Tages, so hofft man, lassen sich aus dieser Theorie bestimmte Vorhersagen für die Massen der Elementarteilchen herleiten und mit der Beobachtung vergleichen.

Mit Hilfe der Strings möchte man eines Tages alle Eigenschaften der Elementarteilchen verstehen. Aber wodurch will man sie erklären? Welche Eigenschaften haben die Strings selbst? Strings werden einzig durch ihre Spannung definiert. Diese Eigenschaft spielt für die Vereinigung der Stringvorstellung mit der so erfolgreichen Punktvorstellung der Quantenfeldtheorien eine große Rolle, wenn es um die Erklärung der beobachteten Welt niedrigerer Energien geht. Die Spannung der Strings ändert sich nämlich mit der Energie der Umgebung. Bei niedrigen Energien ist sie groß und zieht die Strings zu Punkten zusammen; wir entdekken die vorteilhaften Eigenschaften einer Welt punktförmiger Elementarteilchen. Bei hohen Energien, wenn die Spannung niedrig ist, zeigen die Strings ihre Fadeneigenschaft, die zu einem Verhalten führt, das sich qualitativ von dem der Punktteilchen unterscheidet. Leider übersteigt das zur Berechnung dieser Eigenschaften nötige mathematische Rüstzeug zur Zeit noch unsere Fähigkeiten. Zum ersten Mal erleben moderne Physiker, daß die ihnen zur Verfügung stehende Mathematik nicht ausreicht, um den physikalischen Gehalt ihrer Theorien mathematisch zu beschreiben. Aber zweifellos werden wir im Lauf der Zeit bessere Techniken oder vielleicht auch bessere Sichtweisen entwickeln, solche nämlich, die begrifflich und technisch einfacher sind.

Es ist also, wie wir sahen, wichtig, die Kräfte und Teilchen der Natur zu kennen. Zur Zeit glauben wir, alle Grundkräfte zu kennen, aber vielleicht täuschen wir uns. Eichtheorien, die sich bewähren und auf bestimmten Gruppensymmetrien beruhen, die die Strukturen dieser Kräfte bestimmen, sagen uns, warum diese Kräfte existieren müssen, wenn die Naturgesetze gewisse Symmetrien bewahren sollen. Es gibt Vorstellungen darüber, wie sich diese verschiedenen Eichtheorien vereinheitlichen lassen, aber sie bedeuten keine Einschränkung dafür, welche Teilchen es gibt. Letztlich engt allein die Forderung nach Widerspruchsfreiheit den Bereich der Möglichkeiten für die eine alles umfassende Symmetrie ein, aus der alles andere folgt. Aber dieser Weg setzt, wenn er erfolgreich sein soll, radikalere Bedingungen voraus. So kam es zum Verzicht auf die Ansicht, die Grundeinheiten der Natur seien Punkte. Die Stringtheorien, entstanden aus dem Wunsch nach einer konsistenten Vereinigung, lassen nur sehr wenige Symmetrien zu.

Bei der Suche nach einer einzigen widerspruchsfreien Beschreibung der Naturkräfte herrschte herkömmlicherweise die Meinung vor, die Grundtheorien der Physik müßten Quantenfeldtheorien sein; die theoretischen Reize der Stringtheorien und ihre Verheißung, die Eigenschaften aller Elementarteilchen der Natur erklären zu können, hat das verändert. Zur Zeit sind die Strings noch *reine* Theorie. In Zukunft, so hoffen wir, werden wir die Vielzahl ihrer Eigenschaften herleiten können. Nichtsdestoweniger steht jede auf Symmetrie beruhende Theorie im Verdacht, sie könne Teil einer noch größeren Symmetrie sein. Wie wissen wir, ob sich unser ganzer Ansatz, wie schlüssig und experimentell erfolgreich er sich auch erweisen mag, nicht in ein viel größeres System einordnen läßt? Dieses würde dann Eigenschaften der Welt entsprechen, die wir uns noch gar nicht vorstellen können; es könnte mit schwachen Naturkräften in Verbindung stehen, die wir erst noch entdecken müssen.

Atome und Wirbel

Ein Plagiat wird dann vorweggenommen, wenn jemand Ihnen den ursprünglichen Gedanken wegnimmt und ihn hundert Jahre vor Ihrer Geburt veröffentlicht.

Robert Merton

Die Einführung der «Strings» als Grundlage für die Erklärung der Elementarteilchen und ihrer Wechselwirkungen ist ein Beispiel für die Anwendung der Topologie auf die Physik. Die Topologie ist jener Zweig der Mathematik, der sich für die Eigenschaften von Objekten wie Flächen oder Körpern im Raum interessiert, die unabhängig sind von ihrer Größe und Form. Zwei Objekte heißen topologisch äquivalent, wenn das eine ohne jedes Kleben, Schneiden oder Stechen in das andere umgeformt werden kann. Ein Ei ist also topologisch äquivalent zu einer Kugel. Als erster wandte Mitte des neunzehnten Jahrhunderts Lord Kelvin die Topologie auf ein zur Wechselwirkung von Elementarteilchen analoges Problem an, nämlich auf die Wechselwirkung von Atomen. Diese Theorie weist viele auffallende Parallelen zu den Zielen und Vorzügen der modernen Stringtheorie auf.

Kelvin stellte der Royal Society von Edinburgh 1867 eine neue Atomtheorie vor, die in den Abhandlungen der Gesellschaft veröffentlicht wurde. Auf ihn hatten die Untersuchungen großen Eindruck gemacht, die Helmholtz über die Wechselwirkung von Wirbeln in Flüssigkeiten angestellt hatte; sein Freund Tait hatte sie in einer Reihe von einfallsreichen Versuchen mit Rauchringen demonstriert. Kelvin wollte sich Atome als eine Art lokaler Wirbel in einer das Weltall durchdringenden Flüssigkeit vorstellen. Helmholtz hatte gezeigt, daß Wirbelfilamente in einer vollkommenen Flüssigkeit in einem stabilen Zustand vor Dissipation geschützt sind. Kelvin schreibt über Taits Demonstrationen:

Ein großartiges Schauspiel von Rauchringen, deren Zeuge er kürzlich in Professor Taits Vorlesungsraum die Freude hatte zu sein, verminderte die Anzahl der Annahmen um eins, die nötig sind, um die Eigenschaften der Materie aufgrund der Hypothese zu erklären, daß alle Körper aus Wirbelatomen in einer vollkommen homogenen Flüssigkeit bestehen. Oft verbanden sich zwei Rauchringe schräg miteinander; sie waren dann von der Schockwirkung deutlich erschüttert. Das Ergebnis war sehr ähnlich zu dem, das in zwei großen Gummiringen zu beobachten ist, die einander in der Luft berühren. Die Elastizität eines jeden Rauchrings scheint nicht weiter von Vollkommenheit entfernt zu sein, als man es aufgrund der Kenntnis der Viskosität des Gummis von einem festen Gummiring gleicher Form erwarten würde. Natürlich ist diese kinetische Elastizität der Form für Wirbelringe in einer vollkommenen Flüssigkeit vollkommene Elastizität. Das ist ein mindestens so guter Ansatz wie ein «Zusammenstoß von Atomen», wenn man die Elastizität der Gase erklären will.

Kelvin stellte sich atomare Wechselwirkungen vor, bei denen jedes Atom einem Wirbel in einer ätherischen Hintergrundflüssigkeit entspricht. Die beobachtete Stabilität von Atomen erschien ihm als Parallele zur verblüffenden Stabilität der von ihm beobachteten Wirbelringe – wobei sich diese Stabilität auf die Helmholtzsche Entdeckung zurückführen läßt, daß der Drehsinn eines Wirbelsystems bei allen Wechselwirkungen erhalten bleibt. Ein einzelner Wirbel kann nicht aus dem Nichts erschaffen werden. Wirbel können nur in gleichen und entgegengesetzten Paaren vorkommen. Kelvin erkannte auch, daß sich eine Vielzahl atomarer Strukturen erklären läßt, wenn man berücksichtigt, wie enorm vielfach sich Wirbelröhren anordnen lassen; er sah «verknotete oder verstrickte Wirbelatome, deren endlose Vielfalt unendlich größer ist, als es zur Erklärung der Mannigfaltigkeit und Vielgestaltigkeit bekannter einfacher Körper und ihrer wechselseitigen Affinitäten nötig ist.» Tatsächlich können die Wirbel auf alle möglichen Arten verknotet sein. Das verlockte Tait zu dem Versuch, die Wirbel genauer zu klassifizieren. Die letzte Eigenschaft der Wirbel, auf die er sich beruft, ist die auffallendste, denn sie ist einer der Schlüssel der modernen Stringtheorie, die jeden String mit den Energien seiner natürlichen Schwingungen verknüpft und diese wiederum mit den Massen und Energien von Elementarteilchen. Kelvin hoffte, die Spektrallinien der chemischen Elemente durch die natürlichen Schwingungsformen der Wirbel, aus denen sie bestehen, erklären zu können. Wiederum beruft er sich auf die beobachteten Stabilitätseigenschaften dieser Schwingungen, die einer solchen Theorie eine bewundernswerte Grundlage geben:

Das Wirbelatom hat vollkommen bestimmte Schwingungen, die allein von jener Bewegung abhängen, deren Existenz sie bewirkt. Die Entdeckung dieser grundlegenden Schwingungsformen stellt ein äußerst interessantes Problem der reinen Mathematik dar.

Diese Gedanken führten ihn zu weiteren faszinierenden Spekulationen: Es könnte Atomstrukturen geben, die aus Ketten ineinandergeschachtelter Wirbel bestehen, und die Schwingungsenergien der Wirbel könnten eine Abhängigkeit von der Temperatur zeigen, die zum Phänomen der Absorption führen könnte, weil sie mit den Schwingungen anderer Substanzen zusammenfällt.

Kelvin und seine Kollegen arbeiteten fast zwei Jahrzehnte lang an dieser Theorie, die von den führenden Physikern seiner Zeit ernst genommen wurde. Im Licht der modernen Stringtheorie zeichnet sie ein erstaunlich frühes Bild davon, wie aus rein topologischen Veränderungen Stabilität entstehen kann und wie Schwingungen zur Quelle stabiler Energiekonfigurationen der Materie werden können.

Eine Welt neben sich selbst

«Ich bin halb krank von Schatten», spricht
Die Dame von Shalott.

Alfred Lord Tennyson

Hinter diesem Bild einer Welt von fadenartigen Dingen verbirgt sich eine noch viel radikalere Vorstellung. Das Universum könnte viel mehr in sich bergen, als unsere Schulweisheit oder selbst ein Kosmologe sich träumen läßt. Einsteins Gravitationstheorie lehrt uns, daß der Kraftbegriff möglicherweise nicht mehr ist als ein bequemer Anthropomorphismus. Nach der klassischen Vorstellung sind physikalische Gesetze ein Satz von Regeln, aus denen sich ableiten läßt, wie Teilchen auf die Wirkung bestimmter «Kräfte» zwischen ihnen reagieren, wobei die Teilchen in dem uns vertrauten Raum mit Euklidischer Geometrie betrachtet werden. Einsteins Allgemeine Relativitätstheorie vermittelte uns ein wesentlich raffinierteres Bild der Schwerkraft. Die lokale Topographie des Raums wird durch die in ihm vorhandenen Materieteilchen und ihre Bewegung bestimmt. Zwischen benachbarten Körpern wirken also keine geheimnisvollen Kräfte mehr, sondern jeder Körper bewegt sich gleichsam auf dem sparsamsten Weg, den er im wellenförmigen, von allen Teilchen des Universums geschaffenen Raum finden kann. So prägt die Sonne dem Raum eine

Krümmung auf, so daß eine Art Einsenkung entsteht; die Erde beschreibt ihren Weg, die Erdbahn, auf der Innenseite dieser gravitativen «Grube». Zwischen fernen Körpern wirken keine Schwer«kräfte». Alles erhält seinen Marschbefehl von der räumlichen Topographie seiner unmittelbaren Umgebung.

Wenn also Gravitationstheoretiker von Gravitations«kräften» sprechen, geschieht das aus reiner Gewohnheit. Der Kraftbegriff wurde dem eleganteren und tragfähigeren Begriff einer dynamischen Raumzeit-Geometrie untergeordnet. Wir könnten deshalb vermuten, daß eine wirklich fundamentale Theorie für Alles – und die Stringtheorie, die Einsteins Bild der Gravitation enthält und erweitert und mit den anderen Naturkräften vereinigt, ist möglicherweise eine solche Theorie – auch zur Abschaffung dieser Kräfte führen könnte. Vielleicht offenbart uns die Suche nach der Theorie für Alles, daß diese Grundkräfte der Natur, auf deren Vereinheitlichung wir soviel Mühe verwenden, den Bewohnern von Prosperos Insel ähneln:

> ... war'n edle Geister
> Die aufgelöst in Luft, in dünne Luft, ...
> Und, wie dies leere Schaugepräng erblaßt
> Spurlos verschwinden.

Die Stringtheorie verheißt nicht nur Einsteins Bild einer Kraft, die die Geometrie einer gekrümmten Raumzeit bestimmt, sondern noch eine weitere Möglichkeit. Stringschleifen verhalten sich wie die Teilchen, die bei der Gravitation ausgetauscht werden und die in der Punkt-Teilchen-Vorstellung Gravitonen heißen. Man hat behauptet, es müsse möglich sein, auch die Geometrie von Raum und Zeit aus den Merkmalen der Strings und ihren topologischen Eigenschaften herzuleiten. Zur Zeit ist nicht bekannt, wie das gemacht werden kann, und wir geben uns damit zufrieden zu verstehen, wie sich Strings in der Raumzeit des Universums verhalten. Aber die Stringvorstellung von jenen Gravitationskräften, die wir schon so eng mit der Struktur von Raum und Zeit verknüpft haben, verspricht eine Reihe neuer Perspektiven. Was wäre zum Beispiel das Ergebnis, wenn das Universum nicht für alle Zukunft weiter expandieren, sondern irgendwann wieder in sich zusammenstürzen und zu einem immer dichteren Zustand kollabieren würde? Nach dem üblichen Punktteilchenbild würde der Kollaps nach endlicher Zeit zu einer echten Singularität mit unendlicher Dichte führen. Nach der Stringvorstellung jedoch würde die Energie des Kollaps aufgesogen; dadurch würden alle möglichen Schwingungszustände der Strings angeregt und der Zusammenbruch aufgehalten. Die Strings wirken dann wie kosmische Stoßdämpfer. Umgekehrt entspricht das Anfangsstadium des Universums vielleicht einem ungewöhnlichen Stringzustand, der seine innere Schwingungsenergie als Expansionsenergie freisetzt.

Genau für diese extreme Situation, in der bei extrem hoher Dichte sowohl die Schwerkraft als auch die Quantenmechanik wirken, kommt die Stringtheorie am stärksten zum Tragen – als Ansatz einer Theorie der Quantengravitation. Dieser Ansatz ist besonders vielversprechend, denn die Existenz der Gravitation ist für die Stringtheorie – im Gegensatz zu anderen Quantentheorien, bei denen die Einbeziehung der Schwerkraft immer zu Widersprüchen führt – für die innere Konsistenz geradezu notwendig. Wir veranschaulichen in Abbildung 4.1, wie sich die Stringvorstellung auf die Quantengravitation auswirken könnte. Dazu stellen wir uns eine Stringschleife vor, die sich durch Raum und Zeit bewegt. Ihre Spur ist die Weltröhre in Abbildung 4.1(a). Quantenfluktuationen und -unschärfen würden jedoch dazu führen, daß die Oberfläche dieser Röhre so zerzaust ist, wie sie Abbildung 4.1(b) zeigt. Wenn wir den fluktuierenden String zu bestimmten Zeiten durchschneiden, ergibt sich natürlich die in Abbildung 4.1(c) dargestellte Situation. Dasselbe Bild würde sich ergeben, wenn statt eines einzigen Strings in dem nichtfluktuierenden Zustand von Abbildung 4.1(a) eine Reihe von Strings miteinander wechselwirkten. Dieses einfache Bild veranschaulicht, wie sich die Wirkungen der Fluktuation der Quantengravitation in eine Stringtheorie einordnen lassen, in der nur einfache Schleifen miteinander wechselwirken.

Ein weitere wichtige Besonderheit des Universums liegt für den Physiker darin, daß es vier Grundkräfte gibt, aus denen alle Naturerscheinungen folgen. Es könnte andere schwache Kräfte geben, die wir nicht so deutlich wahrnehmen, und in einem solchen Fall wäre die Aufgabe, sie alle in einer allumfassenden Theorie zusammenzustellen, noch viel schwieriger. Das andere wichtige Merkmal der Naturkräfte ist ihre Verschiedenheit. Sie wirken jeweils auf verschiedene Teilchengruppen und haben unterschiedliche Stärken. Die Schwerkraft, die starke Kernkraft, die elektromagnetische Kraft und die schwache Kraft unterscheiden sich in ihren relativen Stärken etwa wie 10^{-39}, 1, 10^{-2} und 10^{-5}. Diese großen Unterschiede spielen bei unserem Versuch, das Universum zu verstehen, eine wichtige Rolle. Wenn die Kräfte auf alle Teilchen mit gleicher

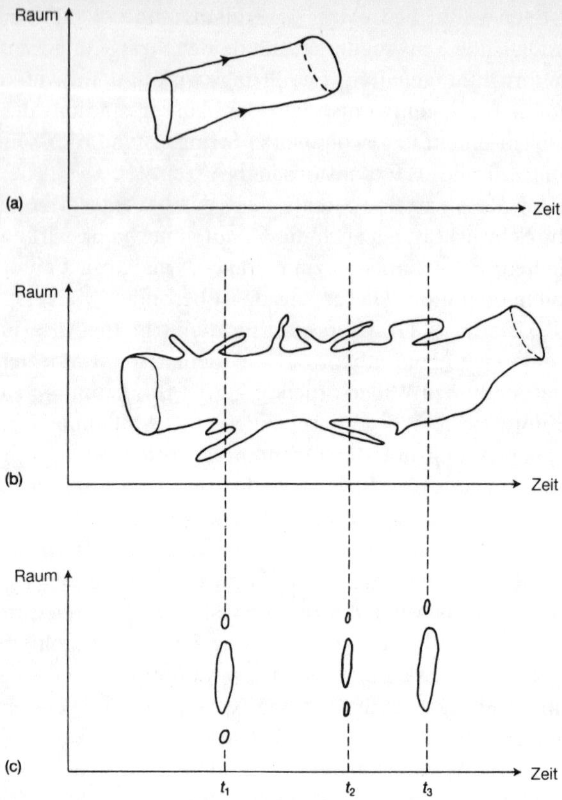

4.1 Die Bewegung einer Stringschleife durch den Raum im Verlauf der Zeit beschreibt eine «Weltröhre» in der Raumzeit (a). Die Wirkungen der Quantengravitationsschwankungen erzeugen eine schaumähnliche Verzerrung der in einfachen «Weltröhre» (b). Die drei Schnitte durch (b) zu den drei Zeiten t_1, t_2 und t_3 zeigen, daß die Verzerrungen der «Weltröhre» Wechselwirkungen zwischen Stringschleifen entsprechen (c).

Stärke wirkten, wäre die Welt ungeheuer viel komplizierter. Alle Kräfte wären in fast jeder Situation wichtig. Die Hierarchie der Kraftstärken stellt sicher, daß dies nicht passiert. Die Strukturen, die wir im Universum beobachten, sind Balanceakte zwischen Paaren von Naturkräften, bei denen die Bedeutung der anderen vernachlässigbar ist.

Nichtsdestoweniger können wir mit einiger Berechtigung fragen, ob es nur vier Naturkräfte gibt. In den letzten Jahren haben sich viele Debatten über die Existenz einer sogenannten fünften Kraft ergeben. Einige Forscher meinten, Hinweise darauf zu haben, daß Newtons Gravitationsgesetz das Verhalten der Kraft zwischen Massen nicht zutreffend beschreibt, wenn die Schwerkraft schwach ist. Sie forderten eine kleine Veränderung dieses Gesetzes, die zur Addition einer weiteren Kraft äquivalent ist. Diese Zutat wird «fünfte» Kraft genannt, obwohl es sich eigentlich nur um eine Hypothese über ein etwas anderes Verhalten der bekannten Schwerkraft handelt. Die meisten Physiker bezweifeln die Existenz dieser Kraft; die neuesten und genauesten Experimente haben keine Hinweise auf eine solche Naturkraft ergeben, wie sie aufgrund der ersten Experimente behauptet worden waren. Statt sich mit diesem Disput aufzuhalten, scheint es nützlicher, sich darüber Gedanken zu machen, warum er überhaupt zustande kommen konnte. Die Schwerkraft ist eine außerordentlich schwache Kraft. Im Vergleich mit Atomen und den Dingen unseres Alltagslebens ist sie um das 10^{37}fache schwächer als die andere makroskopische Grundkraft, der Elektromagnetismus. Deshalb ist sie sehr schwer nachzuweisen. Ihre Wirkungen werden durch andere Kräfte überlagert: Magnete verhindern, daß Metallteile zu Boden fallen; subatomare Kräfte verhindern, daß Kernteilchen einfach nur zu einem Haufen zusammensinken. Zudem wirkt die Schwerkraft auf alles: Sie läßt sich nicht abstellen oder wie andere Kräfte abschirmen. Während Elektrizität und Magnetismus als positive und negative Größen vorkommen, die einander aufheben können, ist die «Ladung» der Schwerkraft die Masse, und die kann sich nur positiv aufsummieren. Deshalb beherrscht die Schwerkraft den Bereich des ganz Großen, weil sich bei astronomisch großen Massekörpern alle anderen Naturkräfte aufgrund ihrer positiven und negativen Anteile aufheben. Die Masse dagegen sammelt sich nur positiv an und erhält schließlich trotz ihrer Schwäche das Übergewicht. Weil die Schwerkraft in den Größenordnungen der physikalischen Laboratorien so schwach ist, läßt sich die Form der Gesetze für die Gravitationsanziehung nur sehr schwer bestimmen. In der Größenordnung des Sonnensystems dagegen sind die Auswirkungen von Unsicherheiten viel offensichtlicher. Wenn man sich die Werte der Naturkonstanten anschaut, wie sie bei Berechnungen benutzt werden und in Physikbüchern gewöhnlich auf den letzten Seiten stehen, findet man Newtons Gravitationskonstante auf weit weniger Stellen nach dem Komma genau angegeben als alle anderen. Wir könnten durchaus eine Naturkraft übersehen haben, die im Bereich mittlerer Entfernungen am stärksten wirkt, die größer sind als die Atomdurchmesser, aber kleiner als die Dimensionen des Planetensystems. Die Existenz einer solchen Kraft wäre natürlich ziemlich mysteriös, wenn auch nicht unmöglich.

Wenn es eine fünfte Kraft gibt, legt das den Gedanken nahe, es könnte sehr wohl noch andere Grundkräfte der Natur geben, deren Wirkungen wir erst noch erkennen oder gar nachweisen müßten. Sollten wir skeptisch oder zuversichtlich davon ausgehen, daß alle Naturkräfte ausgerechnet so beschaffen sind, daß wir sie nach wenigen tausend Jahren Bemühung entdecken konnten? Ist es nicht wahrscheinlicher, daß es auch andere Naturkräfte geben könnte, die von sich aus sehr schwach oder sehr wählerisch in der Auswahl der Dinge sind, auf die sie wirken, oder die nur eine winzig kleine Reichweite haben? Solche Kräfte sind keineswegs auszuschließen. Sie mögen für die Struktur der Alltagswelt oder selbst für die Welt des heutigen Hochenergiephysikers keine große Rolle spielen, können aber gleichwohl die Form der gesuchten endgültigen Theorie für Alles bestimmen. Die Zahl und Art dieser geisterhaften Kräfte bestimmen Größe und Form der endgültigen Symmetrien der Natur. Um sie mit den bekannten Kräften zu vereinigen, müssen den bekannten Kräften möglicherweise Bedingungen auferlegt werden, von denen wir heute noch keine Ahnung haben. Dies führt uns wieder auf das allumfassende Symmetrieproblem. Wenn man eine «letzte» Symmetrie gefunden hat, die all die bekannten Wechselwirkungen und Teilchen der Natur erklärt, ist es immer möglich, sie in eine noch größere und umfassendere einzubetten, in der es weitere Teilchen gibt, die durch zusätzliche Naturkräfte bestimmt werden. Bei dieser unendlichen Spirale findet man auf jeder Ebene, auf der man danach sucht, immer neue Elementarteilchen.

In milderer Fassung tritt dieses Problem der Geisterkräfte in einigen der oben behandelten Stringtheorien auf. Von den beiden Symmetrien, die diese Theorien für die Welt fordern, scheint eine durch zwei identische Muster erzeugt zu werden. Wenn sich das Weltall abkühlt, können sich die bekannten Naturkräfte natürlich aus dem einen dieser Muster entwickeln. Was aber passiert mit dem anderen Muster? Es scheint keinen Grund zu geben, daß es sich ebenfalls in eine Reihe verschiedener Kräfte aufspalten müßte, auch wenn das möglich wäre. Es scheint vielmehr weitaus natürlicher, daß dieser Teil in einer Art Schattenwelt bleibt, in der Schattenbilder aller bekannten Materieteilchen sehr schwach wechselwirken, als ob sie nur eine schwache Ausgabe der Schwerkraft spürten. Solche Schattenmaterie könnte sich fortwährend um uns herum winden. Physikalisch sind ihrer Existenz und ihrem Einfluß kaum Grenzen gesetzt – und das verdeutlicht, wie leicht unser geordnetes Weltbild durch Einflüsse beeinträchtigt werden könnte, die nicht innerhalb des relativ kleinen Bereichs der Stärken und Reichweiten liegen, die wir direkt oder indirekt nachweisen können.

5. Naturkonstanten

Wenn du jedoch konstant sein willst
und deinem Worte treu
schenk ich dir Ruhm durch meine Feder
und Berühmtheit durch mein Schwert.

Marquise von Montrose

Die Bedeutung der Konstanz

Ich frage mich oft, wenn ich bei Soziologen Beschreibungen des wissenschaftlichen Fortschritts lese, ob sich ein Atom beim Lesen eines Lehrbuchs der Quantenmechanik wohl ähnlich fühlen würde.

James Trefil

Dauer hat ihren Reiz. Unserem Gefühl nach müssen Dinge, die sich seit Jahrhunderten nicht verändert haben, etwas für sich haben. Sie haben sich im Lauf der Zeit bewährt. Unsere Religion beruht traditionell auf dem Vertrauen zu einem immer gleichen höchsten Wesen, das «immer war, ist und wird» und damit eine Garantie für die Zukunft gibt. Obwohl die Ereignisse immer im Fluß sind, fühlen wir, daß die Welt eine unveränderliche Grundlage hat, deren allgemeine Aspekte immer gleichbleiben. Auch Physiker glauben dies gern. Die Gleichungen, mit deren Hilfe sie die Naturgesetze erfassen, enthalten bestimmte unveränderliche Zahlen, die als «Naturkonstanten» bezeichnet werden. Wenn eine Größe diesen Titel erhält, kommt ihr in gewisser Weise ein Sonderstatus zu.

Mit Hilfe der Gleichungen, auf die sich die physikalische Erforschung der Natur stützt, läßt sich – das ist eine ihrer wunderbar nützlichen Eigenschaften – die Zukunft auch dann vorhersagen, wenn wir nicht verstehen, warum die Konstanten gerade die beobachteten Werte haben. Wir können sie einfach messen. Wenn genauere Messungen ihre Werte etwas verändern, hat das auf die allgemeinen Lösungen der Gleichungen kaum Einfluß. Im allgemeinen sind die Konstanten auch nicht unmittelbar mit den Anfangsbedingungen verknüpft. Natürlich müssen wir bei diesem Glücksfall etwas auf der Hut sein. Besonders wenn sich Naturkonstanten als Proportionalitätskonstanten ergeben, könnten sie einfach nur ein Kunstprodukt der gewählten Darstellung sein. Die physikalische Welt läßt sich aber möglicherweise auch durch andere invariante Größen erfassen. Zweifellos ist im Laufe der Wissenschaftsgeschichte ein stetiges Fortschreiten von einer anfangs eher willkürlichen und komplizierten Beschreibung der Dinge zu einem zunehmend stimmigen und einfachen Ansatz festzustellen. Oft ergab sich diese Vereinfachung, weil sich zwischen Größen, die man zuvor für verschieden gehalten hatte, ein Zusammenhang herausstellte oder weil man sie aus anderen grundlegenderen Konstanten zu kombinieren lernte. Ein wirklich großer Fortschritt geht oft Hand in Hand mit einer Revision unseres Verständnisses von einer Naturkonstanten. Als Newton vor über dreihundert Jahren sein allgemeines Gravitationsgesetz entdeckte, führte er eine Konstante ein, die die Stärke der Schwerkraft im Universum beschreibt und heute seinen Namen trägt. Das Maß der Stärke der Schwerkraft – das war für Newton und seine Nachfolger das völlig Neue an dieser Größe – ist wirklich immer und überall eine Konstante. Diese universelle Konstante verbindet so verschieden anmutende Dinge wie fallende Äpfel und um die Sonne laufende Planeten.

Newtons Gravitationskonstante war die erste moderne Naturkonstante, die als solche erkannt wurde. Ihre Entdeckung hatte Auswirkungen auf Philosophie und Theologie. Einige Zeitgenossen Newtons sahen in der Allgemeingültigkeit dieser Konstante einen Hinweis auf einen einzigen Schöpfer der physikalischen Welt. Oft waren es, wie Newton selbst, Unitarier, die diese Verbindung am stärksten betonten.

Seit sich die Naturwissenschaft verstärkt mit Fragen nach der Realität beschäftigt, nimmt sie die Naturkonstanten nicht mehr einfach als Gegebenheiten hin, die allein durch Messung bestimmt werden können. Selbst jene Negativisten, die um die Jahrhundertwende neue grundlegende Aufgaben in der Physik verneinten und nur eine immer genauere Messung der Naturkonstanten als bleibende Aufgabe betrachteten, zogen eine Berechenbarkeit dieser Konstanten nicht in Betracht. Heute gehen die Physiker, die nach Theorien für Alles suchen, davon aus, daß sich die Naturkonstanten mit Hilfe eines logischen Prinzips aus Konsistenzüberlegungen rechnerisch ableiten lassen. Diese Berechnung scheint ihnen – und damit folgen sie einer Tradition, die sich in der Entwicklung der Physik in unserem Jahrtausend in jedem Stadium nachweisen läßt – nachgerade der entscheidende Prüfstein einer Theorie für Alles zu sein. Eine Theorie, die die Werte aller Naturkonstanten erfolgreich vorhersagen oder begründen könnte, würde heute wohl jeden Physiker faszinieren. Wie groß das Interesse hier ist, wissen besonders jene Wissenschaftler, die viel Post von Verkündern neuer «Theorien» bekommen (mitunter sind es beim Verfasser zwei Briefe in einer Woche). An solchen Vorschlägen ist (außer der merkwürdigen Tatsache, daß sie meiner Erfahrung nach ausnahmslos von Männern und nicht von Frauen stammen) zweierlei bemerkenswert: Sie beabsichtigen zu zeigen, daß Einstein sich irgendwie irrte, und sie sind völlig von dem Gedanken beherrscht, die Zahlenwerte der Naturkonstanten durch geheimnisvolles kombinatorisches Jonglieren herzuleiten, das gelegentlich so abstruse Daten benutzt wie die Beziehungen zwischen den Ausmaßen der großen Pyramide oder die Deutung der jüdischen Kabbala. Der erste dieser Faktoren hat einen offensichtlichen psychologischen Beweggrund. Einstein wird als *der* Wissenschaftler unseres Jahrhunderts gesehen; deshalb ist die Vorstellung beliebt, wer ihn bei einem Fehler ertappe, werde als neuer Messias der Wissenschaft, größer als Einstein, gepriesen. Darüber hinaus bestätigt das starke Interesse der Exzentriker an der Berechnung von Naturkonstanten, wie sehr diese Suche als letztes Ziel der modernen Physik betrachtet wird. Die Frage wird dann freilich mit einer schnell herausposaunten Antwort entschieden. Aber woher stammt diese verbreitete Auffassung, die Naturkonstanten seien gleichsam der Heilige Gral der Physiker? Die Antwort läßt sich meiner Meinung nach in der Arbeit der Wissenschaftler der ersten Hälfte des zwanzigsten Jahrhunderts finden, deren allgemeinverständliche Darstellungen damals weite Verbreitung fanden.

Fundamentalismus

Der große Arthur Eddington hielt eine Vorlesung über die angebliche Abweichung der Feinstrukturkonstanten von der Grundlagentheorie, unter den Zuhörern waren Goudsmit und Kramers. Goudsmit verstand wenig, merkte aber, daß es Unsinn war. Nach der Diskussion ging Goudsmit zu seinem Freund und Mentor Kramers und fragte: «Kommen alle Physiker auf so komische Gedanken, wenn sie alt werden?» Kramers antwortete: «Nein, Sam, du brauchst keine Angst zu haben. Ein Genie wie Eddington wird vielleicht verrückt, aber jemand wie du wird nur immer dümmer.»

M. Dresden

Um das wissenschaftliche Geschehen in der ersten Hälfte des zwanzigsten Jahrhunderts zu verstehen, sollte man bedenken, daß der Schwerpunkt der physikalischen Forschung um 1900 in Deutschland lag. Die deutschen Physiker waren von der Philosophie Kants beeinflußt, was sich bei vielen in den Erwartungen zeigte, mit denen sie wissenschaftliche Forschung betrieben. Sie hielten die bekannten physikalischen Gesetze für Schöpfungen des menschlichen Geistes und unterschieden sie so vom wahren Wesen der Dinge. Die meisten Lehrbücher enthielten damals eine einleitende wissenschaftstheoretische Erörterung, die sich zum Idealismus Kants bekannte. Man machte sich damals viele Gedanken im Hinblick auf das Ziel, die Gesamtheit der physikalischen Welt und der Naturkonstanten zu erklären. Andererseits gab es Forscher wie Einstein, die die Beschreibung der Natur durch die Gesetze der Physik als konvergenten historischen Prozeß verstanden. Dabei kann es immer Elemente der Beschreibung geben, die inadäquat sind, und Teile der wahren Beschreibung können der gerade herrschenden Theorie fehlen. Dieser ständige Revisionsprozeß, den wir «wissenschaftliche Entdekkung» nennen, hat vielleicht kein Ende. Einstein sah auch die Allgemeine Relativitätstheorie nur als einen weiteren Schritt auf dem Weg zur letzten Wahrheit, die auf einer unerreichbaren Asymptote liegt:

> Wie wir auch mit Hilfe des Kriteriums der Einfachheit einen Komplex [von Erscheinungen] auswählen, in keinem Fall wird sich die theoretische Behandlung für immer als die richtige erweisen... Aber ich zweifle nicht, daß der Tag kommen wird, an dem auch jene Beschreibung [die Allgemeine Relativitätstheorie] aus Gründen, die wir zur Zeit noch nicht vermuten können, einer anderen wird weichen müssen. Ich glaube, daß dieser Vorgang der Vertiefung der Theorie keine Grenzen hat.

Bald nachdem Einstein diese Worte geschrieben hatte, begann er die Arbeit an seiner berüchtigten «einheitlichen Feldtheorie», seiner Vision einer Theorie für Alles, die seine Gravitationstheorie mit den Gesetzen des Elektromagnetismus verknüpfen sollte. Wenn diese «beiden Wirklichkeiten, die voneinander begrifflich vollkommen getrennt sind, eine einheitliche Gestaltung finden», würde «die ganze Physik ein vollständiges Denksystem werden». Später konzentrierte er seine ganze Energie auf die Suche nach «Theorien, deren Thema die *Gesamtheit* aller physikalischen Erscheinungen» ist. Einstein kam so nicht nur zu einer einheitlichen Beschreibung der Welt, sondern er glaubte auch, eine solche erhabene Theorie könne die Ungewißheiten der Quantentheorie beheben, die ihn so sehr beschäftigt hatten, und darüber hinaus auch die scheinbar widersinnige Vorhersage beseitigen, daß das Universum einen Anfang habe – eine Vorhersage, die sich aufgrund seiner Allgemeinen Relativitätstheorie andeutete. Diese Überzeugung von der Einheit der Natur zeigt, daß Einstein keine Naturkonstante als solche anerkennen wollte, deren Werte sich nicht durch die innere Konsistenz einer Theorie für Alles genau erklären lassen:

> Ich kann mir keine einheitliche und vernünftige Theorie vorstellen, die eine Zahl enthält, die die Schöpferlaune auch anders gewählt haben könnte und aus der sich eine qualitativ andere Gesetzmäßigkeit der Welt ergeben haben könnte... Eine Theorie, die in ihren Grundgleichungen ausdrücklich eine Konstante enthält, müßte irgendwie ein logisch unzusammenhängendes Stückwerk sein; ich bin jedoch zuversichtlich, daß diese Welt keine so häßliche Konstruktion braucht, um theoretisch faßbar zu sein.

Einstein sieht die Werte jeder nicht festgelegten Naturkonstanten als göttliche Vorgaben, die über die eindeutige Beschreibung der Welt hinaus für die Naturgesetze und die Anfangsbedingungen des Universums erforderlich sind. Man kann sich nicht leicht vorstellen, wie das wahr sein könnte. Zwar läßt sich vorstellen, alle Naturkonstanten wären auf eine Mindestmenge von ein oder zwei reinen Zahlen reduziert, die die Größe des Universums und so etwas wie die Spannung in den Strings kennzeichnen, die uns etwas über eine für alle Naturkräfte geltende Symmetrie mitteilen, bis jetzt jedoch haben wir keinen Hinweis darauf, wie sich diese Zahl auf null reduzieren lassen könnte. Dazu müßten die Naturkonstanten eindeutig und vollständig durch die Form der Naturgesetze selbst vorgeschrieben sein.

Nicht alle Zeitgenossen des jungen Einstein teilten seine Meinung, die Naturbeschreibung werde letzlich keine Konstanten mehr enthalten. Einige seiner Kollegen sahen die Physik als ein im wesentlichen induktives Unternehmen, das niemals einer rein deduktiv gewonnenen endgültigen Theorie für Alles Raum bieten kann. Deshalb konnte es für sie keine erreichbare allumfassende Theorie geben, die die Werte aller Naturkonstanten erklärt. Planck war weit von den idealistischen Vorstellungen Kants entfernt und sah das Kennzeichen des Fortschritts in den Naturwissenschaften darin, zunehmend zu einer möglichst weitreichenden Trennung zwischen den Erscheinungen der äußeren Welt und denen des menschlichen Bewußtseins zu kommen. Er nannte die Suche nach einer Theorie für Alles die nach einer «einzigen Weltformel». Andere, wie die Instrumentalisten Pierre Duhem und Percy Bridgman, hielten die verheißene Plancksche Trennung der wissenschaftlichen Beschreibung von menschlichen Konventionen prinzipiell für unerreichbar, da sich Naturkonstanten ihrer Meinung nach einzig im Rahmen menschlicher Erklärungen ergeben und einer unzugänglichen Wirklichkeit auferlegt sind.

Sir Arthur Eddington, der wohl größte Astrophysiker in der Zeit vor dem Zweiten Weltkrieg und Begründer einer systematischen Forschung zum Aufbau der Sterne, leistete wesentliche Beiträge zu unserem Verständnis der Bewegung der Sterne in der Milchstraße und lieferte seinen Zeitgenossen die besten Darstellungen der neuen Einsteinschen Gravitationstheorie; zugleich trug er entscheidend zu ihrer experimentellen Bestätigung bei. Er war ein überzeugter Quäker; deshalb interessiert die Frage, welche Rolle die Vorstellung der «inneren Erleuchtung» in seinem wissenschaftlichen Denken gespielt haben könnte. Er scheute sich davor, in der Öffentlichkeit zu sprechen, konnte aber mitreißend schreiben. Seine für Wissenschaftler und die breite Öffentlichkeit bestimmten Arbeiten über die Wissenschaft gehören zum Besten, was je geschrieben wurde, und werden auch heute noch viel gelesen. Seine mit unnachahmlichem Charme und in einzigartiger Klarheit geschriebenen populärwissenschaftlichen Bücher gehörten zu den meistgelesenen Darstellungen der Naturwissenschaft seiner Zeit. Sie hatten enormen Einfluß auf Philosophen und all jene, die durch sie in die Entwicklungen der Physik und Astronomie eingeführt wurden. Eddingtons Leser fanden in seine flüssige Darstellung der Tatsachen eine Wissenschaftsphilosophie verwoben, die sich deutlich von der aller anderen führenden Wissenschaftler seiner Zeit unterschied. Eddington stand der Kantschen Tradition nahe. Für ihn war der Anteil des menschlichen Geistes bei der Konstruktion unseres Bildes von der physikalischen Welt grundsätzlich nicht zu beseitigen. Während jedoch manche Idealisten das als Ausrede benutzt hätten, um nicht weiter in das Wesen der Dinge eindringen zu müssen, sah Eddington im Ursprung der Naturgesetze im menschlichen Geist eine Garantie für ihre Vernunft. Er stellt die Frage, ob Gesetze, deren Ursprung nicht im Geist liegt, nicht möglicherweise in solchem Maße irrational sein könnten, daß es uns gar nicht gelänge, sie zu formulieren. Angeregt durch die Russelsche und Whiteheadsche Reduktion der Mathematik auf grundlegende Aussagen der Logik, versuchte Eddington, die Physik auf ihre Grundelemente zurückzuführen und dabei herauszufinden, inwieweit der Erfolg unserer Erklärungsansätze für die Funktionsgesetze der Welt auf einer inneren Einfachheit der Natur beruht beziehungsweise einfach der Tatsache zuzuschreiben ist, daß diese Erklärungen Schöpfungen des Geistes sind. In seinen letzten Lebensjahren arbeitete Eddington an seiner *Fundamentaltheorie*, von der vor seinem Tod im Jahr 1944 nur Teile veröffentlicht wurden. Eddington versuchte dabei, zu einer Theorie für Alles zu kommen, deren vorrangiges Ziel die Erklärung der Zahlenwerte von Naturkonstanten war – wobei diese Werte mit Hilfe von Abzählbarkeitsüberlegungen ermittelt werden sollten. Die diesem Werk zugrundeliegende Philosophie wurde von Whittaker (einem seiner wissenschaftlichen Biographen) so dargestellt:

> All diese quantitativen physikalischen Aussagen, also die genauen Werte der reinen Zahlen, die in der Physik Konstanten sind, lassen sich ohne quantitative, von der Beobachtung abgeleitete Daten durch logisches Schließen aus qualitativen Behauptungen ableiten.

Dieser Standpunkt ist natürlich das genaue Gegenteil der Planckschen Sichtweise. Eddington glaubte, daß der Einfluß des menschlichen Geistes, den Kant als total gesehen hätte, die Möglichkeit eröffnet, eine völlig widerspruchsfreie Beschreibung der Welt zu gewinnen, ohne irgendwelche Größen ausschließlich durch Beobachtung bestimmen zu müssen.

Eddingtons Versuche, die Werte der Fundamentalkonstanten der Natur zu erklären, waren nach Meinung anderer Physiker Fehlschläge. Ihnen schien diese Arbeit völlig abgehoben von der wirklichen Physik, kaum mehr als ein Jonglieren mit Zahlen, um das gewünschte Ergebnis zu erhalten. Mit dem Vorzug, aufgrund der Erfahrungen von vierzig Jahren sprechen zu können, in denen es möglich war, Eddingtons posthume Manuskripte zu diesem Thema zu prüfen, wissen wir, daß in ihnen außer dem Anspruch, die Werte der Naturkonstanten zu erklären, nichts für die Wissenschaft Wertvolles steht. Es war Eddingtons Werk, und es waren insbesondere die merkwürdigen Zwischenergebnisse, die er in seine großartigen Bücher einfügte, die so viele Liebhaber der Physik dazu verführt haben, ihm in seinen etwas irreführenden Ansatz zu folgen und die Werte der Naturkonstanten durch arithmetische Gymnastik zu erklären. Dem modernen Physiker jedoch kommt es besonders merkwürdig vor, wenn er Eddingtons Versuche liest, die Naturkonstanten abzuleiten, und dabei feststellen muß, daß die verwendete Logik nichts mit anderen wissenschaftlichen Bereichen zu tun hat. Selbst zu seinen Lebzeiten hatte Eddington große Schwierigkeiten, andere Wissenschaftler von der Ernsthaftigkeit seiner Arbeit zu überzeugen. In vielen Artikeln wurde seine Argumentation parodiert, und oft wurde ihm Unverständlichkeit und Schwammigkeit vorgeworfen. Ihn ärgerte besonders, wenn die Arbeit seiner Kollegen in Cambridge, so etwa die Diracs, für wichtiger gehalten wurde. Über seine eigenen Versuche, die Naturkonstanten zu erklären, schrieb er an einen Freund:

> Ich versuche immer herauszufinden, warum man das Verfahren unklar findet... Ich kann nicht im Ernst glauben, daß ich je so unklar bin, wie Dirac es zu sein schafft.

Eddingtons Forschungsprogramm hat versagt. Es kam wie das Einsteinsche zu früh. Wir wissen einfach nicht genug darüber, was für eine Theorie für Alles nötig ist, um mit ihrer Konstruktion zu beginnen. Mehr als jeder andere jedoch lenkte Eddington die Aufmerksamkeit auf die Aufgabe, die Naturkonstanten zu erklären. Wie der Zweckmäßigkeitsbeweis des neunzehnten Jahrhunderts Darwin haargenau die Tatsachen bot, die er zur Erklärung des Vorgangs der natürlichen Auslese brauchte, so steckte Eddington das Problem der Werte der Naturkonstanten als Ziel für die Theorien der Zukunft ab.

Was sagen uns die Konstanten?

Diese mathematischen Dinge haben eine großartige Neutralität und auch eine merkwürdige Teilhabe an übernatürlichen, unsterblichen, geistigen, einfachen und unteilbaren Dingen und an natürlichen, sterblichen, gefühlsmäßigen, komplizierten und teilbaren ebenso.

John Dee

Wir haben gesehen, welche Bedeutung Physiker herkömmlicherweise den Werten der Naturkonstanten zuschreiben. Welche Rolle spielen diese Konstanten nun im Universum? Warum werden sie für so wichtig gehalten? Aus dieser Frageperspektive wollen wir zunächst die Welt der Atome und Moleküle betrachten. Diese Objekte sind keine Elementarteilchen, sondern vielmehr aus vielen Teilchen zusammengesetzt, die durch widerstrebende Kräfte im Gleichgewicht gehalten werden. Die Größe dieser Strukturen bestimmt die Dichte der Materie; die Anordnung der Elektronen in den Atomen bedingt all die chemischen Eigenschaften der Materie. Trotz der ungeheuren Komplexität von allem, was aus Atomen und Molekülen besteht, und dem ungeheuren Bereich der Eigenschaften, die die Materiezustände von Gasen über Flüssigkeiten bis zu den Festkörpern umfassen, wird diese ganze Welt der Stoffe durch nur zwei Zahlen bestimmt. Die eine ist der Quotient aus der Masse des Protons (dem Kern des Wasserstoffatoms) und der Masse des Elektrons und hat den Wert 1836,104.... Die andere ist eine Größe, die als «Feinstrukturkonstante» bekannt wurde. Sie ist der Quotient aus dem Quadrat der elektrischen Ladung eines Elektrons und dem Produkt aus Lichtgeschwindigkeit und der Planckschen Konstanten der Quantentheorie. Diese besonders abstruse Kombination wird gewählt, weil sie eine reine Zahl ist. Ihr Wert 1/137,036... wird durch die Kombination der Meßwerte der drei Konstanten, aus denen sie zusammengesetzt ist, gewonnen. Wir wissen nicht, warum diese beiden Zahlen genau diese Werte haben. Wären sie anders, wäre auch unser gesamtes Universum anders, vielleicht sogar unvorstellbar anders.

Wenn wir über die Erde hinaus die Struktur des Sonnensystems betrachten, kommt für die Bestimmung der Grobstruktur der Dinge zu den chemischen Kräften die Schwerkraft hinzu. Die Stärke der Schwerkraft wird durch Newtons Gravitationskonstante bestimmt; aus dieser Größe können wir ähnlich wie bei der Feinstrukturkonstanten eine reine Zahl ableiten, wenn das Quadrat der Elektronenladung durch das Produkt aus der Newtonschen Konstanten und dem Quadrat der Protonenmasse ersetzt wird. Diese Zahl, die Gravitationsstrukturkonstante, hat den winzigen Wert $5{,}9041183\ldots \cdot 10^{-39}$. Im Vergleich mit 1/137 ist sie verschwindend klein, und das besagt, daß die chemischen Kräfte elektromagnetischen Ursprungs viel stärker sind als die Schwerkraft. Die Schwerkraft ist für die Struktur der Atome bedeutungslos. Es gibt sie, aber ihre Wirkungen sind im Vergleich mit den elektrischen Kräften zwischen den Protonen und Elektronen so winzig, daß sie bei allen praktischen Überlegungen der Chemie und Kernphysik vernachlässigt werden können. Die Größen aller astronomischen Körper – von den Asteroiden bis zu den Sternen – werden allein durch die Werte der Fein- und Gravitationsstrukturkonstanten bestimmt. Abbildung 5.1 veranschaulicht, wie sich die Werte der Fein- und Gravitationsstrukturkonstanten auf die Abmessungen astronomischer Objekte auswirken. Die Größen der Planeten und Sterne sind dabei weder zufällig noch das vorprogrammierte Ergebnis bestimmter Anfangsbedingungen des Urknalls. Sie ergeben sich vielmehr aus dem Gleichgewicht zwischen entgegengesetzten Naturkräften. Diese Kräfte kommen nur dann in ein Gleichgewicht, wenn die Anzahl der beteiligten Teilchen eine gewisse Größe hat. In kalten Körpern wie der Erde wirkt ein als Ausschließungsprinzip bekannter quantenmechanischer Effekt dem Druck der Schwerkraft entgegen, die danach strebt, alles immer dichter zusammenzupressen. Teilchen wie Protonen und Elektronen besetzen mikrophysikalische Nischen, in denen sich jeweils nur ein Teilchen aufhalten kann. Jeder Versuch, Materie so weit zusammenzupressen, daß mehr als ein Teilchen in einer Nische ist, trifft auf Widerstand. Das Gleichgewicht zwischen dieser Kraft und dem nach innen gerichteten Druck der Schwerkraft ergibt die großen, stabilen kalten Körper, die wir im Sonnensystem sehen.

Sterne sind anders. Ein Stern ist ein so massereicher Körper, daß die durch den Gravitationsdruck in seiner Mitte erzeugte Temperatur hoch genug ist, um spontan Kernreaktionen auftreten zu lassen. Wenn diese kritische Temperatur erreicht ist, erzeugen Kernreaktionen im Zentralbereich einen Energiefluß, der schließlich in Form von Wärme und Licht von der Oberfläche abgestrahlt wird. Der Stern bleibt durch die Ausgewogenheit zwischen seinem inneren Druck und der Schwerkraft im

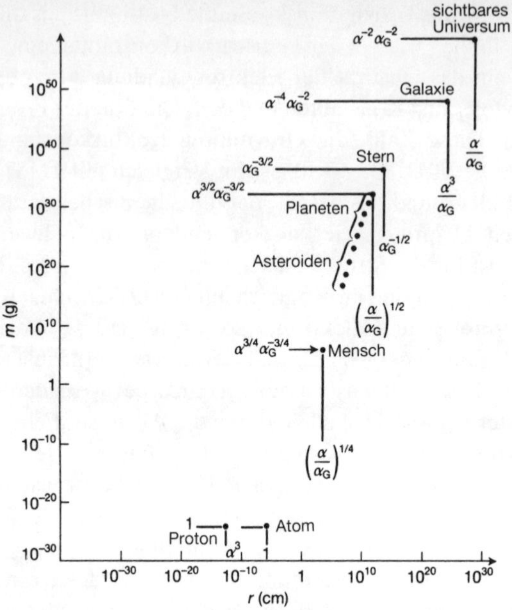

5.1 Die Massen (in Gramm) und Durchschittsgrößen (in Zentimetern) bekannter Objekte, die es im Universum gibt. Die Strukturen sind Gleichgewichtszustände zwischen verschiedenen Naturkräften, und ihre ungefähre Größe ist durch die Feinstrukturkonstante $\alpha = 1/137$ und die im Text eingeführte Gravitationsstrukturkonstante $\alpha_G = 5{,}9 \cdot 10^{-39}$ bestimmt; die Abhängigkeit der Masse und Größe von diesen beiden Konstanten wird im Text erläutert.

Gleichgewicht. Dieses Gleichgewicht ist stabil, weil eine auch nur etwas größere Schwerkraft den Zentralbereich etwas stärker zusammenpressen würde, Kernreaktionen also schneller ablaufen könnten und deshalb ein zusätzlicher nach außen gerichteter Druck entstünde. So bildet sich also rasch wieder ein Gleichgewicht aus.

Viele der wichtigsten Schöpfungen der Natur verdanken ihre Größe und Struktur also den geheimnisvollen Werten der Naturkonstanten; das wirft ein neues Licht auf unser eigenes Sein. Wir sehen, wie die für unsere Existenz wichtigen Bedingungen von den Werten dieser Konstanten abhängen. Nun könnte man fragen, was passiert, wenn man den Wert einer Konstanten verändert. Man mag erwarten, daß sich dadurch einfach alle Größen ein wenig verändern, aber immer noch Sterne und Atome in diesem Szenario auftreten. Dies stellt sich jedoch als eine zu einfache Sichtweise heraus. Vielmehr gibt es zwischen einigen Kombinationen der Naturkonstanten, die für unsere eigene Existenz notwendig sind, eine Reihe sehr ungewöhnlicher zufälliger Übereinstimmungen. Wenn sich die Feinstrukturkonstante um etwa ein Prozent von ihrem wirklichen Wert unterschiede, wären die Sterne ganz anders aufgebaut. Wir haben sogar guten Grund zu vermuten, daß es dann gar keine Menschen geben würde, die solche kosmologischen Modelle diskutieren könnten. Die organischen Elemente wie Kohlenstoff, Stickstoff, Sauerstoff und Phosphor werden nämlich unter sehr speziellen Bedingungen während der letzten explosiven Todeskämpfe der Sterne erzeugt und in den Raum hinausgeschleudert, wo sie in Planeten und schließlich in Menschen eingebaut werden. Kohlenstoff – jenes organische Element, das für die spontane Entwicklung des Lebens als entscheidende Voraussetzung gilt – sollte im Universum theoretisch eigentlich nicht in der beobachteten Häufigkeit vorkommen, sondern nur in winzigsten Spuren vorhanden sein, weil die explosiven Kernreaktionen, die in den letzten Stadien der Sternentwicklung Kohlenstoff erzeugen, bei seiner Herstellung ziemlich langsam ablaufen. Nur aufgrund eines bemerkenswerten Zufalls wird Kohlenstoff in solch unerwartetem Überfluß erzeugt.

Kohlenstoff entsteht in Sternen in einem Zweistufenprozeß aus Heliumkernen, die wir gewöhnlich Alphateilchen nennen. Zwei Alphateilchen verbinden sich unter stellaren Bedingungen zu einem Kern des Elements Beryllium. Zu ihm muß ein weiteres Alphateilchen hinzukommen, damit daraus ein Kohlenstoffkern wird. Dieser doppelte Vorgang müßte eigentlich äußerst unwahrscheinlich sein, aber bemerkenswerterweise weist der letzte Schritt eine seltene «Resonanz» auf, durch die er viel häufiger ablaufen kann, als wir es zunächst erwarten würden. Die Energien der beteiligten Teilchen und die Wärmeenergie des Sterns addieren sich zu einem Wert, der etwas unter einem natürlichen Energieniveau des Kohlenstoffkerns liegt, entsprechen also nicht mehr dem natürlichen Zustand minimaler Energie. Deshalb findet die Kernreaktion, der Übergang in den niederenergetischen Kohlenstoffzustand, statt. Insgesamt kommt diese Kohlenstoffsynthese einem astronomischen Volltreffer gleich, aber damit noch nicht genug. Während es schon verblüffend ist, daß es nicht nur überhaupt ein Kohlenstoffresonanzniveau gibt, sondern auch noch eines, das gerade *oberhalb* der bei dieser Reaktion entstehenden Gesamtenergie liegt, grenzt es an ein Wunder, wenn man entdeckt, daß es eine weitere Resonanzebene in dem Sauerstoffkern gibt, der im nächsten Schritt der Kettenreaktion erzeugt würde, wenn ein Kohlenstoffkern mit einem weiteren Alphateilchen wechselwirken könnte. Dieses Resonanzniveau jedoch liegt genau *über* der Gesamtenergie von Alphateilchen, Kohlenstoffkern und Sternumgebung. Deshalb wird der kostbare Kohlenstoff durch die nächste resonante Kernreaktion nicht völlig zerstört. Diese mehrfache Abstimmung der Resonanzniveaus ist für unsere Existenz notwendig. Die Kohlenstoffatome unserer Körper, die die wunderbare Flexibilität der DNS-Moleküle, also letztlich unsere Komplexität, bewirken, sind alle Ergebnisse dieser Übereinstimmungen von Resonanzniveaus in den Sternen. Die Lage der Resonanzniveaus hängt dabei auf komplizierte Weise von den Zahlenwerten der physikalischen Konstanten ab.

Es gibt viele weitere Beispiele für den Einfluß der Naturkonstanten. Bei der Entwicklung komplexer werdender Strukturen im Universum hat man es praktisch immer mit Bedingungen zu tun, die bestimmte Koinzidenzen zwischen den Werten der Naturkonstanten als notwendige Voraussetzung beinhalten. Gelegentlich wurde dem große theologische Bedeutung zugemessen; man sah darin so etwas wie eine göttliche Feinabstimmung im Universum, die die Entwicklung des Lebens sicherstellt. Solche Überlegungen erinnern an die Naturtheologie der Vergangenheit. Wir können jedoch nicht mehr behaupten, als daß solche Koinzidenzen, die das Leben ermöglichen, für die Entwicklung des Lebens, wie wir es kennen, notwendig sind.

Die Entwicklung von Leben und Geist wird in jedem Stadium von Sackgassen blockiert. Es gibt einfach sehr viele Möglichkeiten, wie Leben in einer komplexen und feindlichen Umwelt an der Entwicklung gehindert werden kann; deshalb wäre es reine Überheblichkeit anzunehmen, alles sei möglich, wenn es nur genug Kohlenstoff und genug Zeit gäbe. Wer darüber hinaus annimmt, Leben müsse sich zwangsläufig aus der vorhandenen chemischen Mischung entwickeln, vertritt genau die Art teleologischer Einstellung, die die Biologen zu Recht ablehnen. Es gibt keinen Grund für eine folgenotwendige Entwicklung von Leben. Solche komplexen schrittweisen Vorgänge sind wegen ihrer sehr empfindlichen Abhängigkeit von den Anfangsbedingungen und der subtilen Wechselwirkungen zwischen dem sich entwickelnden Zustand und der Umgebung nicht vorhersagbar. Alles, was wir zuversichtlich behaupten können, ist negativ: Wenn die Naturkonstanten nicht innerhalb von etwa einem Prozent ihrer beobachteten Werte liegen würden, gäbe es die Grundbausteine des Lebens nicht in ausreichender Menge. Veränderungen wie diese würden sich dann auf die Stabilität der Elemente auswirken; sie würden die Existenz der für Lebewesen nötigen Elemente verhindern und nicht nur lediglich ihren Anteil vermindern.*

Die Situation ist nicht so einfach zu interpretieren. Wir können davon ausgehen, daß zwischen den Naturkonstanten wichtige, für unsere eigene Existenz notwendige Beziehungen bestehen müssen, und wir können einen Schritt weitergehen und annehmen, diese Koinzidenzen seien für die Entwicklung aller komplexen Formen der Art, die wir «bewußtes Leben» nennen, notwendig. Welche Wirkung, so könnte man fragen, hätte eine Theorie für Alles, die die Werte aller Naturkonstanten erfolgreich erklären kann? Wenn diese Theorie eindeutig wäre und für die Konstanten jeweils nur einen möglichen Wert zuließe, könnten wir von Glück sagen. Jede weitergehende Überlegung metaphysischer Art ist dann notwendig spekulativ und vermutlich unmöglich zu widerlegen. Wenn aber die Theorie für Alles zeigt, daß die Werte der Konstanten (oder wenigstens einige von ihnen) ein Zufallselement enthalten, das von den besonderen Ereignissen abhängt, wie sie sich lokal abspielen, oder daß die Größen, die wir für Konstanten halten, sich im Prinzip (und vielleicht auch in der Praxis) im Raum ganz beliebig verändern können, müßte es in einem unendlichen Universum notwendigerweise beliebig große Bereiche geben, in denen die Kombination der Konstanten gerade richtig ist für die spätere Entwicklung der Komplexität des Lebens. Wir müßten dann natürlich eine dieser kosmischen Oasen des Lebens bewohnen.

Überlegungen wie diese zeigen uns, warum die Naturwissenschaftler die Werte der Naturkonstanten so gern erklären möchten. Sie könnten dann nämlich bei fast allem, was es gibt, Gründe für die Existenz angeben. Aber wir sehen auch, warum sich der Begriff der Naturkonstanten als so nützlich erweist. Unsere Unfähigkeit zu erklären, warum die Feinstrukturkonstante einen Wert hat, der nahe bei 1/137 und nicht, sagen wir, bei 1/145 liegt, hindert uns nicht daran, den Begriff der Feinstrukturkonstanten zu benutzen und zu verstehen, wie ihr Wert andere Strukturen im Universum bestimmt. Dadurch wird die Welt für uns einigermaßen verständlich. Es gibt eine Form der hierarchischen Struktur der

* Leser, die daran interessiert sind, alle Einzelheiten dieser zufälligen Übereinstimmungen und ihrer Folgen zu entdecken, finden dazu weitere Hinweise in den in der Literaturliste angeführten Büchern zum anthropischen Prinzip.

Natur, die uns das Verhalten der Materie zu verstehen erlaubt, ohne daß wir ihre letzte Mikrostruktur bis in die winzigsten Dimensionen kennen. Wenn das, was letztlich den Wert der Feinstrukturkonstanten bestimmt, auch für unser Verständnis der physikalischen Vorgänge eine wichtige Rolle spielte, bei denen die Feinstrukturkonstante auftritt, wären wir schachmatt. Glücklicherweise müssen wir nicht alles wissen, bevor wir etwas wissen können.

Aber wir brauchen nicht in die Welt der Elementarteilchen oder der Astronomie zu schweifen, um die Bedeutung der Naturkonstanten zu erfassen. Für die moderne Technologie und Kommunikation ist zum Beispiel die genaue Zeitmessung außerordentlich wichtig. Entsprechend haben die meisten der hochentwickelten Länder «Meßanstalten», zu deren Aufgabe es gehört, unter anderem für Zeit, Länge und Masse genaue Maßeinheiten festzulegen. In Deutschland ist es die Physikalisch-Technische Bundesanstalt in Braunschweig und in Frankreich das Bureau International des Poids et Mesures. In Großbritannien fällt diese Aufgabe dem National Physical Laboratory zu. In den USA wird sie vom National Bureau of Standards in Washington wahrgenommen. Diese Institutionen brauchen für die Zeitbestimmung ein absolut festes Maß. Von einem solchen Standard ausgehend, lassen sich dann alle anderen Zeitmaße als sekundär herleiten.

Nehmen wir wie die Menschen des Altertums an, eine Sanduhr sei dieser Aufgabe gewachsen. Dieses Gerät gibt die Zeit mit Hilfe der Schwerkraft an, denn die Sanduhr nutzt die Tatsache, daß unter dem Einfluß des lokalen Schwerefelds der Erde alles mit gleicher Beschleunigung fällt. Aber sicherlich setzt ein solches Gerät hier auf der Erde und erst recht im Weltall keinen unveränderlichen Standard. Das Loch, durch das der Sand fällt, ist nicht genau gleich groß, die Struktur der Oberfläche, über die der Sand rinnt, und der Neigungswinkel nicht genau gleich. All diese Faktoren machen jede Sanduhr anders als alle anderen. Es gibt keine eindeutige Beziehung zwischen der Veränderung im Fallen des Sandes und dem Lauf der Zeit.

Man könnte versuchen, diesen Nachteil mit Hilfe einer Pendeluhr zu beheben. Auch dieses Gerät beruht auf der lokalen Wirkung der Schwerkraft; sie bestimmt ja die Periode der Schwingungen. Die Periode der Pendelschwingungen hängt jedoch auch von der Länge des Pendels ab, und deshalb sind alle Pendel etwas verschieden. Darüber hinaus ändert sich die Erdanziehung auf der Erdoberfläche zwischen dem Äquator und den Polen, weil sich die Erde um ihre Achse dreht und dadurch etwas abgeplattet ist. Auf einem anderen Planeten wäre die Stärke der Schwerkraft an der Oberfläche anders als auf der Erde; die Uhr würde dann mit einer ganz anderen Geschwindigkeit als ihr Ebenbild hier ticken. Je größer der Planet, um so schneller läßt seine Schwerkraft ein Pendel gleicher Länge schwingen (die Schwingungsdauer nimmt etwa mit der Quadratwurzel des Planetenradius zu). Wenn wir noch raffinierter sind, wählen wir eine elektrische Uhr der Art, wie wir sie heute in den meisten Haushalten finden. Sie ist so genau wie der Wechselstrom, den wir im Haus verwenden, und damit viel genauer als eine Pendeluhr. Auch die Frequenz des Stroms, die ziemlich genau 50 Schwingungen pro Sekunde beträgt, ist unvorhersagbaren Schwankungen unterworfen, die an jedem Ort und zu jeder Zeit anders sein können. Eine solche Maßeinheit könnte niemals wirklich universal sein, obwohl sie für die meisten Alltagszwecke völlig ausreicht.

Wir möchten aber eine Zeiteinheit definieren, die für alle Beobachter zu allen Zeiten und an allen Orten gleich ist. Wir suchen also einen Zeitstandard, der allein durch die Naturkonstanten bestimmt ist. Moderne absolute Zeitstandards werden in der Tat durch sie definiert. Sie vermeiden die Verwendung irgendwelcher Besonderheiten der Erde oder ihres Gravitationsfeldes, indem sie sich auf die natürlichen Schwingungsfrequenzen gewisser atomarer Übergänge zwischen Energiezuständen beziehen.

Die Zeit, die ein solcher Übergang in einem Cäsiumatom braucht, wird durch die Lichtgeschwindigkeit im Vakuum, die Massen von Elektron und Proton, die Plancksche Konstante und die Ladung eines einzelnen Elektrons bestimmt. Diese Größen werden alle für Naturkonstanten gehalten. Ein Zeitintervall von einer Sekunde wird dann als eine bestimmte Anzahl dieser Schwingungen definiert. Diese Art der Zeitbestimmung bewährt sich ausgezeichnet, obwohl sie weither geholt erscheint. Mit ihrer Hilfe könnten wir, falls je eine Verständigung mit Bewohnern einer anderen Galaxie möglich sein sollte, genau mitteilen, welche Zeitspanne wir meinen. Wahrscheinlich würden intelligente Bewohner der Andromedagalaxie zwar die Bedeutung von Jahr oder Tag nicht kennen, weil diese Zeiteinheiten Eigenschaften der Bewegung unseres Sonnensystems sind (der Tag ist die Zeitspanne, die die Erde zu einer vollständigen Umdrehung braucht, und das Jahr diejenige, in der sie die Sonne umrundet, und keine dieser beiden Zeiten ist wirklich konstant), aber wenn sich diese Andromedaner mit Hilfe von Radiosignalen verständigen, sollten sie auch mit den Begriffen vertraut sein, die in die

Definition der Naturkonstanten eingehen. Wenn sie diese Größen kennen, müssen sie, so ließe sich behaupten, viel mit uns gemeinsam haben. Oder etwa nicht?

Veränderliche Konstanten

In dieser Welt hat nur die Unbeständigkeit Bestand.
Jonathan Swift

Hier tauchen zwei Fragen auf: Würden außerirdische Wesen dieselben Naturkonstanten entdecken? Und: Sind diese sogenannten Konstanten überhaupt konstant? Die erste Frage hat sowohl einen philosophischen als auch einen soziologischen Aspekt. Wer die Naturwissenschaft realistisch sieht, schreibt dem Universum eine wahre und eindeutige Struktur zu; die Naturwissenschaftler entdecken diese Struktur, erfinden sie jedoch nicht. Es gibt die Naturkonstanten in einem vom Verstand unabhängigen Sinn. Sie sind keine Begriffe, die der Menschengeist einfach nur erschuf, um den Tatsachen einen Sinn zu geben. Aus dieser Sicht könnte man behaupten, alle naturwissenschaftlich oder technisch denkenden Zivilisationen hätten dieselbe Wirklichkeit und dieselben Grundbegriffe entdecken müssen. Sie könnten andere Symbole verwenden oder Konstanten benutzen, die der Bequemlichkeit halber etwas anders definiert wären, aber sie würden doch unsere Konstanten als grundlegend erkennen und ihre Naturkonstanten leicht in unsere übersetzen können. Auf dieser recht optimistischen Sichtweise beruhen Vorschläge, nach außerirdischem Leben zu suchen. Die Botschaften an Außerirdische, die unsere Raumsonden ins All tragen, nachdem sie ihre Aufgaben im Sonnensystem erfüllt haben und es verlassen, wie auch die Frequenzen, mit denen Radiosignale für den Fall, daß jemand sie auffängt, in den Weltraum ausgestrahlt werden, sie alle vermitteln grundlegende, durch die Konstanten der Physik bestimmte Größen. Man nimmt implizit an, daß jede hochzivilisierte Gesellschaft sie erkennen wird. Vielleicht jedoch hat diese Überlegung einen Haken. Wenn unsere Mathematik und Physik zum großen Teil erfunden wurde – um so eine viel tiefer liegende Wirklichkeit zu beschreiben –, dann können wir nicht erwarten, daß außerirdische Wesen den gleichen Weg beschritten haben. Unsere wissenschaftlichen Begriffe könnten sich als Reaktion auf die sozialen und praktischen Probleme ergeben haben, die auf dem Planeten Erde zu lösen waren. Die anscheinend grundlegenden mathematischen Begriffe, auf denen unsere Naturwissenschaft beruht, könnten auf ursprünglichere Vorstellungen zurückgehen, die unserem Geist am ehesten gemäß zu sein scheinen. Diese geistigen Eigenschaften sind jedenfalls teilweise das Ergebnis eines Entwicklungsprozesses, der durch die auf der Erde gegebene Umwelt bestimmt ist. In anderen Welten wäre die Entwicklung anders verlaufen und hätte zu anderen Ergebnissen geführt. Wir könnten dann nur auf eine grundlegende Gemeinsamkeit vertrauen: Es sollte eine enge Entsprechung zwischen dem Bild der Wirklichkeit geben, das ein evolutionär erfolgreiches Wesen hat, und der wahren Natur jener Aspekte der Realität, die für das Überleben notwendig sind. Ein ernsthaftes Mißverhältnis zwischen Vorstellung und Wirklichkeit würde hier die Wahrscheinlichkeit eines evolutionären Erfolgs mindern. Dies läßt immer noch enorm viel Raum für Abweichungen. So gibt es zum Beispiel auf unserem Planeten eine ziemlich durchsichtige Atmosphäre, die uns nachts viele Sterne sehen läßt. Auf einem dunklen und von einer dichten Wolke verhüllten Planeten eignete sich der Schall zur direkten Verständigung viel besser als das Licht. Solche Unterschiede könnten eine technisch fortgeschrittene Zivilisation dazu bringen, statt elektromagnetischer Phänomene ganz überwiegend akustische zu erforschen. All das hängt entscheidend von der Entwicklung der mathematischen Sprache ab, in der wir alle unsere Naturkonstanten herleiten. Stellt sie einen erfundenen oder einen entdeckten Teil der Welt dar? Dieses Thema ist so umfassend, daß wir es im letzten Kapitel ausführlich erörtern werden.

Unsere zweite Frage lautete: Sind die Konstanten wirklich konstant? Bis jetzt haben wir wie die meisten Physiker angenommen, Größen wie Newtons Gravitationskonstante, die Ladung eines Elektrons oder die Feinstrukturkonstante seien unveränderlich. Das ist nicht nur fromme Hoffnung, denn diese Annahme läßt sich auf mehrfache Weise überprüfen. Wenn wir entfernte astronomische Objekte wie Quasare beobachten, sehen wir sie so, wie sie vor Milliarden von Jahren waren – soviel Zeit mußte verstreichen, bevor die von ihnen ausgesandten Lichtsignale unsere irdischen Teleskope erreichen. Diese Zeitverzögerung erlaubt uns zu prüfen, ob die Konstanten, die die Eigenschaften der von der fernen Quelle ausgeschickten Strahlung beschreiben, mit den entsprechenden heute auf der Erde gemessenen Werten übereinstimmen. Falls gewisse Konstanten in der Vergangenheit einen anderen Wert hatten, würden sich Unterschiede zeigen, solange sie nicht weniger als eins zu hundert Milliarden betragen. Wir wissen auch, daß Ereignisse in den Frühstadien des Universums ganz anders verlaufen wären, wenn Größen wie die Feinstrukturkonstante oder die universelle Gravitationskonstante in der Vergangenheit von ihrem tatsächlichen Wert abgewichen wären. Insbesondere gäbe es dann nicht die schöne Übereinstimmung zwischen den beobachteten Häufigkeiten von Wasserstoff, Helium, Deuterium und Lithium im heutigen Universum und den vorhergesagten Häufigkeiten, die sich durch den Urknall im nur wenige Minuten alten Universum einstellen mußten. Die für diese Vorgänge wichtigen Naturkonstanten dürfen in der Regel nur um weniger als eins zu zehn Milliarden oder eins zu einer Billion variieren, wenn sich die beobachteten Häufigkeiten nicht wesentlich verändern sollen.

Unter gewissen Umständen ist zu erwarten, daß sich jene Größen, die wir Naturkonstanten nennen, in Raum und Zeit verändern. Wir beobachten drei Raumdimensionen; Teilchenphysiker jedoch haben entdeckt, daß die elegantesten und vollständigsten Theorien für die Elementarteilchenprozesse, insbesondere die im letzten Kapitel behandelten Stringtheorien, viel mehr als drei Raumdimensionen vorhersagen (manchmal weitere sechs, in manchen Modellen jedoch auch zweiundzwanzig). Um das mit der Beobachtung vereinbaren zu können, müssen bis auf drei alle Raumdimensionen vernachlässigbar klein bleiben. Nehmen wir an, das sei der Fall. Dann sind die wahren Konstanten der Physik jene, die die Natur des ganzen Raumes und nicht nur die unseres dreidimensionalen Teils bestimmen. Außerdem müssen sich diese Größen, die wir in unserer dreidimensionalen Teilmenge der Welt Naturkonstanten zu nennen gewohnt sind, in dem Maße ändern, wie sich jede der zusätzlichen Raumdimensionen ändert. Wenn wir also unveränderliche Konstanten beobachten, müssen sie, falls es zusätzliche Raumdimensionen gibt, unglaublich träge sein.

Diese Vorstellung zusätzlicher Raumdimensionen ist mehr als reine Spekulation, weil die Stringtheorien, von denen wir in den letzten Kapiteln sprachen, in der Tat viele zusätzliche Dimensionen haben. Die wunderbaren mathematischen Eigenschaften, die es ihnen ermöglichen, die Unendlichkeiten der Theorien der Punktteilchen auszubügeln, scheinen entweder neun oder 25 Raumdimensionen zu erfordern. Kosmologisch gesehen müssen wir uns vorstellen, daß diese Dimensionen während der frühesten Stadien des Universums, als sich Strings wie Fäden verhielten, gleichberechtigt waren. Aus einem unbekannten Grund haben sich die

Wege später gegabelt. Drei der Raumdimensionen dehnten sich zum heutigen sichtbaren Weltall mit seinem Durchmesser von jetzt fünfzehn Milliarden Lichtjahren aus, während der Rest mikroskopisch klein blieb. Wie das erreicht wurde und warum drei und nur drei Dimensionen dieser dauernden Gefangenschaft entkamen, bleibt ein Geheimnis.

Hier ergibt sich ein interessantes Grundsatzproblem. Wenn es zusätzliche Raumdimensionen gibt, sind die wahren Naturkonstanten im gesamten Bereich der Raumdimensionen definiert. Was wir in drei Dimensionen sehen, sind deshalb vielleicht nicht wirklich fundamentale Naturkonstanten. Es sind möglicherweise nicht die Konstanten, die uns die endgültige Theorie für Alles angeben würden. Dann müßten wir den gesamten Prozeß verstehen, durch den drei der Dimensionen ständig größer werden – entsprechend der beobachteten universellen Expansion –, während die anderen Dimensionen klein und statisch bleiben. Dieser Prozeß ist vielleicht nicht durch die Naturgesetze bestimmt. Er könnte auf der Ebene der Quantengravitation intrinsisch zufällige Elemente enthalten, so daß er von Ort zu Ort schwanken könnte. Unter solchen Unständen wären die Werte der Konstanten, die in den drei großen Raumdimensionen übrigbleiben, ihrem Ursprung nach zumindest teilweise zufällig.

Hinein ins Wurmwerk

> **Nichts**. *Das Nichts ist ein Ehrfurcht erregender, aber im wesentlichen unverstandener Begriff, der von Schriftstellern mit einem Hang zur Mystik oder zum Existentialismus hochgeschätzt wird, bei anderen jedoch Furcht, Übelkeit oder panische Angst auslöst.*
>
> The Encyclopaedia of Philosophy

Die heutigen Ansätze zu einer Theorie für Alles zielen alle darauf ab, Aussagen über die Naturkonstanten und ihre Werte herzuleiten – allen voran die Stringtheorie. Sie malt ein neues Bild von den elementarsten Einheiten der Natur, sie zeigt, wie wichtig mathematische Folgerichtigkeit und Widerspruchsfreiheit für Theorien der alles beherrschenden großen Symmetrie sind. Diesem Ansatz zufolge müßten sich die Werte der Naturkonstanten aus der Theorie ergeben, weil sie in raffinierter Weise in der Mathematik stecken. Leider hat man bis heute keine Möglichkeit gefunden, der Theorie diese Information zu entnehmen. Dieser Schritt könnte, wie wir sahen, nur der erste auf einem schwierigen Weg sein, weil es eine Sache ist zu entdecken, was die Theorie über Konstanten zu sagen hat, die es in neun oder 25 Raumdimensionen gibt, eine ganz andere jedoch herauszufinden, wie sich diese Information bei der Bestimmung der Werte der Konstanten in unserer dreidimensionalen Welt nutzen läßt. Weiter dürfen wir nicht vergessen, daß eine Fundamentalkonstante, die sich aus einer Theorie für Alles ergibt, nicht unbedingt eine der Größen sein muß, die wir gewöhnlich als Naturkonstanten charakterisieren. Wir leben ja in einer Welt relativ niedriger Temperaturen, wie sie für die Evolution und das Überleben von Lebewesen nötig sind; unsere Weise, die Physik zu verstehen, hat deshalb mit den wirklichen Naturkonstanten vielleicht gar nicht viel zu tun. Die moderne Physik jedoch führt zu immer höheren Energien und zu Weltmodellen, die jenseits unserer Erfahrung und Intuition liegen und sich einer Erklärung im Hinblick auf unsere letzten Fragen weitgehend entziehen. In der Stringtheorie ist die grundlegendste Größe anscheinend die Stringspannung und nicht eine der üblichen Naturkonstanten. Zunächst könnte man denken, das sei lediglich ein etwas unglücklicher Umstand. Nehmen wir an, wir könnten klären, durch welchen Prozeß sich viele Dimensionen in drei Raumdimensionen aufspalten, die sich dann ausdehnen und groß werden, und in einen Rest, der klein bleibt, und wir könnten die numerischen Werte der zugrundeliegenden Konstanten der Theorie für Alles berechnen, wäre damit nicht das Problem gelöst? Zur Beantwortung dieser Frage müssen wir einen Unterschied zwischen den Naturkonstanten machen. Wohl möchten wir sie gern alle gleich behandeln, aber doch gibt es einige, die grundlegender sind als andere. Die grundlegendsten würden wir gern völlig durch eine innere Logik der Theorie für Alles bestimmt sehen; zu anderen jedoch scheinen Vorgänge beizutragen, die sich im Weltall abspielen und die ihre Werte auf unvorhersehbare Weise beeinflussen. Möglicherweise läßt uns die Theorie für Alles bei der Vorhersage der beobachteten Naturkonstanten im Stich.

Trotzdem wäre man froh, wenn eine mögliche Theorie für Alles auch nur eine einzige Naturkonstante richtig vorhersagen könnte. Bis vor kurzem hoffte man, die Stringtheorie könnte schließlich den Vergleich dieser Vorhersage mit der Beobachtung ermöglichen. In den letzten Jahren wurde jedoch eine andere Theorie für (fast) Alles entwickelt, die in Frage stellte, ob es wirklich fundamentale Naturkonstanten gibt, die, unbeeinflußt von allen Vorgängen in Raum und Zeit, immer gleichbleiben. Dieser Theorie wenden wir uns jetzt zu.

Es gibt einen Typ von Konstanten, der sich etwas leichter erklären läßt als alle anderen – eine Konstante vom Wert Null. Als Einstein 1916 seine neue Gravitationstheorie zuerst auf das Weltall anwandte, war er stark von der traditionellen Vorstellung beeinflußt, nach der es einen statischen absoluten Raum gibt, in dem sich alle beobachteten Bewegungen abspielen. Die Vorstellung eines expandierenden Universums kam ihm sonderbar und völlig unannehmbar vor. Eine solche Expansion folgte jedoch unmittelbar aus seiner Theorie; Einstein fragte sich deshalb, welche Abänderung der Theorie die Existenz von expandierenden (oder auch kontrahierenden) Welten ausschließen würde. Ihm war klar, daß sich das erreichen ließ, wenn er eine neue Naturkonstante in seine Theorie einführte, die durch ihre mathematische Entwicklung nicht ausgeschlossen, aber auch nicht gefordert wurde. Diese sogenannte *kosmologische Konstante* sollte wie die Schwerkraft eine große Reichweite haben und ihr entgegenwirken. Die beiden Kräfte könnten dann in einem Gleichgewicht sein, das zu einem unveränderlichen statischen Universum führt; das jedoch war bei Auslassung der kosmologischen Konstante unmöglich. Man hat später gezeigt, daß ein solches statisches Universum zwar theoretisch möglich ist, praktisch jedoch keinen Bestand haben kann, weil das Gleichgewicht zwischen dem Sog der Schwerkraft und dem Gegendruck der kosmologischen Konstanten instabil ist. Wie wenn man einen Bleistift auf seiner Spitze balanciert, bewirkt das leiseste Zittern eine einseitige Veränderung in die eine oder andere Richtung. Wenn Einsteins statisches Universum nicht vollkommen im Gleichgewicht wäre (und das könnte es in der wirklichen Welt niemals sein, weil wir wissen, daß in ihm Schwankungen und Ungleichförmigkeiten wie wir selbst vorkommen), dann würde es beginnen, sich bald entweder zusammenzuziehen oder sich auszudehnen. Sobald das klar wurde, wandte sich das Interesse der Untersuchung eines expandierenden Universums zu; es wurde 1929 durch Hubbles große Entdeckung der universellen Expansion aufs neue angefacht.

Einsteins statisches Modell war damit passé. Sein Erfinder bereute später, zur Rettung des statischen Universums die kosmologische Konstante eingeführt zu haben, und sprach von der «größten Eselei» seines

Lebens; er hatte nämlich damit die Gelegenheit verpaßt, die größte wissenschaftliche Vorhersage aller Zeiten zu machen, nämlich die der Expansion des Universums. Aber die kosmologische Konstante weigerte sich, die Bühne zu verlassen. Wohl ließ sich sagen, sie werde nicht länger benötigt, aber es fand sich kein guter Grund, warum sie aus den Einsteinschen Gleichungen ausgeschlossen werden sollte. Viele sahen in ihr lediglich eine Zutat zu Einsteins neuer Gravitationstheorie, die weggelassen werden könnte, weil sie in Newtons klassischer Theorie der Schwerkraft kein Gegenstück hat. Einsteins Theorie ohne kosmologische Konstante reduziert sich ja dann, wenn die Gravitationsfelder sehr schwach sind und alle Bewegung mit viel weniger als Lichtgeschwindigkeit erfolgt, auf die Newtonsche Gravitationstheorie. Mit der kosmologischen Konstanten jedoch ergibt sich statt des berühmten Newtonschen Gravitationsgesetzes für die Anziehungskraft zwischen zwei Massen im Abstand d

$$\text{Kraft} \sim 1/d^2 \qquad (*)$$

eine modifizierte Form

$$\text{Kraft} \sim 1/d^2 + \Lambda d, \qquad (**)$$

wobei Λ die kosmologische Konstante ist.

Merkwürdigerweise hätte Newton vor dreihundert Jahren auch dieses Kraftgesetz erhalten können. Eines der Probleme, die ihn sehr beschäftigten und die Veröffentlichung seines *magnum opus*, der *Principia*, um viele Jahre verzögerten, war die für ihn selbstverständliche Annahme, daß die von einer kugelförmigen Masse ausgeübte Gravitationsanziehung der Anziehungskraft einer gleich großen «Punktmasse» der Ausdehnung null im Mittelpunkt der Kugel gliche. Schließlich behauptete Newton, diese Annahme gelte für das $1/d^2$-Kraftgesetz (*), also sein Gravitationsgesetz, nicht aber für andere hypothetische Kraftgesetze, die inverse dritte oder vierte Potenzen des Abstands enthalten.

Hätte Newton jedoch wie später der französische Mathematiker Simon de Laplace die Frage gestellt: «Was ist das allgemeine Kraftgesetz, für das die von einer Kugel ausgeübte Kraft gleich der Kraft ist, die ein Punkt mit gleicher Masse ausübt?», hätte er das Gesetz (**) erhalten. Wäre also diese Eigenschaft als Grundprinzip der Newtonschen Gravitationstheorie formuliert worden, wäre die kosmologische Konstante genau wie bei der Begründung der Allgemeinen Relativitätstheorie durch Einstein zulässig, aber nicht notwendig gewesen.

Wie steht es heute mit der kosmologischen Konstanten? Wir wissen aus der Wirkung, die sie auf die Ausdehnungsgeschwindigkeit ferner Galaxien haben würde, daß ihr numerischer Wert winzig sein müßte, kleiner als 10^{-55} pro cm^2. Solche Einheiten sind nicht sehr anschaulich. Besser stellt man sie sich im Vergleich mit der Grundeinheit der Länge in der Welt der Elementarteilchen und der Gravitation vor. Diese «Plancklänge» ist die einzige Größe mit der Dimension einer Länge, die sich aus den drei grundlegendsten Naturkonstanten aufbauen läßt, nämlich der Lichtgeschwindigkeit *c*, der Planckschen Konstante *h* und Newtons Gravitationskonstante *G*, und als

$$l_p = (Gh/c^3)^{1/2} = 4 \cdot 10^{-33}\ \text{cm}$$

definiert ist. Diese winzige Größe enthält die Eigenschaften einer Welt, die sowohl relativistisch (*c*), quantenmechanisch (*h*) und gravitativ (*G*) ist. Sie ist eine Längeneinheit, die sich auf kein vom Menschen erzeugtes Kunstprodukt und auch nicht auf die chemischen oder Kernkräfte der Natur bezieht. In dieser Längeneinheit beträgt die Größe des sichtbaren Universums heute etwa 10^{60} Plancklängen, die kosmologische Konstante jedoch weniger als 10^{-118}, wenn sie nicht in Zentimetern, sondern in Plancklängen angegeben wird. In der ganzen Geschichte der Naturwissenschaften hat man noch nie eine so kleine Größe betrachtet. Wenn die Beobachtung zeigt, daß eine Größe so nahe an null liegt, ist in aller Regel davon auszugehen, daß sie tatsächlich null ist. Und genau das glauben auch viele Kosmologen. Aber worauf können sie sich stützen?

Viele Jahre lang haben Kosmologen mit wenig Erfolg nach einem Grundprinzip gesucht, das enthüllen könnte, warum die kosmologische Konstante Null sein müsse. Auch die Elementarteilchenphysiker haben danach gesucht; sie haben das Problem jedoch keineswegs gelöst, sondern nur noch verschärft. Nehmen wir an, das Universum sei beim Urknall aufgrund eines solchen Prinzips mit einem Nullwert der kosmologischen Konstanten auf seinen Weg geschickt worden; für dieses Szenario konnten die Forscher zeigen, daß durch komplizierte Elementarteilchenprozesse Bedingungen entstanden wären, die auf eine um vieles zu hohe kosmologische Konstante führen – der Wert weicht um Milliarden und Abermilliarden von dem ab, was die Beobachtung zeigt, ist also völlig unannehmbar.

Hier scheint entweder ein Prinzip des «Ein für allemal» am Werk zu sein, das die kosmologische Konstante von Anfang an als klein definiert und sicherstellt, daß sie klein bleibt, oder es gibt ein Prinzip, durch das die kosmologische Konstante verschwindend klein wird, sobald sich das Universum zu einer Größe ausgedehnt hat, die mit seinem heutigen Ausmaß von fünfzehn Milliarden Lichtjahren vergleichbar ist. Neuere Forschungen haben im Rahmen einer Quantentheorie für das Universum faszinierende Möglichkeiten eröffnet, die wir in einem früheren Kapitel im Zusammenhang mit den Anfangsbedingungen schon erwähnten. Wenn das Verfahren zur Berechnung der Wellenfunktion des Universums auf eine spekulative neue Möglichkeit ausgeweitet wird, kann es, so fand man, sowohl zum Verständnis der kosmologischen Konstanten als auch des Ursprungs aller anderen Naturkonstanten ganz Entscheidendes beitragen.

Die Bahnen von Teilchen oder Wellen, die sich an ein Bewegungsgesetz halten, lassen sich auch aufgrund eines anderen, eleganteren Prinzips bestimmen, das 1748 von dem französischen Wissenschaftler Moreau de Maupertuis entdeckt wurde. Betrachten wir, ohne daß irgendein «Gesetz» die Bewegung einschränkt, alle möglichen Bahnen, die ein Körper wählen kann, der sich zwischen zwei Punkten *A* und *B* bewegt. Maupertuis zeigte, daß es eine Größe, die sogenannte Wirkung, gibt, die entlang der von Newtons Bewegungsgesetzen vorgeschriebenen Bahn am kleinsten ist. Mit Hilfe dieses Prinzips der kleinsten Wirkung lassen sich deswegen Bewegungsgesetze aufstellen. Das gilt nicht nur für Newtons Bewegungsgesetze. Wirkungen lassen sich nach einer allgemeinen Vorschrift erzeugen und zur Herleitung aller Bewegungsgesetze benutzen, die sich unter dem Einfluß von Naturkräften ergeben.*

Bei einer solchen Formulierung der Quantenmechanik betrachtet man ein System (in diesem Fall das Universum), in dem vom Anfangszustand bis in die Zukunft alle Entwicklungen möglich sind. Sie werden auf ganz bestimmte Weise gewichtet, und damit wird jedem Weg eine *Wahrscheinlichkeit* zugeschrieben. Diese Darstellung ist uns schon aus Kapitel 3, in dem wir die Anfangsbedingungen und die Wellenfunktion des Universums untersuchten, bekannt. Der amerikanische Physiker Sidney Coleman hat nun behauptet, die Klasse der Pfade, die zu diesem Bündel möglicher Entwicklungswege des Universums gehören, müsse auch eine recht ungewöhnliche Klasse umfassen, die Lesern von Science-fiction

* Im neunzehnten Jahrhundert war Helmholtz so beeindruckt von der Macht des Prinzips der kleinsten Wirkung, aus dem sich so viele Naturgesetze herleiten lassen, daß er meinte, mit seiner Hilfe ließe sich eine einheitliche Naturbeschreibung gewinnen. Er suchte im Grunde nach der kleinstmöglichen Gesamtwirkung, aus der sich alle Naturgesetze ergeben.

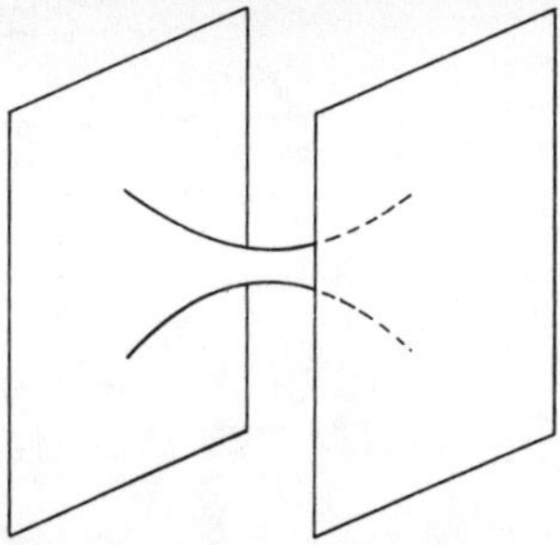

5.2 Ein Wurmloch, das zwei flache Bereiche der Raumzeit verbindet, die nicht durch die Masse verzerrt sind.

vermutlich vertrauter sind als Physikern, solche Pfade nämlich, zu denen «Raumzeit-Wurmlöcher» gehören.

Solche Wurmlöcher sind Röhren, die sonst voneinander getrennte Teile von Raum und Zeit verbinden. Abbildung 5.2 veranschaulicht eine solche Struktur. Sie stellt eine neue Art nicht-lokalen Zusammenhangs in Raum und Zeit dar, die unvorhersagbare Folgen haben könnte. Wenn Teilchen lokal aus einem Wurmloch herauskommen, sieht das für einen Beobachter aus, als ob gewisse Erhaltungsgesetze der Physik verletzt würden. Masse und Energie tauchen anscheinend aus dem Nichts heraus auf. Elektrische Ladung tritt auf und verschwindet. Wir brauchen wenig Angst zu haben, in einen dieser Abgründe zu geraten, weil ihre Größe in der Nähe der weiter oben eingeführten Plancklänge liegt. Die Schläuche sind winzig; das Ganze erinnert an das ungewöhnliche Auftreten oder Verschwinden eines punkt- oder fadenförmigen Elementarteilchens in einem Experiment der Teilchenphysik. Die Erhaltungsgesetze scheinen an diesen Stellen verletzt zu werden, obwohl sie in der Wirklichkeit, die alle miteinander verbundenen Welten enthält, gelten könnten.

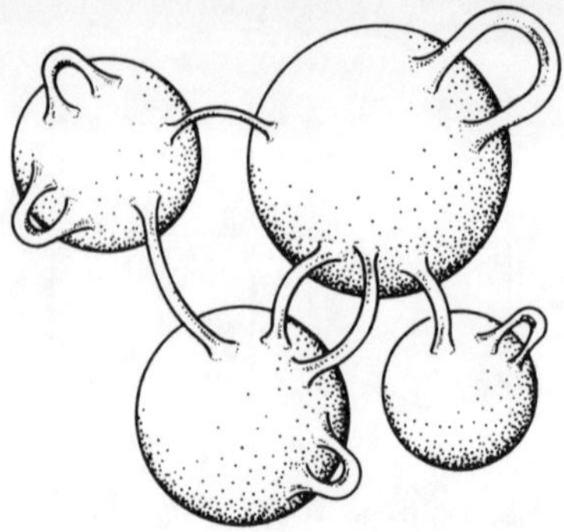

5.3 Wurmlöcher, die «Welten» mit Hilfe von «Henkeln» mit sich selbst und mit anderen Welten verbinden.

Wenn wir uns eine von Wurmlöchern durchsetzte Raumzeit vorstellen, können wir uns als die allgemeinste Struktur unseres Universums in seinen frühesten Stadien ein kompliziertes Gebilde mit vielen Henkeln und Verzweigungen ausmalen. Einige dieser Ausläufer könnten sich zur Mutterwelt zurückbiegen, während andere ihr Ende in kleineren «Tochterwelten» oder auch in Bereichen finden, die so groß sind wie unser Universum. Unser Mutter-Universum*, andere Mutterwelten und die Tochterwelten können alle durch die Wurmlöcher miteinander wechselwirken. Abbildung 5.3 zeigt einige dieser Möglichkeiten.

Damit wagen wir einen großen Sprung in unserer Vorstellung von der globalen Struktur der Raumzeit. Wir stellen sie uns nicht mehr einfach als zusammenhängende Kugeloberfläche vor, sondern sehen sie als eine Fläche mit vielen Windungen und Verzweigungen, die sie mit anderen lang- und kurzlebigen eigenen Miniwelten verbinden. Wir kennen kein Grundprinzip, nach dem das Universum in der Größenordnung der Plancklänge nicht so sein sollte. In der Tat scheint etwas von dieser Unsicherheit in der Struktur von Raum und Zeit unvermeidbar zu sein, wenn die Unbestimmtheit der Quantentheorie mit dem dynamischen Raum

---

* Wir gönnen uns einen Mißbrauch der Sprache, um nicht zu viele Ausdrücke einführen zu müssen. Das Universum sei die Summe aller seiner Teile, und wir nennen unseren Teil des Ganzen eine Mutterwelt. Kleinere Auswüchse, die durch Wurmlöcher mit der Mutterwelt verbunden sind, nennen wir Tochterwelten.

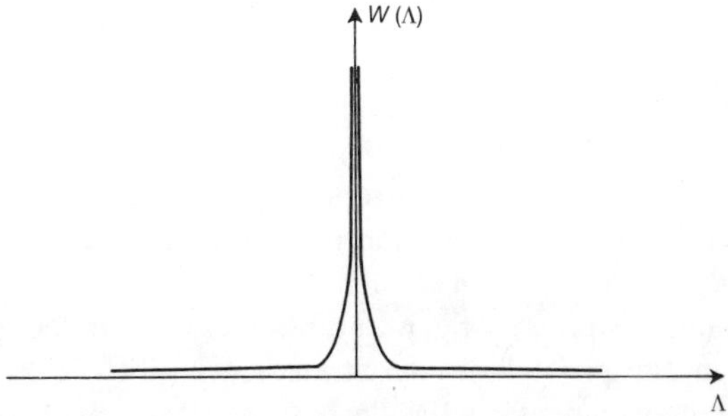

5.4 Die Wahrscheinlichkeit, daß die kosmologische Konstante einen bestimmten Wert Λ hat, der ein Ergebnis der Wechselwirkungen mit benachbarten Tochterwelten ist, hat in der Nähe von Null ein deutliches Maximum.

und der Zeit der Allgemeinen Relativitätstheorie verknüpft wird. Eigentlich jedoch wird der Gedanke verfolgt, weil er zu einem bemerkenswerten Ergebnis führt.

Wenn die Menge der Pfade vom Anfangszustand des Universums zu einem zukünftigen Zustand, aus dem der optimale Pfad auszuwählen ist, auch die möglichen Wurmlöcher berücksichtigt, passieren anscheinend zwei bemerkenswerte Dinge. Wurmlöcher können erstens in einem großen Universum zur Unterdrückung der kosmologischen Konstanten beitragen. Genauer kommt es dann, wenn man zu Beginn eine kosmologische Konstante annimmt, durch die Wurmlöcher zu Wechselwirkungen, die der ursprünglichen kosmologischen Konstanten fast genau entgegengerichtet sind. Im Gesamtergebnis hat sie also mit sehr, sehr hoher Wahrscheinlichkeit den Wert Null. In einem so großen Universum wie dem unseren bleibt für die kosmologische Konstante ein Restwert, der, wie Abbildung 5.4 zeigt, bei Null eine sehr deutliche Spitze hat.

Die Antwort wird als eine Wahrscheinlichkeit und nicht als sichere Aussage angegeben, weil die Quantenaspekte der Wirklichkeit an sich Wahrscheinlichkeitscharakter haben. Diese Wahrscheinlichkeit besagt im wesentlichen, daß sich ein Wert ergibt, der sehr nahe an Null liegt. Wenn wir in einem «wahrscheinlichen» Universum leben, würden wir erwarten, einen Wert der kosmologischen Konstanten zu finden, der sich nicht von Null unterscheiden läßt. Ob wir wirklich in einem «typischen» Universum leben, werden wir weiter unten untersuchen; das hängt nämlich stärker von der zweiten Folgerung ab, die wir in unserem Bild der Raumzeit aus der Berücksichtigung der Wurmlöcher ziehen können.

Erstaunlicherweise, so hat man bemerkt, bleiben die physikalischen Gesetze unserer Mutterwelt bei vielen einfachen Wurmlochkopplungen unverändert, die Werte der Naturkonstanten jedoch verschieben sich gegenüber jenen ohne Wurmlöcher. Das wirft ein neues Licht auf das, was Theorien für Alles leisten können.

Selbst dann, so werden wir gewarnt, wenn es eine eindeutige Theorie für Alles zum Beispiel in Form der Stringtheorie gibt, die die Werte der Naturkonstanten eindeutig und völlig bestimmt, müssen die Anfangsbedingungen des Universums genau festgelegt sein. Diese allerersten Werte werden dann aufgrund der Wirkungen von Wurmlöchern, die unsere Mutterwelt mit anderen Tochterwelten verknüpfen oder zu fernen Bereichen unserer eigenen Brücken schlagen, zufällig gestört. Jede Mutterwelt und jede Tochterwelt hat dann eine Reihe von ihr eigenen Konstanten, die durch die fast zufälligen Wirkungen der vielfachen Wurmlochverbindungen bestimmt sind.

Die Werte, die sich in unserer Mutterwelt ergeben, brauchen für uns nicht vorhersagbar zu sein, weil wir nicht wissen können, wie alle diese Wurmlochverbindungen in der Größenordnung der Plancklänge im einzelnen aussehen, dort also, wo die Struktur von Raum und Zeit einem brodelnden Schaum der Unschärfe ähnelt. Ein für die Bestimmung der beobachteten Struktur unseres Universums wesentlicher Faktor ging in den Wurmlöchern von Raum und Zeit für immer verloren. Wir können nur hoffen, andere Fälle zu finden, in denen wie bei der kosmologischen Konstanten die Wurmlöcher zwar den Anfangswert verändern und der Endwert nur mehr vom Zufall bestimmt ist, die resultierende Wahrscheinlichkeit aber eine deutliche Häufung um einen festen Wert (in diesem Fall null) aufweist; wenn wir wirklich eine der wahrscheinlichsten Welten bewohnen, die sich aus der Quantenzeit ergeben können, führen die zufälligen Störungen zu keiner ernst zu nehmenden Unbestimmtheit.

Was sollen wir von diesen aufregenden Entwicklungen halten, die in den letzten Jahren die Seiten der physikalischen Fachzeitschriften füllten? Sie sind höchst spekulativ und können natürlich auch in den technischen Einzelheiten oder im Ansatz falsch sein. Sie beruhen auf dem Euklidischen Bild vom Verhalten der Zeit und setzen die Gültigkeit der

«Grenzbedingungslosigkeit» voraus, die wir in unserer Behandlung der Anfangsbedingungen in Kapitel 3 umrissen haben.*

Wählte man einen anderen anfänglichen Quantenzustand des Universums, könnte man zwar eine Vorhersage für den erwarteten Wert der kosmologischen Konstanten erhalten, der bei einem nicht verschwindenden Wert liegt, und es gäbe immer noch eine Reihe von Möglichkeiten, die nahe bei Null liegen. Natürlich mag die Einbeziehung von Wurmlöchern als ein allzu radikaler Schritt erscheinen, den man bei der Erweiterung unseres Bildes von Raum und Zeit nicht machen sollte, aber es ist auch möglich, daß dieser Schritt noch nicht radikal genug ist. Es lassen sich viele weitere seltsame, bis jetzt noch unbekannte Möglichkeiten denken, die stärker sind als die Wirkungen der Wurmlöcher und zu ... wer weiß was? ... führen.

Bis jetzt sind die Berechnungen über die Wirkungen der Wurmlöcher nur unter einer Reihe vereinfachender Annahmen durchgeführt worden, die eine mathematische Behandlung ermöglichten. Eine davon ist eine Näherung, die man als Analogie zu der Näherung bei verdünnten Gasen auffassen könnte. Diese Approximation wendet man bei physikalischen Systemen wie Gasen an, wo gelegentlich viele Körper gleichzeitig miteinander wechselwirken. In einem «verdünnten» Gas wirkt sich jede Wechselwirkung im wesentlichen nur beim Zusammenstoß zweier Moleküle aus. Das vereinfacht die Untersuchung der Gase wesentlich. In manchen sogenannten «kritischen» Situationen, wenn ein Gas zum Beispiel seinen Zustand ändert und etwa zu einer Flüssigkeit wird, gilt das nicht; dann sind viele Gasmoleküle gleichzeitig beteiligt, und die Wirkung ist innerhalb des Systems weithin spürbar. Dieser sehr komplizierte Zustand ist schwierig zu untersuchen. Die von einem der Gasmoleküle vor dem nächsten Zusammenstoß zurückgelegte Strecke ist kürzer als der mittlere Abstand der Moleküle in dem Gas. Wenn das Gas «verdünnt» ist, legt ein Molekül viele Molekülabstände zurück, bevor es wieder zu einer Wechselwirkung kommt. In einem dünnen Gas ist es wie

---

* Wenn die Struktur des Raums sich von der der Zeit des Weltalls unterschiede, wären Wurmlochverzweigungen verboten, falls die Zukunft eindeutig und völlig durch die Anfangsbedingungen bestimmt sein soll. Die Topologie des Weltalls kann sich nicht plötzlich ändern. Wenn aber die Zeit zu einer anderen Raumdimension wird, gelten diese Einschränkungen nicht länger; die Topologie des Raums kann ausgefallener und veränderlicher sein. Übrigens ermöglichen die Wurmlöcher dieser imaginären raumartigen Zeitdimension keine billigen Raumreisen; wir können die scheinbar von ihnen gebotenen Abkürzungen nicht nutzen.

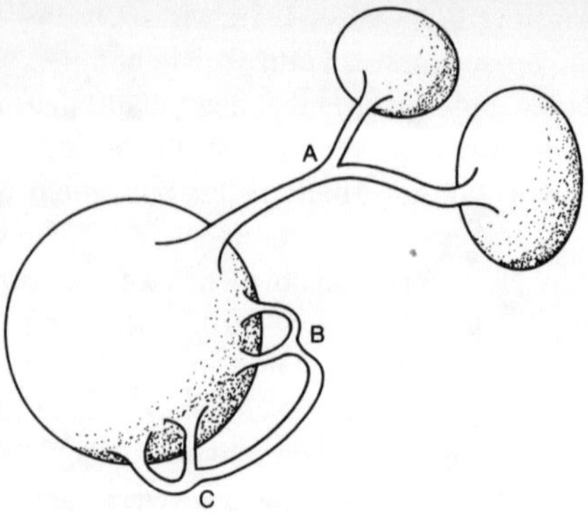

5.5 Einige denkbare Wechselwirkungen mit Wurmlöchern und Tochterwelten, die die einem verdünnten Gas entsprechende Näherung nicht zuläßt; sie ist notwendig, um die Berechnungen der durch die Wurmlöcher eingeführten Naturkonstanten der Untersuchung zugänglich zu machen. Bei A, B und C sehen wir, wie sich Wurmlöcher trennen, während sie bei B und D keine großen flachen Bereiche verbinden. Im Gegensatz dazu sind die in Abbildung 5.2 und 5.3 gezeigten Möglichkeiten völlig in Übereinstimmung mit der Näherung.

in einem dünn besiedelten Dorf, wo man beim Spaziergang gelegentlich stehenbleibt, um jemanden zu begrüßen; in einem unverdünnten Gas geht es zu wie zur Stoßzeit in der Untergrundbahn (fortwährend gibt es unvermeidliche und sehr starke Wechselwirkungen). Auf die Wurmlöcher bezogen bedeutet das analog, daß die Wurmlöcher weit voneinander entfernt sind, die Wirkung eines Wurmlochs auf seine Mutterwelt also unabhängig von den Auswirkungen der anderen ist. Darüber hinaus nimmt man an, daß Wurmlöcher nur Mutterwelten mit Tochterwelten oder mit sich selbst verbinden könnten. Es gibt in dieser Näherung keine Wurmlöcher, die verschiedene Tochterwelten miteinander verbinden, noch ist es Wurmlöchern erlaubt, sich in zwei oder mehr Wurmlöcher aufzuspalten, wie es Abbildung 5.5 zeigt.

Diese Näherung zeigt, daß die Situation in einem Universum, das so mit Kinderwelten und sich selbst verbunden ist, auf Dauer wie eine Ansammlung verschiedener Welten mit jeweils anderen Naturkonstanten aussieht (siehe Abbildung 5.6). Obwohl diese Näherung völlig vernünftig ist – man nimmt zunächst das leichteste Problem in Angriff – ist es unrealistisch, sie für die ersten Augenblicke nach dem Beginn der Welt

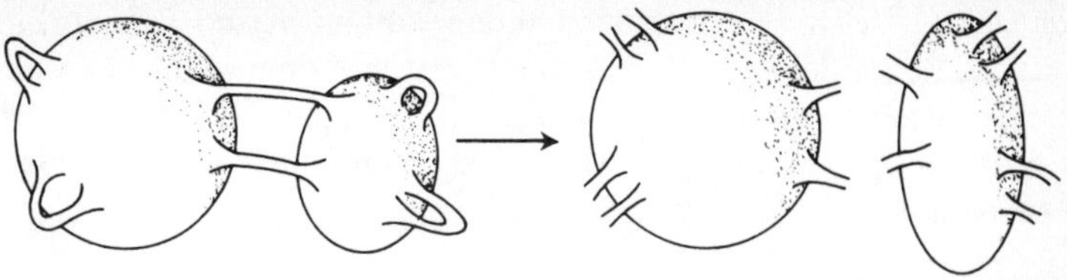

5.6 In der einem verdünnten Gas entsprechenden Näherung lassen sich die Auswirkungen der Wurmlochverbindungen als Summe der einzelnen Wirkungen aller zusammenhängenden Teile darstellen, die nach der Trennung aller Wurmlochverbindungen übrig bleiben.

vorauszusetzen. In diesem Zustand würden wir Wechselwirkungen erwarten, die so kompliziert und allgemein wie möglich sind. Man könnte genauso für die Annahme argumentieren, die Näherung gelte *nicht*, genau wie die Näherung bei verdünnten Gasen für die Materie im Universum in den ersten Augenblicken nicht gilt. Angesichts des Einfallsreichtums der mathematischen Physiker jedoch und ihrer Erfahrung im Umgang mit anderen nicht verdünnten Gasen gibt es guten Grund zu der Annahme, daß schließlich ein Verfahren gefunden wird, das uns von einigen, wenn auch nicht allen Einschränkungen der Näherung befreit. Aber auch in diesem Fall wird das Ergebnis aufgrund der Veränderung der Naturkonstanten wahrscheinlich keine so klare Sache sein: Es wird auf irgendeine Weise von der anfänglichen Wurmlochkonfiguration abhängen. Sehr wahrscheinlich lassen sich daraus keine einfachen Vorhersagen ableiten, wohl aber könnte das zur Vereinheitlichung der zuvor getrennten Begriffe der Naturkonstanten und Anfangsbedingungen führen. Im Zusammenhang mit der Bedingung der Randfreiheit für die Wellenfunktion des Universums wären dann Gesetze, Anfangsbedingungen und Konstanten gleichzusetzen. Es läßt sich jedoch noch eine weitere Spekulation anstellen. Unsere Erfahrung in anderen Bereichen der Physik lehrt uns, daß es dünne Gase gibt, die einfach sind, aber auch Festkörper und Flüssigkeiten und große komplexe, selbstorganisierte Strukturen, in denen das Gas auch nicht näherungsweise verdünnt ist. Könnte das nicht auch für Welten zutreffen? Vielleicht gibt es komplexe Aggregate stark gekoppelter Welten, die den «universalen Flüssigkeiten» oder «universalen Festkörpern» mit ihren exotischen weitreichenden Ordnungseffekten entsprechen, die nicht die unmittelbare Folge von physikalischen Gesetzen oder Anfangszuständen sind, sondern eine kritische Ebene der Komplexität manifestieren. Könnte dann nicht auch die Raumzeitstruktur in ihrer möglichen Komplexität bodenlos sein und die entsprechenden Werte der Naturkonstanten in Ungewißheit verbergen?

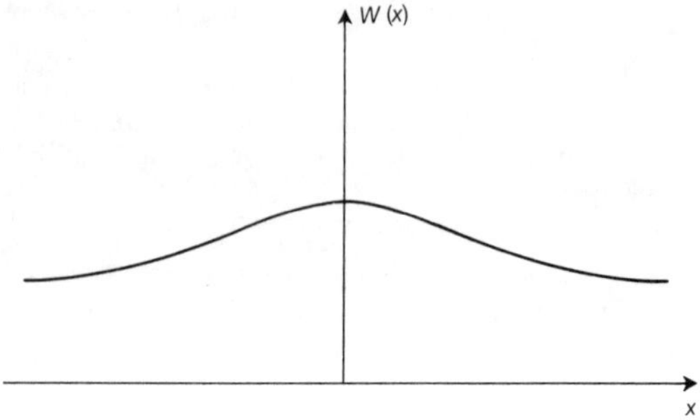

5.7 Eine Wahrscheinlichkeitsverteilung, in der die Wahrscheinlichkeit bei keinem Wert besonders hoch ist. Falls Wurmlochwechselwirkungen vorhersagen würden, daß die Wahrscheinlichkeit einer Naturkonstanten x in unserem sichtbaren Weltall so verteilt ist, wüßten wir nicht, ob wir den wahrscheinlichsten Wert (in diesem Fall Null) als den tatsächlichen Wert nehmen sollten. Wenn ein Bereich möglicher x-Werte zu Welten führte, die sich weder entwickeln noch intelligente Wesen hervorbringen, könnten sie auch nicht beobachtet werden. Wir sollten die Beobachtung mit der Wahrscheinlichkeit dafür vergleichen, daß die Konstante den Wert x annimmt, bei dem die Entwicklung von Leben möglich ist – wobei die x-Werte ohne diese einschränkende Bedingung ganz anders aussehen könnten.

Wir müssen noch einen letzten schwierigen Gedanken erwägen und fragen, wie sich die schließlich aus dieser Näherung für die Struktur des beobachteten Universums folgenden gesicherten Ergebnisse anwenden lassen. Diese Forschungen basieren darauf, daß wir in einem «wahrscheinlichen» Weltall leben. Wenn uns also die Quantenkosmologie sagt, aus der Wurmlochwechselwirkung folge für eine Naturkonstante mit bestimmter Wahrscheinlichkeit ein bestimmter Wert, sollten wir den wahrscheinlichsten Wert mit der Beobachtung vergleichen. Im Fall der kosmologischen Konstante ist der wahrscheinliche Wert überwältigend viel wahrscheinlicher als alle Alternativen; wir sind deshalb ganz zufrieden, wenn wir unser Universum als eine jener Welten sehen, in der der Wert der kosmologischen Konstante verschwindend klein ist. Wie aber, wenn eine andere Konstante, etwa die Newtonsche Gravitationskonstante, eine Wahrscheinlichkeitsverteilung hätte, die sich, wie in Abbildung 5.7, über alle möglichen Zahlenwerte erstreckte. Was würden wir daraus schließen? Dann müßten wir unbedingt neu darüber nachdenken, ob wir wirklich Grund zu der Annahme haben, daß unser Universum in Hinblick auf die Werte seiner Naturkonstanten «höchst wahrscheinlich» sei. Unsere eigene Existenz und die eines jeden vorstellbaren Beobachters wird ja, wie wir schon sahen, nur durch die Tatsache ermöglicht, daß die Werte vieler dieser Konstanten sehr nahe an den beobachteten liegen. Wären sie nur etwas anders, gäbe es keine Beobachter. Die beobachteten Werte der Naturkonstanten müssen also nicht mit den wahrscheinlichsten Werten verglichen werden, die sich aus den Wechselwirkungen der Wurmlöcher ergeben, sondern mit den *wahrscheinlichsten Werten, die dadurch bedingt sind, daß sie die zukünftige Entwicklung von Beobachtern zulassen*. Diese Werte wiederum könnten sehr wohl von den Werten abweichen, die dann am wahrscheinlichsten sind, wenn keine solche Bedingung vorliegt. Die Tatsache unserer eigenen Existenz ist in einer mit Wurmlöchern durchsetzten Raumzeit ein wichtiger Faktor bei der Deutung und Bewertung der Vorhersagen der Werte der Naturkonstanten; diese Naturkonstanten hängen von kosmologischen und biochemischen Bedingungen ab, die für unsere eigene Existenz und die anderer Beobachter nötig sind. Wir müssen, auch wenn das Aufdröseln aller Möglichkeiten ein Problem darstellt, all jene Naturkonstanten kennen, deren Werte notwendige Bedingungen für die Existenz von Beobachtern darstellen. Das bringt uns in ein schlimmes Dilemma, denn viele (wenn nicht alle) dieser Konstanten hängen in einer Theorie für Alles miteinander zusammen. Wir müssen diese Theorie vollständig kennen, bevor wir abschätzen können, wie wahrscheinlich die Entwicklung komplexer Beobachter in ihr ist. Die Vorhersagen jeder Theorie für Alles könnten deshalb selbst mindestens zwei Schritte von einer Erklärung des sichtbaren Universums entfernt sein. Ihre logische Eindeutigkeit findet sich sowohl durch die unvorhersehbaren Wurmlochstörungen erschüttert als auch durch die Bedingungen gefiltert, die schließlich die Entwicklung komplexer biochemischer Organismen erlauben. Die Bestimmung der Naturkonstanten stellt heute für eine Theorie für Alles anscheinend eine viel größere Herausforderung dar als zu Beginn der Suche nach solchen Theorien.

6. Symmetriebrechungen

Aus diesen Trümmern? Menschenskind,
Du kannst es weder sagen noch vermuten, denn du kennst nur
Einen Haufen zerbrochener Bilder.

T. S. Eliot

Die unendliche Geschichte

Die Suche nach einer Theorie für Alles ist die Suche nach einer universalen Trivialisierung – einem universalen «Nichts als».

Jean-Carlo Rota

Trotz der beliebten Vorstellung, die Arbeit eines Wissenschaftlers bestünde im Entdecken – im Erfinden neuer Ideen und im Aufdecken neuer Tatsachen – widmen sich viele der von Wissenschaftlern veröffentlichten Bücher und Artikel einem dritten Ziel: schon gedachte Gedanken in einfachere, leichter einsehbare Formen zu bringen und das Komplexe ins Einfache aufzulösen.

Eine neu entdeckte Grundidee wird oft umständlich formuliert, denn die Sprache, in der sie ausgedrückt wird, ist für ein ganz anderes Gedankengebäude geschaffen. Im Lauf der Zeit beschäftigen sich dann andere Menschen mit der Entdeckung und finden Darstellungen, die eine Beziehung zu schon bestehenden Vorstellungen herstellen. Dabei kann es sich um eine logische Fortführung bekannter Konzepte handeln, aber es können auch völlig gegensätzliche Ideen aufeinanderprallen, so daß man zwischen zwei konkurrierenden Alternativen wählen muß. Diese Destillation aus bestehendem Wissen, der Versuch, es klarer und einfacher zu machen, das Edelmetall der tiefen Wahrheit vom oberflächlichen Talmi zu trennen, macht immer einen wichtigen Teil der Wissenschaft aus.

Einige Wissenschaftler beherrschen diese Aufgabe besonders gut; sie verbringen oft einen größeren Teil ihrer Zeit damit, diese Ziele zu verfolgen als damit, ins Neuland der Entdeckungen vorzustoßen.

Wir sind in vieler Hinsicht Zeugen der Folgen dieser Entwicklung. Sie hat die Geschichte der Naturwissenschaften beeinflußt und den Fortschritt in künstliche Bahnen gelenkt, die von einer vermeintlich unwissenden Vergangenheit mit ihren irrigen Auffassungen zu einer aufgeklärten Gegenwart führen, in der die richtigen Gedanken vorherrschen. Sie glättet scharfe Ecken und Kanten, erfindet Beweggründe und vereint ganz unterschiedliche Persönlichkeiten zu einer Gemeinde von Wahrheitssuchern. Und doch kommt es – trotz allerbester Absichten – immer wieder zu Irrtümern. Ist es nicht besser, etwas logisch zu lehren als historisch? Die Tatsache, daß frühere Forscher in Sackgassen gerieten, ist kein Grund, andere auf falsche Fährten zu schicken, bevor man ihnen den besseren Weg zeigt. Das Ergebnis dieser geschichtlichen Entwicklung ist zweifellos, daß die Naturgesetze immer einfacher, immer zwingender und insgesamt unausweichlicher erscheinen. In den letzten Jahrzehnten hat die Entdeckung der Symmetrie sich als der Schlüssel erwiesen, der die Geheimtür zu den Grundstrukturen der Natur öffnen kann; sie war wesentlicher Antrieb zu dieser unaufhörlichen Suche nach einem immer einfacheren Bild der Dinge. Die gesuchte Theorie für Alles verspricht Endgültigkeit; alle Physik scheint damit nur noch eine Verfeinerung ihres Inhalts, eine Vereinfachung der durch sie gegebenen Erklärung. Zunächst wird eine solche Theorie nur Eingeweihten verständlich sein, dann erst einem weiteren Kreis theoretischer Physiker. Später wird sie in einer Form dargestellt werden, die sie zuerst Wissenschaftlern anderer Disziplinen zugänglich macht, dann Studenten überhaupt und schließlich gebildeten Außenstehenden und Laien. Bei jedem dieser Schritte mag man den Eindruck haben, der Weg vom Komplizierten zum klar Verständlichen sei der Weg zum «wahren» Bild der Natur.*

---

* Dieser Vorgang ist Mathematik und Physik gemeinsam. Der größte Teil der mathematischen Forschungsliteratur ist der Klärung bekannter Ergebnisse gewidmet; das Unverständliche wird in dem Sinn «offensichtlich» oder «trivial», daß es lediglich eine andere Anwendung wohlbekannter Grundsätze ist. Ein besonders treffendes Beispiel ist der sogenannte Primzahlsatz. Er beruht auf einer im achtzehnten Jahrhundert von Gauß und Legendre geäußerten Vermutung und ist eine sorgfältig definierte Näherung für den Anteil der Zahlen, die unterhalb eines bestimmten Wertes liegen und *Primzahlen* sind (also wie zum Beispiel 5, 7 oder 29 nur durch sich selbst und Eins teilbar sind). Der Satz wurde zuerst 1896 von Jacques Hadamard und Charles de la Vallée-Poussin bewiesen; er zeigt, daß es praktisch keinen Unterschied

Trotz dieser Tendenz zur Einfachheit können uns die Naturforscher noch so oft erzählen, die Naturgesetze seien einfach, symmetrisch und elegant; die wirkliche Welt ist nicht so. Sie ist verwickelt und kompliziert. Die meisten Dinge, die wir sehen, sind nicht symmetrisch und verhalten sich nicht in Übereinstimmung mit einfachen Naturgesetzen. Irgendwie scheint die atemlose Welt, in der wir leben, weit von den zeitlosen Naturgesetzen entfernt zu sein, die die Elementarteilchen und Naturkräfte bestimmen. Der Grund ist klar. Wir beobachten nicht die Naturgesetze, wir beobachten ihre Auswirkungen. Da diese Gesetze am besten durch mathematische Gleichungen dargestellt werden, könnten wir sagen, daß wir nur die Lösungen dieser Gleichungen sehen und nicht die Gleichungen selbst. Durch diese geheimnisvolle Beziehung kommt es zur Übereinstimmung zwischen der beobachteten Komplexität der Natur und der gepriesenen Einfachheit ihrer Gesetze. Die Auswirkungen sind viel komplizierter als die Gesetze; Lösungen sind viel subtiler als Gleichungen. Denn obwohl ein Naturgesetz eine gewisse Symmetrie aufweisen kann, brauchen nicht alle Ergebnisse, zu denen dieses Gesetz führt, dieselbe Symmetrie aufzuweisen. Die Tatsache, daß unsere Herzen alle auf der linken Körperseite liegen, ist kein Beweis für die Linkshändigkeit aller Naturgesetze.

Ein anderer Bereich, in dem wir den feinen Unterschied zwischen Gesetzen und Wirkungen oder Gleichungen und Lösungen spüren, ist der Grenzbereich zwischen der klassischen Physik und der Quantenmechanik. Seit der Erfindung des modernen Formalismus der Quantenmechanik wissen wir, wie sich ein Problem der klassischen Physik so «quantisieren» läßt, daß wir unser Verständnis für dieses Problem in den

---

zwischen dem wirklichen Anteil der Primzahlen und dem durch diese Formel bestimmten Verhältnis gibt. Der Anteil der Primzahlen unter den ersten n ganzen Zahlen ist, so sagt er, für große n näherungsweise gleich dem Inversen des natürlichen Logarithmus von n. Die ersten Beweise waren überraschend und schwierig, weil sie komplexe Analysis verwendeten (einen Zweig der Mathematik, der weit von der Zahlentheorie entfernt zu sein scheint). Dann führten Edmund Landau und Norbert Wiener mit Hilfe einfacherer Begriffe leichter durchschaubare Beweise. Aber erst über dreißig Jahre nach dem ersten fanden Erdös und Selberg 1948 einen Beweis, der zu Recht «elementar» genannt zu werden verdient und bei dem sie die üblicherweise in der Zahlentheorie gebräuchlichen Methoden verwendeten. (Der Beweis war keineswegs einfach und überhaupt nicht kurz – über fünfzig Seiten lang.) Knapp zwanzig Jahre später, Anfang der siebziger Jahre, wurde dieser Beweis von Norman Levinson in eine wirklich einfache Form gebracht, die nur etwa die einem Mathematikstudenten zugängliche Mathematik verwendet. Die Entwicklung der Mathematik verläuft nicht selten ähnlich. Wirklich neue Ideen wie Cantors Diagonalbeweis oder Gödels Beweis der Unentscheidbarkeit sind äußerst selten; in einem ganzen Jahrhundert gibt es davon nur wenige.

Bereich des subatomar Kleinen ausweiten können, wo der Beobachtungsvorgang vom Zustand des Beobachteten abhängt. Dieses Verfahren kann jedoch nichts anderes tun als uns zeigen, wie sich Quantengleichungen (oder Gesetze) aus klassischen Gleichungen erzeugen lassen. Wir kennen keine Vorschrift dafür, wie sich Quanten*lösungen* direkt aus klassischen herleiten lassen. Ein solches Prinzip kann es auch gar nicht geben, weil es Lösungen gibt (wie etwa die, die den Vorgang des Quantentunnels beschreiben), die ihrem Wesen nach quantenphysikalisch sind und überhaupt keine klassische Entsprechung haben.

Gebrochene Symmetrie

Wie im Winterurlaubsort, in dem lauter Mädchen sind, die sich einen Ehemann angeln möchten, und lauter Ehemänner, die sich ein Mädchen angeln möchten, ist die Lage gar nicht so symmetrisch, wie sie aussieht.

Alan Mackay

Wenn die Folgerung aus einem Gesetz weniger symmetrisch ist als das Gesetz selbst, sprechen wir von «Symmetriebrechung». Seit Jahrtausenden schon ist der Vorgang bekannt, ohne je voll gewürdigt worden zu sein. Auf ihm beruht die ungeheure Vielfalt und Komplexität der wirklichen Welt.

Aristoteles und seine Kommentatoren behandeln das klassische Problem des hungrigen Lebewesens, das sich zwischen zwei gleichwertigen Nahrungsquellen befindet. Buridans Esel ist wohl die eindrücklichste Fassung dieses Entscheidungsproblems; es wurde erfunden, um zu veranschaulichen, daß jede Wahl einen hinreichenden Grund voraussetzt. Leibniz behauptete demgegenüber, die Wahlmöglichkeiten seien niemals völlig gleich. Immer bestünde ein gewisses Ungleichgewicht, weswegen das eine und nicht das andere zu wählen sei. In der modernen Physik stellt sich diese Frage in vielen Situationen, in denen eine zugrundeliegende Symmetrie eine ganze Reihe von Zuständen gleichwertig erscheinen läßt. Wenn zum Beispiel ein dünner Stab senkrecht gestellt wird, fällt er in die eine oder andere Richtung, aber das bedeutet nicht,

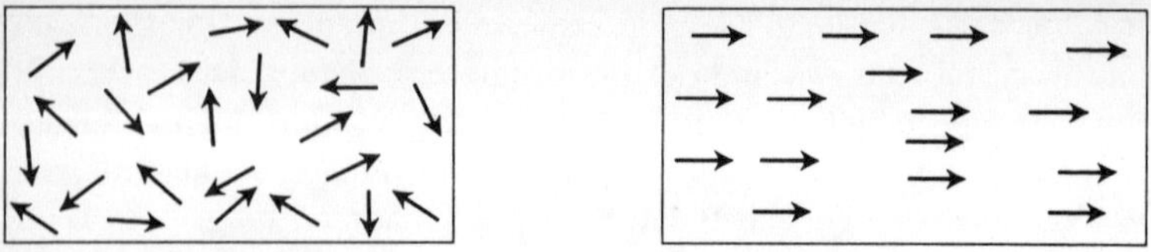

(a) (b)

6.1 Magnetisierung. Wenn die Temperatur einen kritischen Wert überschreitet (a), wirken die magnetischen Kräfte auf die Atome einer Eisenstange nicht mehr bevorzugt in eine Richtung; die Atome sind symmetrisch verteilt, weil die Wärmebewegung groß genug ist, um jede Neigung, in eine bestimmte Richtung zu zeigen, dem Zufall zu unterwerfen. Wenn die Temperatur unter den kritischen Wert fällt (b), wird es für die Atome energetisch vorteilhaft, sich alle gleich auszurichten; jede Richtung ist dabei gleichberechtigt und könnte zufällig gewählt werden; wenn sie jedoch einmal gewählt ist, ist die Richtungssymmetrie von (a) gebrochen; in dem Stabmagneten bilden sich Nord- und Südpol aus.

daß die zugrundeliegenden Gesetze in der Welt die eine oder andere Richtung bevorzugen. Ein anderes Beispiel ist die Magnetisierung eines Eisenstabs. Wenn er über eine bestimmte Temperatur hinaus erhitzt wird, verstärkt sich die Wärmebewegung der Atome und überwiegt alle etwa vorhandenen Bestrebungen zu einer Ausrichtung. Man kann dann keine Richtung der Magnetisierung definieren; der Stab ist in diesem heißen Stadium deshalb insgesamt nicht magnetisch. Wenn jedoch die Temperatur sinkt, nimmt auch die Intensität der Wärmebewegung ab. Die Ausrichtung der Atome ist dann allein vom Zufall bestimmt. Vom Energiestandpunkt aus bringt es dem Stab keinen Vorteil, nicht magnetisch zu sein; er geht deshalb, wie Abbildung 6.1 veranschaulicht, in einen von zwei völlig symmetrischen Zuständen über, die jeweils durch die Ausrichtung der Moleküle im Metall gekennzeichnet sind. Im ersten Fall erhalten wir, wie in der Abbildung gezeigt, einen Stabmagneten mit den angegebenen Nord- und Südpolen, im zweiten Fall ist die Orientierung gerade umgekehrt. Der Endzustand ist also symmetrisch und durch seine Orientierung charakterisiert. Die ursprüngliche Symmetrie verbirgt sich im Hintergrund, weil eine Polarisierung in Nord-Süd-Richtung *a priori* genauso wahrscheinlich ist wie eine in Süd-Nord-Richtung.

Diese Beispiele zeigen, warum die Naturwissenschaft ein solch schwieriges Unterfangen ist. Wir beobachten in Sonderfällen Symmetriebrechungen und müssen aus ihnen die für die Naturgesetze kennzeichnenden verborgenen Symmetrien ableiten. Von einem schönen und harmonischen Gewebe sehen wir gleichsam nur die Rückseite. Mit Hilfe der losen Fäden müssen wir uns ein Bild des verborgenen Musters machen.

Naturtheologie: Die Geschichte zweier Geschichten

Manchmal kommt die Wahrheit auf dem Rücken des Irrtums in die Geschichte geritten.
Reinhold Niebuhr

Bevor wir uns noch weiter in die Folgen aus dieser Kluft zwischen Gesetzen und Ergebnissen vertiefen, bringt es vielleicht etwas Licht in die Sache, wenn wir verfolgen, wie sich dieser Unterschied auf die Naturtheologie ausgewirkt hat.

Seit der Newtonschen Revolution gab es im wesentlichen zwei Argumentationslinien beim sogenannten *teleologischen* Beweis, der aus einer Zielgerichtetheit oder Zweckmäßigkeit des «Weltenplans» die Existenz eines Urhebers ableitet. Die eine Argumentation war durch Philosophen geprägt, die sich wie Newtons Verteidiger, Richard Bentley, auf die Allgemeingültigkeit und mathematische Präzision der Naturgesetze beriefen, um daraus auf einen Urheber dieser Gesetze zu schließen. Englische Kirchenlieder beschreiben immer wieder die Überzeugungskraft jener «unverbrüchlichen Gesetze, die Gott für uns» machte.

Diese Fassung des teleologischen Beweises, die sich auf die Naturgesetze beruft (und gelegentlich eutaxiologischer Beweis genannt wird), sprach am stärksten die Physiker und Astronomen an. Das war kein Zufall, denn das Werk dieser Wissenschaftler beschäftigt sich am meisten mit den in den Naturgesetzen sich offenbarenden Symmetrien und Harmonien. Die Überlegung ist logisch einfach, aber ohne Spezialwissen nicht leicht zu verstehen und auch dem interessierten Laien nur schwer zugänglich. Die andere Form des teleologischen Beweises dagegen beruft sich auf die wunderbare, in der Natur so offensichtliche Anpassung. Seine Verfechter führten besonders gern so auffällige Einrichtungen wie Auge und Hand des Menschen an und wiesen gern darauf hin, wie gut die natürliche Umgebung auf die Geschöpfe, die in ihr leben, zugeschnitten ist. Diese Überlegung ist zwar ein logisches Minenfeld, aber doch anschaulich und leicht einsehbar. Deshalb konnte sie auch Nichtspezialisten überzeugen und war besonders bei Naturliebhabern und scharfen Beobachtern der Flora und Fauna beliebt. Der Beweis beruft sich auf die Folgen der Naturgesetze – die Symmetriebrechungen – und nicht auf die Gesetze selbst. Er wählt einige der unzähligen Besonderheiten der Natur aus und verweist auf ihre Beziehung zu oberflächlich gesehen sehr verschiedenen Naturerscheinungen, die doch zufällig einzigartig zu ihnen passen.

Als Darwin seine Hypothese der natürlichen Auslese aufstellte, lieferte er damit eine allgemeine und einfache Erklärung für die Naturerscheinungen – die Symmetriebrechungen –, die überhaupt nichts mit der anderen Form des teleologischen Beweises zu tun hatten, die auf den Naturgesetzen selbst beruht. Wer etwa William Paley, einen der Klassiker der Naturtheologie liest, findet dort beide Beweisargumente. Dieser Autor, der Mathematik studierte, bevor er in den Kirchendienst ging, aber auch ein scharfsinniger Naturbeobachter war, gibt ein Beispiel nach dem anderen für die wunderbaren Einrichtungen der Natur – das Auge, wie die Bienen von den Blüten angezogen werden, die wirksame Tarnung der Tiere –, preist aber auch die Tatsache, daß jenes von Newton offenbarte Gravitationsgesetz eine Vielzahl besonderer Eigenschaften hat, die für die Existenz und die Stabilität des Sonnensystems und deshalb für unsere eigene Existenz notwendig sind.

Die zeitgenössische Kritik an Paley jedoch zitiert sein Werk *Natural Theology* ausschließlich als Beispiel für den früheren Stil des (jetzt) naiven teleologischen Beweises aufgrund spezieller logischer Anpassung. Nie wird die zweite Hälfte seiner Untersuchung erwähnt, die sich mit den Eigenschaften der Newtonschen Bewegungs- und Gravitationsgesetze beschäftigt. Interessanterweise zog Paley selbst die biologischen Beispiele vor, weil sie mehr auf der Beobachtung beruhten; ihm gefielen die astronomischen Beispiele nicht, denn bei ihnen hatte er keine Möglichkeit, auf sein bevorzugtes rhetorisches Hilfsmittel zurückzugreifen – den Vergleich. Paleys eigenes Können und sein Interesse lagen genau in der Mitte.

Für diesen Beweis gibt es noch eine Fassung; sie ist für uns interessant, weil sie die Verbindung zwischen den beiden Beweisformen herstellt, die das Werk der Naturtheologen des siebzehnten und achtzehnten Jahrhunderts durchdringen. Damals herrschte die Überzeugung, eine allmächtige Gottheit kontrolliere das Verhalten der Vorgänge, die man dem Zufall zuschreibt, weil sich keine augenscheinliche Ursache finden läßt. Die göttliche Kontrolle zeigt sich in der Stabilität der *Mittel*werte wichtiger physikalischer Größen. Dieser Begriff ist deswegen besonders interessant, weil er schon früh mit dem Bemühen um eine systematische Erforschung von Wahrscheinlichkeit und Statistik verknüpft ist. Newton war, wie wir sagten, ein Verfechter des teleologischen Beweises auf der Grundlage der Zweckmäßigkeit der Schöpfung und berief sich auf die Genauigkeit und Allgemeingültigkeit der von ihm entdeckten Bewegungsgesetze und des Gravitationsgesetzes. Er war jedoch auch von der Anordnung des Sonnensystems beeindruckt, die sich, wie er wußte, nicht mit Hilfe seiner Gesetze erklären ließ. Dazu war vielmehr eine Verbindung von Anfangsbedingungen und «Zufall» nötig, die in der Praxis auf eine Sammlung chaotischer Symmetriebrechungen hinausläuft. In seinen *Opticks* sagt er 1704:

Denn während allerdings die Kometen sich in sehr excentrischen Bahnen aller möglichen Lagen bewegen, konnte doch niemals ein blinder Zufall bewirken, dass alle die Planeten nach einer und derselben Richtung in concentrischen Kreisen gehen, einige unbeträchtliche Unregelmäßigkeiten ausgenommen, die von der gegenseitigen Wirkung der Kometen und Planeten auf einander herrühren und wohl so lange anwachsen werden, bis das ganze System einer Umbildung bedarf. Eine solche wundervolle Gesetzmäßigkeit im Planetensystem muß einer bestimmten Sorgfalt und Auswahl entsprechen. Und ebenso die Gleichförmigkeit in den Körpern der Thiere.

William Derham, der Verfasser zweier außerordentlich erfolgreicher Werke zur Naturtheologie, der *Physico-theology* (1713) und *Astro-theology* (1715), schrieb im Juli 1733 an John Conduitt von einer

besonderen Art Gottesbeweis, den Sir Isaac [Newton] in einer Unterhaltung erwähnte, die er und ich kurz nach meiner Veröffentlichung der *Astro-theology* hatten. Er sagte, es gebe drei Dinge in der Bewegung der Himmelskörper, die deutlich auf Allmacht und Weisheit hinwiesen. 1. Daß die diesen Kugeln aufgezwungene Bewegung seitlich oder in einer zu ihren Radien senkrechten Richtung sei, nicht entlang der Radien oder parallel dazu. 2. Daß ihre Bewegungen in dieselbe Richtung weisen. 3. Daß ihre Bahnen alle die gleiche Neigung haben.

Newtons Äußerung über die Einzigartigkeit des Sonnensystems hatte große Auswirkungen; sie regte später Laplace und Bernoulli zu mathematischen Untersuchungen darüber an, mit welcher *Wahrscheinlichkeit* das Sonnensystem zufällig entstanden sei, und beeinflußte die gesamte

Newtonsche Naturwissenschaft des Abraham de Moivre, der sein Werk *Doctrine of Chances* Newton widmete. Er erklärte es als sein ausdrückliches Ziel, eine

> Methode zur Berechnung der Zufallswirkungen zu erarbeiten... und dabei gewisse Regeln festzulegen, um abschätzen zu können, wie weit gewisse Ereignisse eher etwas ihrem Zweck verdanken, [also bestimmten Ursachen] als dem Zufall... um so in anderen einen Wunsch zu wecken, aus Ihrer [Newtons] Philosophie zu lernen, wie allein durch die Rechnung Hinweise auf außerordentliche Weisheit und Absicht zu finden sind, die in den Naturerscheinungen überall im Weltall in Erscheinung treten.

Laplace wurde natürlich durch seine Erklärung aller bekannten Bewegungen des Sonnensystems aufgrund der Newtonschen Gesetze berühmt; dadurch machte er eine Gottheit überflüssig, die, wie Newton gemeint hatte, periodisch «Reformationen» der Bewegung bewirkt. Die Stabilität der mittleren Struktur des Sonnensystems wurde also durch die Gesetze der Schwerkraft und der Bewegung erklärt; die spezielle Anordnung des Sonnensystems mußte im Detail so lange unerklärt bleiben, wie es keine genaue Theorie seiner Entstehung gab. Später beeinflußte eine ähnliche Entwicklung die Deutung vieler der Hinweise auf einen vermuteten Plan hinter der natürlichen Welt. Darwins Theorie der Evolution durch natürliche Auslese ist praktisch eine statistische Theorie, weil wir nicht in der Lage sind, alle kausalen Verbindungen des historischen Ablaufs aufzuspüren. Deshalb wurde die einheitliche Struktur jeder Art für eine Folge der Stabilität der Mittelwerte einer solchen Entwicklung gehalten und nicht für die Folge einer besonderen Wahl des Ausgangszustands. Die damals eben gegründete Zeitschrift *Biometrika*, die sich der statistischen Untersuchung biologischer Probleme widmete, veröffentlichte 1901 als Rechtfertigung ihrer Gründung einen Leitartikel, der sehr schön den Unterschied zwischen der Sichtweise der Wissenschaftler des neunzehnten Jahrhunderts, die sich mit den Naturgesetzen und ihren Folgen beschäftigten, und der komplizierten Welt der Zufallsergebnisse beschrieb, die den Biologen interessieren:

> Das Problem der Evolution ist ein Problem der Statistik... Wir müssen uns der Mathematik der großen Zahlen, der Theorie der Massenphänomene, bedienen, wenn wir unsere Beobachtungen mit Sicherheit interpretieren wollen... Die Herrn Darwin kennzeichnende Denkweise ließ ihn die Abstammungslehre ohne mathematische Begriffe entwickeln; ebenso arbeitete auch der Verstand Faradays im Fall des Magnetismus. Wie aber jeder Gedanke Faradays eine mathematische Defini-

tion zuläßt und nach mathematischer Analyse verlangt..., so scheint auch jeder Gedanke Darwins – Variation, natürliche Auslese... – sich sofort zu einer mathematischen Definition zu eignen und nach statistischer Analyse zu verlangen.

Die Schwächen der Natur

Es gibt keine Möglichkeit, alle Gesetze auf ein Gesetz zurückzuführen... kein Mittel, a priori *das Einzigartige aus der Welt auszuschließen.*

Josiah Royce

Wir können von einer Theorie für Alles nicht alles erwarten. Vielleicht verrät sie uns alle Naturgesetze, aber dies allein erlaubt es uns noch nicht, alles zu erklären oder herzuleiten, was wir im Universum in Übereinstimmung mit den für die Theorie für Alles geltenden Grundsätzen beobachten. Untersuchen wir den Inhalt dieser Aussage etwas genauer.

In unseren früheren Beispielen für die Symmetriebrechung gibt es immer einen perfekten symmetrischen Zustand, der irgendwie durch Symmetriebrechung zerstört wird. Praktisch gibt gewöhnlich eine winzig kleine Schwankung den Ausschlag in die eine oder andere Richtung. Wenn diese Schwankung quantenmechanischen Ursprungs ist, läßt sie sich nicht auf eine bestimmte lokale Ursache zurückführen; sie ist dann an sich und nicht nur praktisch zufällig, weil wir ihre genaue Ursache einfach nicht bestimmen können. Die Symmetriebrechung läßt sich also auf Zufallsprozesse auf Quantenebene zurückführen. Wenn wir gebeten würden, die Struktur und das Verhalten eines Stabmagneten mit Hilfe einer Theorie für Alles zu erklären, würde unser Gefühl uns sagen, daß wir von einer Theorie für Alles nicht für alle Aspekte eine Erklärung erwarten sollten. So würden wir nicht versuchen zu erklären, warum das eine Ende des Magneten Nordpol heißt und nicht das andere oder warum der Magnetstab genau diese Länge hat. Entsprechend gibt es im ganzen Bereich der Laboratoriumsphysik Aspekte physikalischer Erscheinungen, die als ein Ergebnis spontaner Symmetriebrechungen gleichsam zufällig sind. In Untersuchungen am Sonnensystem versuchen wir nicht zu erklären, warum es eine ganz bestimmte Anzahl von Planeten gibt. Das ist für eine allgemeine Theorie der Planetenentstehung, bei der sich einige Aspekte einfach aufgrund von bestimmten Ausgangssituationen oder Zufallsschwankungen so oder anders ergeben, eine viel zu spezielle Frage. Im Fall des Sonnensystems ist es nicht sehr schwierig, jene Besonderheiten auszusortieren, die man nicht allein mit Hilfe von Naturgesetzen zu erklären versuchen würde. Wenn wir jedoch die wirklich großräumige Struktur des Universums erklären wollen, läßt sich diese Trennlinie nur sehr schwer ziehen. Beim gegenwärtigen Stand unseres Wissens ist es sogar unmöglich.

Das Phänomen der Symmetriebrechung bringt in die Entwicklung des Universums ein Element der Zufälligkeit hinein. Gewisse Eigenschaften des Universums, so zum Beispiel das Gleichgewicht zwischen Materie und Antimaterie, könnten von einem Ort zum nächsten durch frühere Entwicklung der Dinge bestimmt sein. Im Labor ist es uns gewöhnlich klar, welche Aspekte einer physikalischen Situation zufälligen Symmetriebrechungen zuzuschreiben sind. Für diese sollten dann nicht allein aufgrund der Naturgesetze Erklärungen gesucht werden. So verstehen wir auch die Zwischenwelt kondensierter Materieformen, die weder submolekular noch astronomisch sind. Im Gegensatz dazu wissen wir in einem Gebiet wie der Kosmologie noch nicht, welche Aspekte der großräumigen Struktur des Universums den Naturgesetzen zugeschrieben werden sollten und welche zufälligen Auswirkungen jener Gesetze, bei denen die zugrundeliegenden Symmetrien gebrochen werden. Das ist eine ganz wichtige Unterscheidung, denn wenn im Universum etwas eine Folge von Gesetzen oder auch von Anfangsbedingungen ist, muß es als etwas gesehen werden, das notwendig so ist und nicht hätte anders sein können. Wenn es jedoch Folge einer Symmetriebrechung ist, könnte es auch anders sein und muß also nicht notwendig als Hinweis auf die Struktur der Welt gesehen werden. Wir wissen zum Beispiel nicht, ob die Größe der Galaxienhaufen unbedingt aus den Naturgesetzen folgt, deren Anfangsbedingungen durch den Urknall festgelegt wurden, oder ob sie das Ergebnis zufälliger Symmetriebrechungen in den Frühstadien des Universums waren.

Selbst wenn wir also Information über die Naturgesetze, die Anfangsbedingungen und die Kräfte, Teilchen und Naturkonstanten hätten, aber nicht verstünden, als was sich die Symmetrie der Naturgesetze und die Anfangsbedingungen in der Hierarchie der zufälligen Symmetriebrechungen verkleidet haben, würde unserem Wissen noch Wesentliches fehlen.

Chaos

Da brach ein Krieg aus im Himmel.
Offenbarung des Johannes

Es gibt eine Form auf die Spitze getriebener Symmetriebrechung, die immer wieder beträchtliches Interesse erregt hat. Sie wird *Chaos* genannt. Chaotische Erscheinungen sind solche, deren Entwicklung ganz außerordentlich stark vom Ausgangszustand abhängt. Schon bei der kleinsten Veränderung des Ausgangszustands kann sich ein ganz anderer zukünftiger Zustand ergeben. Der größte Teil so komplizierter und verwickelter Erscheinungen wie Wirbel oder das Wetter haben diese Eigenschaft. Was für eine wichtige Rolle dieses Verhalten spielt, erkannte als erster James Clerk Maxwell in der zweiten Hälfte des neunzehnten Jahrhunderts. In einem Gespräch über das Problem des freien Willens, das er mit seinen Kollegen in Cambridge führte, lenkte er die Aufmerksamkeit auf Systeme, in denen schon eine winzige Unsicherheit über ihren jetzigen Zustand eine genaue Vorhersage ihres zukünftigen Zustands verhindert. Nur wenn der Anfangszustand mit hinreichender Genauigkeit bekannt wäre (was nicht möglich ist), würden die deterministischen Gleichungen eine Berechnung der Zukunft erlauben. Die Nichtbeachtung solcher Systeme, die in der Natur eher die Regel als die Ausnahme sind, hatte in der Naturphilosophie auf ganz subtile Weise zu einer Bevorzugung des Determinismus geführt. Die Gewohnheit, sich nur mit einfachen, stabilen und gegenüber Störungen unempfindlichen Phänomenen zu beschäftigen, hatte ein übermäßiges Vertrauen in einen übermächtigen Einfluß der Naturgesetze erzeugt. Maxwell dagegen behauptet, daß

> sich einige dieser Fragen durch Überlegungen zur Stabilität und Instabilität erhellen lassen. Wenn der Zustand der Dinge so ist, daß eine unendlich kleine Schwankung des gegenwärtigen Zustands den Zustand zu einer späteren Zeit nur unendlich wenig verändert, wird der Zustand des Systems, ob es nun ruhe oder bewegt sei, stabil genannt; wenn aber eine unendlich kleine Veränderung des jetzigen Zustands in einer endlichen Zeit einen endlichen Unterschied im Zustand des Systems bewirken kann, wird sein Zustand instabil genannt.
>
> Es wird deutlich, daß das Vorliegen instabiler Bedingungen die Vorhersage zukünftiger Ereignisse unmöglich macht, wenn unser Wissen des gegenwärtigen Zustands nur näherungsweise und nicht genau ist... Es ist eine metaphysische Lehre, daß gleiche Prämissen gleiche Folgerungen bedingen. Niemand könnte das leugnen.

Aber in einer Welt wie dieser, in der die Prämissen niemals gleich sind und nichts zweimal geschieht, nutzt das wenig... Das physikalische Axiom, das einigermaßen ähnlich ist, besagt, daß gleiche Prämissen ähnliche Folgen haben. Hier sind wir von Gleichheit zu Ähnlichkeit übergegangen, von absoluter Genauigkeit zu einer mehr oder weniger guten Näherung. Es gibt, wie ich sagte, gewisse Klassen von Erscheinungen, in denen ein sehr kleiner Fehler in den Daten zu einem nur kleinen Fehler im Ergebnis führt... Der Lauf der Ereignisse ist in diesen Fällen stabil.

Es gibt andere Klassen von Erscheinungen, die komplizierter sind und in denen es Fälle von Instabilität geben kann...

Maxwell war nach Newton der erste prominente Physiker, der sich stärker um die Auswirkungen der Naturgesetze kümmerte als um ihre Form. Newton hatte seinen Erfolg auf die Aufstellung einfacher allgemeiner Gesetze gegründet, die sich auf ungeheuer viele anscheinend verschiedene irdische und himmlische Phänomene anwenden ließen. Sein Einfluß auf die Entwicklung der Wissenschaften war insbesondere in England so groß, daß die Anhänger Newtons sich auch da, wo es primitiven Gesellschaften ausschließlich um Naturerscheinungen ging, immer nur für die gesetzmäßigen Erscheinungen interessierten. Der Newtonianismus ist mehr als eine wissenschaftliche Methode; er ist vielmehr eine Einstellung, die alle Zweige menschlichen Denkens betrifft.

Im Rückblick scheint es merkwürdig lange gedauert zu haben, bis die extreme Empfindlichkeit vieler Phänomene für die Anfangszustände erkannt wurde, denn wir begegnen in vielen Fällen Erscheinungen, in denen die Wirkung einer Ursache nicht angemessen und nicht offensichtlich ist. Ein faszinierendes Beispiel dafür findet sich in Galens medizinischen Schriften aus dem zweiten nachchristlichen Jahrhundert, in denen er die Folgen des Zufalls bei medizinischen Behandlungen beschreibt:

In den Gesunden... ändert sich der Körper selbst dann nicht, wenn die Ursachen extrem sind; aber bei alten Menschen kann schon die kleinste Ursache die größte Veränderung bewirken.

Galen meinte sogar, gute Gesundheit sei ein Gleichgewichtszustand zwischen zwei Extremen, bei denen das «genaue Mittel zwischen den Extremen in allen Teilen des Körpers gleich» sei. Entsprechend ist ihm klar, daß jede zufällige Abweichung von diesem Gleichgewicht, die auf äußere Faktoren zurückzuführen ist, sehr klein sein muß:

Gesundheit ist eine Art Harmonie... alle Harmonie wird auf doppelte Weise erreicht und aufgezeigt, erstens indem sie Vollendung findet, und zweitens, indem sie nur wenig von dieser absoluten Vollendung abweicht.

Die Methodik der Untersuchung chaotischer Phänomene unterscheidet sich deutlich von den herkömmlichen Anwendungen der Mathematik auf die Physik. Früher hätte man zur Untersuchung eines so komplizierten physikalischen Phänomens wie dem der Wirbelbildung in Flüssigkeiten nach einer Gleichung gesucht, die diese Bewegung so genau wie möglich beschreibt. Weil solche Erscheinungen empfindlich vom Anfangszustand abhängen (und das heißt, chaotisch auf kleinste Störungen reagieren), kommt es bei ihnen gewöhnlich sehr auf die exakte Form dieser Gleichung an. Wenn die benutzte Gleichung auch nur die kleinste Ungenauigkeit oder Auslassung enthält, weicht das modellierte Verhalten sehr bald entscheidend von dem ab, was in der wirklichen Welt passiert. Wegen dieser hohen Empfindlichkeit hat man sich darum bemüht, die allgemeinen Kennzeichen in Erfahrung zu bringen, die fast allen möglichen Gleichungen gemeinsam sind.

Genaugenommen kann es keine *allen* Gleichungen gemeinsamen Eigenschaften geben, weil sich jede Eigenschaft, wenn man sich die Mühe macht, sie aufzuschreiben, auch als Gleichung ausdrücken läßt. Wenn man jedoch die Erwartungen auf die Eigenschaften *fast aller* Gleichungen beschränkt, also unrealistische oder unwahrscheinliche Spezialfälle ausschließt, gibt es Eigenschaften, die auf alle diese Gleichungen zutreffen. Ihre Entdeckung ist eine der auffälligsten Errungenschaften der modernen Mathematik.

Diese Beschäftigung mit Gleichungen im allgemeinen und nicht im besonderen hat gezeigt, daß chaotisches Verhalten eher die Regel als die Ausnahme ist. Wir haben uns deshalb daran gewöhnt, in der Natur lineare, vorhersagbare und einfache Erscheinungen als vorrangig zu empfinden, weil wir sie eher untersuchen können. Sie lassen sich am einfachsten verstehen. Jetzt jedoch müssen wir ein Geheimnis darin sehen, daß es in der Natur so viele lineare und einfache Erscheinungen gibt. Im Grunde können wir die Welt nur deshalb verstehen. Einfache lineare Phänomene lassen sich in Teilen untersuchen, und deshalb können wir an einem System etwas verstehen, ohne alles zu verstehen. Nichtlineare chaotische Systeme sind anders. Das Verständnis der Teile erfordert eine Kenntnis des Ganzen, weil das Ganze mehr ist als nur die Summe seiner Teile. Darüber werden wir in Kapitel 9 mehr zu sagen haben.

Einige der Modelle, die sich aus Einsteins Gravitationtheorie als mögliche Beschreibungen der allerersten Augenblicke der Ausdehnung des Universums ergeben, weisen diese chaotische Empfindlichkeit gegenüber den Anfangsbedingungen auf. Wenn das Universum sich so verändert, wie wir es im letzten Kapitel im Zusammenhang mit den von den Superstrings angeregten Bildern der frühen Entwicklung beschrieben haben, einige Raumdimensionen also unendlich klein sind, dann ist die Anzahl der Dimensionen, die diesem Schicksal entkommen, in chaotisch empfindlicher Weise durch die Bedingungen bestimmt, die im frühen Universum herrschten. Sie sollten sich zumindest von einem Ort zum anderen verändern. Wieviel wir aus physikalischen oder logischen Prinzipien über das Universum herleiten können, hängt deshalb vielleicht ganz entscheidend davon ab, wie empfindlich sie von den Anfangsbedingungen abhängen.

Zufall

Statistik ist die Physik der Zahlen.

P. Diaconis

Die moderne Forschung sieht chaotische Prozesse als Kennzeichen typischer Veränderungen. Nur wenn die Situation selbst ganz besondere Einschränkungen auferlegt, ist eine Unabhängigkeit von den Anfangsbedingungen eher die Regel als die Ausnahme. Tatsächlich sind die allgemeinsten stetigen Veränderungen oft jene, die sehr empfindlich von ihren Anfangsbedingungen abhängen; die beobachteten Phänomene weisen dann ein sehr kompliziertes Verhalten auf. Eine wirbelnde Flüssigkeit kann mit einem ziemlich gleichförmigen Strom beginnen, bei dem alle Teile zunächst etwa gleich schnell sind und in dieselbe Richtung fließen. Nachdem das Wasser jedoch einen Abhang hinabgestürzt ist, sind die Unterschiede der Bewegungszustände, die zuvor klein waren, von Ort zu Ort ganz enorm. Vor Einführung des Chaos-Begriffs hatten die Wissenschaftler solche komplizierten Vorgänge vor allem als ein statistisches Problem gesehen, sie also für alle praktischen Zwecke als «zufällig» betrachtet.

Zu den Merkwürdigkeiten der Geschichte gehört es, daß es die jetzt so blühenden Forschungsbereiche der Wahrscheinlichkeit und Statistik vor der Mitte des siebzehnten Jahrhunderts noch gar nicht gab. Das ist um so überraschender, weil diese Themen, als sie zu einem Teil der Mathematik wurden, an Überlegungen anknüpften, die sich mit Glücksspielen aller Art, ob mit Würfeln oder Karten, beschäftigten. Solche Spiele werden schon seit Jahrtausenden überall in der Welt gespielt. Würfelspiele zum Beispiel waren im Altertum in Ägypten so beliebt wie in Griechenland, Rom und dem Mittleren Osten. Warum machte dann die Theorie der Wahrscheinlichkeitsrechnung – die Quantifizierung des Zufalls – in diesen Kulturen nicht denselben Fortschritt wie Geometrie, Arithmetik und Algebra? Wir finden leider keine überzeugende Antwort. Die Menschen waren sich der Unvorhersagbarkeit dessen, was wir Zufall nennen würden, wohl bewußt und unterschieden solche zufälligen Ereignisse von anderen. Sie sahen in ihnen einfach keinen Zweig der Naturwissenschaft oder Mathematik. Viel häufiger benutzten sie den Unterschied, um das auszusondern, was ihnen als gesetzmäßig und einer wissenschaftlichen Untersuchung wert erschien.

In einigen Gesellschaften könnte die Vernachlässigung des Zufalls mit religiösen Überzeugungen gekoppelt gewesen sein. Zufallserscheinungen wie etwa das Auslosen werden gar nicht selten als eine Möglichkeit der direkten Verständigung mit Gott (oder Göttern) gesehen. Wir erinnern nur daran, daß der biblische Prophet Jonas über Bord geworfen wurde, nachdem seine Kameraden per Los entschieden hatten; auf die gleiche Weise wählten die elf Apostel Matthias als Nachfolger des Judas Ischariot. Auch für das Orakel mit Hilfe von Wünschelruten, bei dem Stäbe in die Luft geworfen werden und die Richtung, in der sie fallen, Gottes Meinung erkennen läßt, gibt es biblische Parallelen. Das Alte Testament erwähnt bei mehreren Gelegenheiten die geheimnisvollen Urim und Thummim, die in oder auf dem Gewand des Hohepriesters (der sogenannten Ephobe) getragen wurden. Sie wurden bei vielen Gelegenheiten um Rat gefragt, wenn das Volk ratlos war, und scheinen einfache «Ja»- und «Nein»-Antworten gegeben zu haben; vermutlich waren sie eine Art Los, das entweder geworfen oder vom Hohepriester aus einem Beutel gezogen wurde. Überzeugender ist die Vorstellung, sie hätten aus zwei flachen Objekten bestanden, auf deren einer Seite das vom hebräischen Wort *'arar* (fluchen) abgeleitete Urim stand, auf der anderen das von *tamam* abgeleitete Thummim (perfekt). Ein doppeltes Thummim bedeutete demnach «ja», ein doppeltes Urim «nein» und wenn jedes Zeichen einmal oben lag, bedeutete das «keine Antwort». In all diesen Beispielen, und es gibt viele ähnliche, liegt die Betonung darauf, daß vom Menschen nicht vorhersehbare Vorgänge als Sprachrohr der Gottheit einen unbekannten, aber ganz bestimmten Grund offenbaren. Wenn etwa Jonas durch das Los als Verursacher des Sturms erkannt wird, sieht man im Sturm kein an sich zufälliges Naturelement oder irgendeinen geheimnisvollen «Zufall» genannten Prozeß am Werk, der neben der sonstigen Ordnung der Natur herrscht, vielmehr schreibt das Los anscheinend Schuld zu. Es enthüllt Information, die in diesem Zusammenhang nur Gott zugänglich ist, weil, wie der Fall des Jonas veranschaulicht, ein Handeln gegen den Willen Gottes so ernst zu nehmen ist, daß die Strafe die Form eines Sturms annimmt. Am nächsten kommt man einer Vorstellung von «Zufallsereignissen», die nicht von Gott gewollt werden, wohl in der Geschichte von Gideon, der Vliese auslegt. Er macht das zweimal. In der ersten Nacht suchte er den Tau auf der Wolle, aber nicht auf dem Erdboden, in der zweiten Nacht dagegen genau umgekehrt. Vermutlich sollte beim zweiten Versuch die Möglichkeit ausgeschlossen werden, das erste Zeichen sei «zufällig» gewesen; er versuchte also das auszuschließen, was wir heute einen systematischen Fehler nennen würden.

Diese Beispiele legen nahe, daß die Beschäftigung mit Zufallserscheinungen für Theologen durchaus ernst zu nehmen war und nicht als etwas angesehen wurde, das man leichtfertig oder nur zum Spaß untersuchen konnte. Außerdem hätte wohl kein Zeuge die Ergebnisse für zufällig gehalten. Sie waren keine Naturerscheinungen, sondern Antworten Gottes, die nicht anders offenbart werden konnten. Obwohl also viele Kommentatoren in den Geschichten des Alten Testaments Beispiele für eine frühe Vertrautheit mit unserem modernen Begriff des Zufalls sehen, sind sie das eigentlich gar nicht.

In anderen alten Kulturen ist der Zufall mit Chaos und Dunkelheit verknüpft. Sie alle sind unerwünschte Aspekte einer dunklen Seite des Universums, dem der sichtbare Teil nur durch die heroischen Taten der Götter entkommen konnte. Gelegentliche Naturerscheinungen und Verheerungen erlauben uns einen Einblick in diese dunkle Seite der Dinge. Für diejenigen, die so denken, ist der Zufall im Grunde unerwünscht, weil er mit Ungewißheit und Unvorhersagbarkeit und deshalb mit Gefahr verknüpft ist. Wenn die Dinge nicht gesichert sind – wenn die Ernte nicht gut ist und der Regen nicht kommt –, hat das schwerwiegende Folgen, die sich sofort mit göttlicher Strafe gleichsetzen lassen.

Diese primitiveren Vorstellungen vom Zufall lassen auch einen Unterschied zwischen ihm und anderen zu erforschenden Begriffen erwarten. Der Zufall ist nicht von dieser Welt. Natürlich wird es immer Ereignisse geben, die uns aufgrund unserer Unwissenheit ungeordnet zu sein scheinen, später aber in den Kanon der geordneten Dinge aufgenommen werden können, wenn jemand den vorhersagbaren Aspekt bemerkt. Dies gehört vielleicht zur Geschichte des wissenschaftlichen Fortschritts. Zunächst erscheint alles als zufällig, geheimnisvoll und der Willkür der Götter anheimgegeben. Wenn Regelmäßigkeiten auftreten, müssen die Persönlichkeiten einiger Götter sich so entwickeln, daß sie den neu erkannten Regelmäßigkeiten entsprechen, während andere übrig bleiben, die im Hintergrund umhergeistern und eine Erklärung für die Unregelmäßigkeiten liefern. Im Lauf der Zeit werden dann immer mehr Regelmäßigkeiten gefunden, die man schätzen lernt und als so wohltuend empfindet, daß ihnen fast alle Aufmerksamkeit gewidmet wird; der Gedanke an den Zufall bleibt genau wie die Untersuchung von Ereignissen, die keine erkennbare Ursache haben, einfach hintangestellt.

Trotz der religiösen und gesellschaftlichen Tabus gegen die Untersuchung von Dingen, die «zufällig» passieren, kann man doch davon ausgehen, daß es in vielen Gesellschaften ein solch weites Spektrum an Einstellungen gab; immer wieder taten Gruppen gottloser Menschen Böses und versuchten herauszufinden, wie sie beim Spiel mit Sicherheit gewinnen können.* Viele dieser Menschen waren wohlhabend und gebildet. Man könnte denken, daß die Motivation für eine genaue Untersuchung bestimmter Zufallsverfahren sehr groß hätte sein können. Sie hätten ihrem Eigentümer auf lange Sicht einen beträchtlichen finanziellen Vorteil gebracht. Vielleicht war dies aber einfach zu schwierig, denn die ältesten Spielgeräte waren ja Dinge wie Knochen oder unregelmäßig geformte Stöcke, bei denen nicht jedes Ergebnis gleich wahrscheinlich ist. Die Verwendung eines solchen gewichteten Würfels wiederum könnte seinem Eigentümer einfach aufgrund seiner Erfahrung erlaubt haben, ihn zu seinem Vorteil zu nutzen; man braucht sein Verhalten ja nur lange genug zu beobachteten, um den systematischen Fehler herauszufinden. Wer mehrere solche Geräte hat und gegen immer wieder andere Gegner spielt, könnte dieses Spezialwissen recht wirksam nutzen; ja, wenn jedes

* Es ist interessant, über die üblichen Einstellungen zu den verschiedenen Formen des Glücksspiels nachzudenken. Irgendwie wird es als unerwünscht gesehen, als ein Laster, vor dem die Menschen geschützt werden sollten. Der Grund dafür kann nicht nur die Furcht vor unangenehmen finanziellen Folgen sein, denn es gibt ja gesellschaftlich akzeptierte Formen des Spiels, die allgemeine Billigung finden.

Gerät, das Zufallswissen erzeugt, sich von allen anderen unterscheidet, kann es gar keine allgemeine Theorie geben.

Der Begriff des Zufalls war also im Altertum wichtig, obwohl es keine mathematische Wahrscheinlichkeitstheorie gab; die Debatte darüber, was es bedeute, wenn Ereignisse keine erkennbare Ursache haben, war lebhaft und andauernd. So wird den Stoikern üblicherweise eine Ansicht zugeschrieben, die implizit auch in der oben erwähnten biblischen Sichtweise steckt: Der Zufall sei ein Anthropomorphismus, der allein darauf beruht, daß uns die Ursachen der Dinge unbekannt sind, obwohl es sie im verborgenen gibt. Diese Ansicht wird auch von Cicero im Licht der streng deterministischen Ansichten der Stoiker beschrieben, wobei das Argument wie folgt lautet: Nichts ist geschehen, das nicht geschehen mußte, und ebenso wird nichts geschehen, für dessen Geschehen es in der Natur keine wirkende Ursache gibt. Wenn es jemanden gäbe, der alle Verbindungen zwischen jedem Grund und allen anderen Gründen übersähe, dann könnte er sich bei seinen Prophezeiungen nie täuschen. Denn wer die Gründe zukünftiger Ereignisse kennt, weiß folgenotwendig auch, wie jedes Ereignis der Zukunft aussehen wird.

Diese fatalistische Sichtweise hallte in den Fluren der Geschichte wider, bis wir ihr Echo am stärksten in den berühmten Sätzen von Laplace vernehmen, mit denen er seine Vorstellung vom Determinismus und der Fähigkeit eines allwissenden Wesens beschreibt, das das zukünftige Verhalten des Universums in einer von den Newtonschen Bewegungsgesetzen beherrschten Welt vollkommen vorherzusehen vermag. Für ein solches Verstandeswesen «sei nichts ungewiß».

Das allwissende Wesen, das hinter den Laplaceschen Vorstellungen vom Zufall lauert, spielte in einem anderen Gedankengang zu Wahrscheinlichkeit und Zufall eine noch viel wichtigere Rolle. Bis zur Mitte des neunzehnten Jahrhunderts war die Naturtheologie ein wichtiger Teil der Naturphilosophie. Ein Zweig beschäftigte sich, wie wir weiter oben erläuterten, mit den Naturgesetzen, der andere mit Zufallswirkungen. Beide Denkweisen führten zu der Überzeugung, daß unser Universum sehr unwahrscheinlich sei. In der Nachfolge Newtons betrachteten seine Verfechter gewöhnlich die unangenehmen Folgen, die sich ergeben würden, wenn die Auswirkungen der Naturgesetze anders wären oder wenn die Gesetze selbst etwas geändert würden. Aus diesen Überlegungen wurde immer geschlossen, daß unser Universum unter der impliziten Annahme, alle Möglichkeiten seien etwa gleich wahrscheinlich, äußerst unwahrscheinlich sei und unser System von Gesetzen und ihren Wirkungen eine zusätzliche Erklärung brauche. Diese Erklärung lief meistens darauf hinaus, alles sei gewählt worden, um menschliches Leben zu ermöglichen. Das Universum gehört danach zum göttlichen Plan.

Die Unvorhersagbarkeit des Geschlechts

Die reductio ad absurdum *ist Gottes liebster Beweis.*

Holbrook Jackson

Ein Thema, das die Naturtheologen stark beschäftigte, war das des Geschlechts. Jedenfalls könnte man behaupten, sie seien an einem seiner Aspekte besonders interessiert gewesen, nämlich an dem über lange Zeiten ausgewogenen Verhältnis der Geburtenziffern von Jungen und Mädchen (tatsächlich war auch das kleine Übergewicht der Geburten von Jungen gegenüber denen von Mädchen bemerkt worden). Ein so naiver theologischer Anhänger des teleologischen Gottesbeweises wie William Derham schrieb diese Ausgewogenheit oder das geringe männliche Übergewicht keinem mathematischen Langzeitverhalten zu, sondern vielmehr einer besonders merkwürdigen Vorsehung:

Ein Überschuß an Männern für die Verwendung im Krieg, auf dem Meer und bei anderen Gelegenheiten, die mehr Männer- als Frauenleben kosten, ist sehr nützlich. Daß dies das Werk göttlicher Vorsehung ist und kein Zufall, wird gerade durch die Gesetze der Statistik bewiesen.

Der Verfasser beruft sich also auf einen Zweckmäßigkeitsbeweis. Später wurden mehrere statistische Erklärungen dafür gegeben. Bernoulli zeigte, daß sich der kleine beobachtete Überschuß von Knaben über Mädchen genau dann ergibt, wenn die Wahrscheinlichkeit nicht ½, sondern $^{18}/_{35}$ beträgt.

Keine dieser naturtheologischen Untersuchungen enthielt den Begriff des Zufalls, den man als Antithese des von Gottes Hand bewirkten Zwecks gesehen hätte. Der Zufall wurde als eine Art Ursache gesehen, die all das erklärt, was im Widerspruch zum etablierten christlichen Bild von Ursprung und Lenkung der materiellen Welt stand. Erst nach Maxwell lernte man die Vielfalt der Verhaltenstypen zu schätzen, wie sie anscheinend zufällig ablaufende Vorgänge erzeugen können.*

Die Naturtheologen, die die Welt des Lebendigen betrachteten, wollten jede zwangsläufige Einzelheit in das Weltbild einbauen. Sie hielten gar nichts davon, die Welt lediglich mit einer Logik zu versehen, die alle Eventualitäten erfaßt: Dazu konnte uns erst Darwin bringen. Im Lauf des letzten Jahrhunderts haben wir allmählich entdeckt, daß Zufallsprozesse dies ermöglichen. Lebendige Systeme brauchen deshalb nicht für alle Eventualitäten vorprogrammiert zu sein. Sonst wären sie sicherlich schon wegen ihrer Größe und inneren Komplexität nicht lebensfähig.

Diese Überlegungen der Naturtheologen zum wohltätigen «Zweck», der diesen statistischen Durchschnitt in einem gesunden Gleichgewicht hält, fanden viele Anhänger, darunter nicht zuletzt Florence Nightingale, das Vorbild aller Krankenschwestern des 19. Jahrhunderts. Sie erkannte darin «den Gedanken Gottes» und sah das Gleichgewicht zwischen Geburten und Todesfällen wie auch das zwischen den Geschlechtern als von Gott bewahrt. Die Stabilität der Ergebnisse, die auf im einzelnen unvorhersagbaren Ereignissen beruhte, beeindruckte sie sehr. Als eine der ersten deutete sie es als einen teleologischen Beweis für das Wohlwollen Gottes. Wohl gegen alle Erwartung ist sie deshalb eine Statistikerin; ein Kommentator schrieb dazu:

> [Denn] ihre Statistik war mehr als Forschung, sie war Religion. Denn Quételet war für sie als Wissenschaftler ein Held, und ihr Widmungsexemplar seiner *Physique sociale* weist auf jeder Seite ihre Anmerkungen auf. Florence Nightingale glaubte – und alles, was sie in ihrem Leben tat, beruhte auf diesem Glauben –, daß der Höchste nur dann erfolgreich sein könnte, wenn er durch statistisches Wissen geleitet wäre... Nein, sie ging noch weiter; sie behauptete, daß das Weltall – einschließlich menschlicher Gemeinschaften – sich in Übereinstimmung mit einem göttlichen Plan entwickelt habe; daß es die Aufgabe des Menschen sei, diesen Plan zu verstehen und seine Handlungen ihm entsprechend zu leiten. Aber um Gottes Gedanken zu begreifen, müssen wir ihrer Meinung nach Statistik lernen, denn sie ist Teil Seines Willens. Deshalb war ihr das Betreiben der Statistik eine religiöse Pflicht.

---

* Maxwell untersuchte auch das Verhalten von Molekülen in Gasen, bei denen allein durch die Anzahl der Zusammenstöße eine Situation entsteht, die sich nicht genau beschreiben läßt. Jeder Zusammenstoß ist für sich zufällig; weil jedoch jeder von jedem anderen unabhängig ist, ergibt sich eine stabile statistische Verteilung der Molekülgeschwindigkeiten. Diese Systeme sind klassische Beispiele für ein mikroskopisches Chaos, das im Großen eine stabile Ordnung erschafft. Je größer die Anzahl der Moleküle des Systems, um so kleiner sind die gelegentlichen Abweichungen vom stabilen Durchschnittsverhalten.

Diese sehr detaillierten Untersuchungen, die vor Darwin zur Verteidigung dieser Gedanken angestellt wurden, verraten zum ersten Mal ein gewisses Vertrauen darauf, daß mathematische Gesetze die Entwicklung und Veränderung von Lebewesen bestimmen. Sie gestehen der Reproduktion ein Zufallselement zu, dessen Beständigkeit erklärungsbedürftig ist. Die gesuchte Erklärung war nicht wissenschaftlich, stellte jedoch hier wie bei anderen teleologischen Beweisen deutlich heraus, wo Anpassung und Gleichgewicht in der Natur eine Rolle spielen; darauf konnten sich Darwin und seine Nachfolger bei ihrer Suche nach anderen Erklärungsmöglichkeiten berufen.

Symmetriebrechung im Weltall

Hier liegt Martin Engelbrot,
Erbarm dich seiner Seel, Herr Gott,
Wie ich es tät, wär ich Herr Gott
Und du wärst Martin Engelbrot.

Grabinschrift

Wir haben zu Beginn dieses Kapitels betont, daß der Unterschied zwischen den Naturgesetzen und ihren Ergebnissen unser Verständnis der Welt doppelt erschwert. Die Grundlagenphysik verrät uns, daß die beobachtete Struktur der Natur temperaturabhängig ist. Das Verhalten von Elementarteilchen der Materie wird bei höheren Energien und Temperaturen immer symmetrischer und in gewisser Weise einfacher. Bei den extrem hohen Temperaturen in den ersten Augenblicken des Urknalls könnte das Universum höchst symmetrisch gewesen sein. Als es sich jedoch ausdehnte und die Temperatur abnahm, ergaben sich ganz unterschiedliche Möglichkeiten für das Verhalten der Materie, und die Symmetrien wurden einmal so und einmal anders gebrochen.

Heute leben wir in einer kühlen Welt niedriger Energie, in der Biochemie möglich ist. Wäre das Universum in unserer Umgebung wesentlich wärmer oder kälter, hätten wir uns nicht entwickeln können. Wir sind deswegen nicht besonders gut zur Rekonstruktion der Symmetrien der Natur ausgestattet. Notwendigerweise leben wir in einer Ära, in der die großen Symmetrien der Natur seit langem gebrochen sind, was die wahre Einfachheit hinter den Dingen verstellt. Zudem könnten viele der Dinge, die wir im Weltall beobachten, vor allem durch die Zufälligkeiten bestimmt sein, die sich für die Symmetriebrechungen nun einmal ergeben haben.

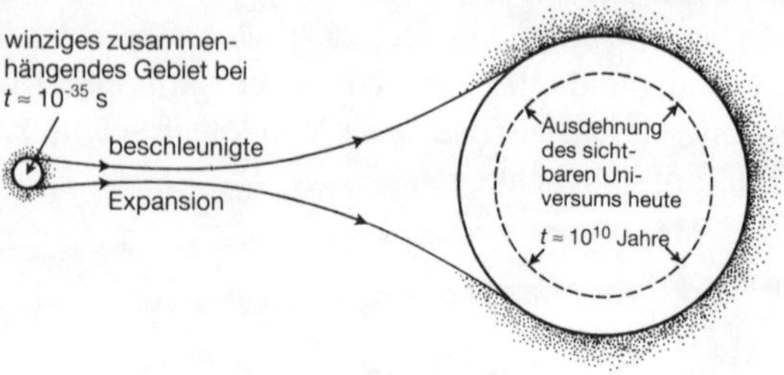

6.2 Das inflationäre Universum. Eine schematische Darstellung des inflationären Weltalls, wobei sich das ganze sichtbare Universum aus der beschleunigten Expansion eines einzigen, winzig kleinen kohärenten Bereichs entwickelt. Ohne die beschleunigte Expansion hätten sich diese glatten Mini-Bereiche nur zu Gebieten entwickelt, die viel kleiner sind als das heute beobachtbare Universum.

Ein Beispiel für dieses Problem bietet der in Kapitel 3 eingeführte Begriff des «inflationären Universums», der für die moderne Kosmologie so wichtig ist. Das inflationäre Universum ist nicht so sehr eine neue kosmologische Theorie als vielmehr eine Erweiterung der Urknalltheorie – wobei diese Theorie eines expandierenden Universums seit den sechziger Jahren, als die Steady-State-Theorie durch eine Fülle von Beobachtungsdaten widerlegt wurde, das einzige annehmbare Bild der kosmologischen Gesamtentwicklung bietet. Das übliche Urknallmodell sieht das Universum als Ergebnis einer Entwicklung, die vor einer endlichen vergangenen Zeit aus einem Anfangszustand begann. Die Expansion verlangsamt sich unter dem Einfluß der Schwerkraft seit Beginn. Das ist deshalb rätselhaft, weil sich das Universum dann zu Anfang so langsam entwickelt haben muß, daß die gewaltige Kugel von fünfzehn Milliarden Lichtjahren Durchmesser, die wir das «sichtbare Universum» nennen, schon in den ersten Momenten ziemlich groß gewesen sein muß. Mit «ziemlich groß» meinen wir, daß es gewaltig viel größer war als jeder Bereich, den Lichtsignale in der Zeit seit dem Beginn der Ausdehnung hätten durchqueren können. Deshalb also ist die Gleichförmigkeit des heute sichtbaren Universums zusammen mit der Tatsache, daß es sich mit einer Genauigkeit von mindestens eins zu tausend in alle Richtungen gleich schnell ausdehnt, ziemlich rätselhaft. Das Modell des inflationären Universums nun besagt, es hätte schon in den ersten Augenblicken der Expansion gewisse Materieformen gegeben, wie sie Teilchenphysiker routinemäßig mathematisch untersuchen und auf dem Papier als Modelle der Hochenergiephysik betrachten. Diese Materie habe die Expansionsrate kurzzeitig beschleunigt. Dadurch kann sich die gedachte große Kugel um uns herum, die wir das sichtbare Universum nennen, während der ersten Augenblicke aus einem viel kleineren Bereich entwickelt haben. Der embryonische Bereich war so klein, daß ihn Lichtsignale schon durchquert haben konnten, bevor noch die Expansion begann. Das erklärt, warum das Universum im Großen so regelmäßig ist. Die Gleichförmigkeit im Großen spiegelt einfach die mikroskopische Gleichförmigkeit wider, die durch die glättende Wirkung von Reibungsprozessen während der ersten Augenblicke erreicht wurde (Abbildung 6.2).

Stellen wir uns jetzt vor, das Universum hätte in einem ziemlich chaotischen oder zufälligen Zustand begonnen, so daß wir über seinen Anfangszustand nichts vorauszusetzen brauchen. Wenn die Bedingungen von Ort zu Ort verschieden sind, machen gewisse Bereiche längere Phasen der «Inflation» durch, in denen sich die Expansion während der frühen Stadien beschleunigt. Die Symmetriebrechung schreibt dann vor, wie sich schon bald nach dem Beginn der Expansion die physikalischen Eigenschaften von einem Bereich des Universums zum nächsten unterscheiden. Verschiedene Bereiche können deshalb verschieden stark expandieren. Nur solche, die sich um mehr als ein bestimmtes Maß aufblähen, leben so lange, daß sich Leben entwickeln kann. Wir bewohnen einen solchen Bereich. Es gibt viele andere (sogar unendlich viele, wenn das Universum unendlich groß ist), die jenseits des Horizonts unseres beobachtbaren Universums liegen. Diese können ganz anders sein als der für uns sichtbare Bereich. Deshalb, so schließen wir, muß eine Theorie für Alles etwas zu wünschen übriglassen.

Die Theorie für Alles läßt schon aufgrund der Widerspruchsfreiheit die Existenz vieler sichtbarer Welten zu, nur große jedoch könnten den Physikern sichtbar sein. Wir wohnen in nur einer der möglichen Welten, die mit den für die biologische Evolution notwendigen Bedingungen verträglich sind. Um also zu verstehen, warum der für uns beobachtbare Teil des Universums die beobachteten Eigenschaften hat, brauchen wir mehr als nur die Naturgesetze. Viele der auffälligen Eigenschaften der großräumigen Struktur des Universums könnten sich mit den Unterschieden zwischen den zufälligen Symmetriebrechungen von einem Bereich zum anderen verknüpfen lassen. In dem Fall würden wir selbst dann in einer Theorie für Alles vergeblich nach einer direkten Erklärung dieser Eigenschaften suchen, wenn die beim Urknall herrschenden Anfangsbedingungen bekannt wären. Im *Einzelnen* läßt sich das sichtbare Universum nicht aus einer Theorie für Alles herleiten, wenn es ein solch an sich zufälliges Element wie die Symmetriebrechung enthält, die in seinem Anfangsstadium von einem Ort zum anderen anders sein kann.

Um Genaueres sagen zu können, betrachten wir jetzt ein Beispiel, das sich womöglich auf unser Universum anwenden läßt. Eine der auffallendsten Eigenschaften des sichtbaren Universums ist das Übergewicht der Materie über die Antimaterie. Obwohl Teilchenbeschleuniger Materie und Antimaterie zu gleichen Mengen erzeugen und obwohl die beiden Materieformen gleichberechtigt sind, sehen wir keine Antiplaneten, keine Antisterne und keine Antigalaxien. Weder finden wir in den kosmischen Strahlen, die uns von außerhalb des Sonnensystems erreichen, Hinweise auf Antimaterie, noch beobachten wir die wechselseitige Vernichtung von Materie und Antimaterie, die sich überall dort ereignen würde, wo die beiden zusammentreffen. Aus einem geheimnisvollen Grund bevorzugt der Kosmos also die uns gewohnte Materie, denn das beobachtbare Universum besteht aus Materie und nicht aus Antimaterie. Andererseits besteht es offensichtlich auch aus Strahlung. Dabei haben die Photonen deutlich die Vorherrschaft – im Mittel entfallen auf jedes Proton in der Welt etwa zwei Milliarden Photonen. Da jedesmal zwei Photonen entstehen, wenn ein Proton auf ein Antiproton trifft und es vernichtet, muß sich ein Universum wie das unsere, bei dem auf jedes Proton zwei Milliarden Photonen kommen, aus einem heißen, dichten Zustand entwickelt haben, in dem auf je eine Milliarde und ein Protonen eine Milliarde Antiprotonen kamen. Eine Milliarde Antiprotonen vernichten eine Milliarde Protonen und erzeugen für jedes übrigbleibende Proton zwei Milliarden Photonen. Aber warum sollte das frühe Universum mit einem solch merkwürdigen Übergewicht der Materie über die Antimaterie begonnen haben?

Anfang der achtziger Jahre lieferten die vereinheitlichten Theorien für die starke, elektromagnetische und die schwache Wechselwirkung eine zwingende Erklärung für dieses kosmische Ungleichgewicht. Nach diesen Theorien gibt es zwischen den Zerfallsraten von Teilchen und Antiteilchen winzige Unterschiede, die ganz natürlich zu einer Asymmetrie führen konnten, die möglicherweise in den sehr frühen Stadien des Universums eine wichtige Rolle spielte. Das spätere Ungleichgewicht zwischen Protonen und Antiprotonen – das Verhältnis von einer Milliarde und eins zu einer Milliarde – könnte sich aus dieser Zerfallsrate ergeben haben. Die Frage bleibt dann: Was ist diese Asymmetrie? In einigen Theorien ist sie ein konstanter Wert, der durch andere Naturkonstanten gegeben ist, die wir messen können, wenn sie sich auf andere beobachtbare Eigenschaften der Welt der Elementarteilchen auswirken. In anderen jedoch ist diese Universalkonstante nur ein Teil der gesamten Asymmetrie. Sie wird durch etwas ergänzt, das sich zufällig im Universum von einem Ort zum anderen verändert, weil es sich aus zufälligen Prozessen der Symmetriebrechung ergibt, die von lokalen Dichte- und Temperaturbedingungen abhängen. In diesem Fall schwankt das Ungleichgewicht zwischen Materie und Antimaterie von einem Bereich des Universums zum nächsten. Das Verhältnis wird nicht nur durch die «Theorie für Alles» bestimmt. Wieder gibt es Orte, in denen das Ungleichgewicht gering ist und daher viel Materie vernichtet wird; dann können sich keine für die Entwicklung und Erhaltung des Lebens günstigen Bedingungen herausbilden. Nur in jenen Bereichen, in denen das Gleichgewicht zwischen annehmbaren Grenzen liegt – ein solcher Bereich ist offensichtlich unser sichtbarer Bereich des ganzen Universums –, können sich Beobachter entwickeln. Für diese Beobachter ergibt sich die Erklärung für das Ungleichgewicht von Materie und Antimaterie nicht allein aus den Naturgesetzen oder den Anfangsbedingungen. In gewissem Sinn gibt es gar keine Erklärung, die im üblichen Sinne wissenschaftlich ist. Die Bedingungen ergaben sich zufällig und waren an jedem Ort anders. Wir beobachten, was aus einer der Möglichkeiten geworden ist, die die Entwicklung von Leben zuließ. Sie wird von den Naturgesetzen nicht gefordert, sondern nur geduldet. Die Tatsache, daß sie vermutlich ziemlich unwahrscheinlich ist, braucht uns keine Sorgen zu bereiten. Wenn eine Theorie für Alles zu Welten mit etwa gleich viel Materie und Antimaterie führt, sind sie unbewohnte Welten. Wir leben, ganz unabhängig davon, wie unwahrscheinlich sie ist, in einer der unwahrscheinlichen Alternativen.

Diese Beispiele veranschaulichen, daß das Universum sowohl raffiniert als auch bösartig sein kann. Die Naturgesetze erlauben uns nicht, das herzuleiten, was wir im Universum sehen. Und wir wissen nicht einmal, wo wir die Trennlinie zwischen jenen Aspekten ziehen sollen, die Gesetzen zuzuschreiben sind, und jenen, die sich zufällig ergeben.

7. Organisationsprinzipien

Zwischen den Extremen
nimmt der Mensch seinen Lauf.

W. B. Yeats

Wo die wilden Dinge sind

Zweifellos verstößt die Wirkung der Nervenzellen nicht gegen die Gesetze der Chemie und die der Impulse der Nervenbahnen nicht gegen die der Physik, aber es muß etwas zu unserer Wissenschaft hinzukommen, damit wir diese subtilen Erscheinungen erklären können.

William Jevons (1873)

Wer die Naturwissenschaft betrachtet, ist vom ganz Großen und ganz Kleinen beeindruckt. Das Nachdenken über die endgültige Struktur der physikalischen Welt ist heute zumeist von Spekulationen über den Raum im Inneren der Elementarteilchen und den Raum jenseits der Sterne beherrscht. Wir fühlen intuitiv, daß die letzten Geheimnisse vom Bau der Welt mit den Extremen unserer Vorstellungskraft zu tun haben müssen. Aber es gibt andere Extreme als die des Raums und der Zeit und der Temperatur. Es gibt auch Extreme der Komplexität. Wenn wir diesen neuen Weg gehen, begegnen uns in der Alltagswelt neue und überraschende Züge, die die Grenzen eines Reduktionismus aufzeigen, der sich von einer Theorie für Alles die Erklärung der gesamten Welt erhofft.

In Kapitel 5 (Abbildung 5.1) haben wir eine besonders aufschlußreiche Darstellung dessen gezeigt, was es in der Welt gibt. Sie gibt in Abbildung 7.1 zusätzlich zur Größenhierarchie auch die Komplexität an. Die

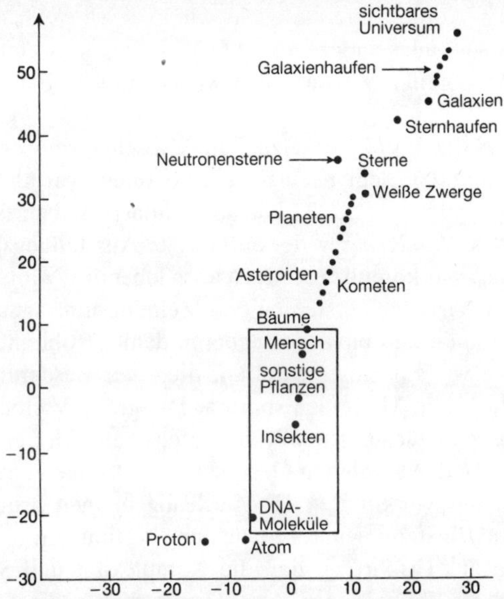

7.1 Der Größen- und Massenbereich der wichtigsten bekannten Strukturen im Universum (siehe Abbildung 5.1); der Bereich, in dem es komplexe Organismen gibt, ist eingerahmt. In diesem Bereich sind die beobachteten Phänomene vor allem das Ergebnis komplexer Wechselwirkungen sehr vieler Komponenten; sie ergeben sich durch die Art ihrer Organisation und nicht durch ein ungewöhnliches Verhalten der Naturkräfte.

wichtigsten Strukturen des bekannten Universums sind angefangen vom Kern des Wasserstoffatoms über größere Atome und Moleküle zunächst Menschen, Bäume und Berge, dann Asteroide, Planeten und Sterne, Galaxien und Galaxienhaufen und schließlich das gesamte sichtbare Universum, also die größten sichtbaren astronomischen Strukturen. In dieses Bild läßt sich ein «Zauberkasten» zeichnen. Er enthält den Bereich der Strukturen, deren Eigenschaften geordnete und komplexe Systeme kennzeichnen. Ihre Struktur wird also nicht einfach durch das Gleichgewicht zwischen zwei einander entgegenwirkenden Naturkräften bestimmt. Ihr Wesen beruht nicht nur auf ihrer Größe, sondern auch darauf, wie das, woraus sie bestehen, organisiert ist. Wir Menschen sitzen mitten in diesem Zauberkasten. Das ist nicht überraschend. Unser

Gehirn ist das Komplizierteste, dem wir im Weltall bis jetzt begegnet sind. Wir sind alles andere als einfach. Wäre unser Gehirn wesentlich einfacher, könnten wir das nicht wissen, weil es dafür zu einfach wäre.

Organisierte Strukturen besetzen die Zwischenwelt zwischen dem sehr Großen und dem sehr Kleinen. Hier befinden wir uns im Bereich vielseitiger Komplexität: Sie ist klar und einfach. Leben ist in diesem Verzeichnis des Wunderbaren der auffälligste Ausstellungsgegenstand, aber nicht alles, was kompliziert ist, ist auch lebendig. Vom Wetter, dem Verhalten von Wirtschaftssystemen und Meinungsumfragen bis zu exotischen Materialien und unvorhersagbaren demographischen Veränderungen stoßen wir auf Komplexitäten, die einer Beschreibung durch unsere traditionellen Methoden spotten. Die große Vielfalt dieser geordneten Komplexität jedoch läßt vermuten, daß sich der Begriff der Komplexität von den speziellen Gegebenheiten trennen ließe, in denen wir ihm begegnen; wir könnten dann nach allgemeinen Grundsätzen suchen, die seine Entstehung und Entwicklung bestimmen.

Wir wissen aus Erfahrung, daß die Komplexität und Struktur der Dinge einfach aus ihrer Menge folgt. Das Verhalten eines Einzelmenschen kann sehr einfach sein. Sowie ein zweiter Mensch hinzukommt, werden völlig neue Arten komplexen menschlichen Verhaltens möglich. In einer Gruppe von dreien können noch ungewöhnlichere Dinge passieren, in einer von zwölfen ist fast alles möglich. So ist es auch mit Atomen oder Elektronen. Das Ganze ist wesentlich mehr als die Summe seiner Teile, denn wenn die Zahl der Komponenten sehr groß ist, können sich Teilsysteme bilden. In der Welt der Wirtschaft haben wir es darum nicht mit einem einzigen System zu tun, in dem jedes Element auf alle möglichen Arten mit allen anderen in Beziehung stehen kann. Vielmehr gibt es eine Reihe großer Teilsysteme, die auf jeweils besondere Weise mit anderen wechselwirken.

Das Motto der Welt der Komplexitäten lautet: Je mehr, desto besser. Je größer die Anzahl der Komponenten, desto größer die Anzahl der möglichen internen Konfigurationen des Systems, die dem gleichen äußeren Erscheinungsbild des Systems entsprechen. Betrachten wir als einfaches Beispiel die Anzahl der Wörter, die wir in einem Spiel wie *Scrabble* aus Einzelbuchstaben bilden können. Wir finden im Lexikon kein deutsches Wort mit einem einzigen Buchstaben. Es gibt ein paar Wörter mit zwei Buchstaben, und wenn die Zahl der Buchstaben zunimmt, wird auch die Anzahl der möglichen Wörter immer größer. So ist es auch mit Atomen und Materieteilchen. Materialeigenschaften – und insbesondere die außergewöhnlichen elektrischen Eigenschaften der Supraleiter und Halbleiter, mit denen sich die Festkörperphysik beschäftigt, sind ein Ergebnis dieser komplexen Welt der großen Zahlen. Es hat sich unter Wissenschaftlern in den letzten Jahren eine interessante Auseinandersetzung darüber entwickelt, welche Bedeutung solche Phänomene im Vergleich mit den Erscheinungen in der herkömmlichen «traditionellen» Wissenschaft haben. Populärwissenschaftliche Bücher beschäftigen sich, wie jeder Leser bald merkt, vor allem mit Schwarzen Löchern, Kosmologie und Elementarteilchen. Diese entgegengesetzten Extreme des Größenspektrums werden als die grundlegendsten und natürlichsten Anwendungen der reinen, ungetrübten Forschung – einer Art «Schönwetterwissenschaft» – betrachtet, während die physikalische Welt im Bereich dazwischen durch «Schmutzeffekte» geprägt ist und weder grundlegend noch interessant scheint. Selbst Berufsphysiker müssen bei ihr erst «auf den Geschmack kommen». Jenen, die diese komplizierten Erscheinungen untersucht haben, verdanken wir jedoch unendlich viel – insbesondere neue Materialien und Verfahren, die unseren modernen Lebensstandard ermöglichen. Dies ist unbestritten; aber dieses Gebiet gilt nicht ebenso selbstverständlich als Grundlagenforschung wie die Kosmologie oder Teilchenphysik. Das hat in der westlichen Forschungspolitik bei Entscheidungen über die Finanzierung der ungeheuren experimentellen Vorhaben, mit denen in der Astronomie und Elementarteilchenphysik Neuland erobert werden sollte, eine enorme Rolle gespielt. Metallurgen, Chemiker und Festkörperphysiker meinen, daß ihre Forschungsbereiche dieselbe großzügige Förderung durch Regierungsstellen verdienten. Die Teilchenphysiker behaupten, ihr Thema sei grundlegender. Wer hat recht?

Diese Debatte ist im Grunde eine alte Frage in neuem Gewand. Es geht um den «Reduktionismus», für den sich üblicherweise besonders alle der Biologie nahestehenden Wissenschaften interessieren. Der typische Reduktionist ordnet die Naturwissenschaft nach einer strikten Hierarchie. Schon in der Zoologie betrachten wir etwas dann als «verstanden», wenn wir es auf etwas Grundlegenderes reduziert haben – in diesem Fall die Biologie. Die Biologie wiederum gründet auf ähnliche Weise letztlich ausschließlich auf der Chemie, die Chemie auf der Physik, und die Physik führt uns zurück zu den elementarsten Bausteinen der Materie. Wenn wir sie finden – egal ob sich nun herausstellt, daß es Punktteilchen sind oder Strings –, ist die Kette vollständig. Deshalb behauptet ein überzeugter Reduktionist, es gebe überall eine «Warum»-Frage, die immer in dieselbe Richtung zielt: auf einen kleineren Maßstab hin. Die Wirkungen des Zauberkastens finden sich immer im Inneren. Der Teilchenphysiker und Nobelpreisträger Steven Weinberg schreibt angesichts der Kritik vieler Festkörperphysiker in einem Plädoyer für die Bereitstellung von Geldmitteln für einen geplanten Teilchenreaktor:

Und doch haben wir aufgrund dieser Intuition, daß eine wissenschaftliche Verallgemeinerung eine andere erklärt, in der Wissenschaft ein Gefühl für Richtung. Es gibt Pfeile wissenschaftlicher Erklärungen, die sich durch den Raum aller wissenschaftlichen Verallgemeinerung ziehen. Nachdem wir jetzt viele dieser Pfeile entdeckt haben, können wir nach der Struktur suchen, die sich dabei zeigt, und wir bemerken etwas Erstaunliches: vielleicht die größte wissenschaftliche Entdeckung. Diese Pfeile scheinen sich an einer Quelle zu vereinigen! Man kann in der Wissenschaft irgendwo beginnen und wie ein Kind immerzu «Warum?» fragen. Schließlich kommt man in den Bereich des ganz Kleinen... Ich sagte schon, daß die Pfeile der Erklärungen auf eine gemeinsame Quelle hindeuten, und wir Teilchenphysiker meinen, wir seien dieser Quelle nah. Es gibt einen Hinweis in der heutigen Elementarteilchenphysik, daß wir nicht nur so tief eingedrungen sind, wie das heute möglich ist, sondern wir auch absolut betrachtet bei einer sehr tiefen Schicht, vielleicht sogar ganz nah an der letzten Quelle, angekommen sind.

Hier sehen wir, wie das Plädoyer für die Grundlagenforschung auf die Entdeckung einer Theorie für Alles hinweist. Man glaubt, daß es eine Theorie für Alles gibt und wir nahe daran sind, sie zu finden. Denn Weinberg schließt:

Es gibt Grund zu der Annahme, daß wir in der Elementarteilchenphysik etwas sehr, sehr Grundlegendes über die logische Struktur des Universums erfahren. Ich sage das, weil wir beim Übergang zu immer höheren Energien und zu immer kleineren Strukturen fanden, daß die Gesetze, die physikalischen Prinzipien, die beschreiben, was wir lernen, immer einfacher werden... die von uns entdeckten Regeln werden immer kohärenter und allgemeiner. Wir ahnen langsam, daß das kein Zufall ist, daß es nicht zufällig für die Probleme gilt, deren Erforschung wir uns in diesem Augenblick der Geschichte der Physik vorgenommen haben, sondern daß es eine Einfachheit, eine Schönheit ist, die wir in den Regeln finden, die für die Materie gelten, die ganz tief in der logischen Struktur des Universums verankert ist.

An dem, was der Reduktionist zu sagen hat, ist sicherlich etwas «dran». Es gibt keinen Grund zu der Annahme, die Biologie beschäftige sich mit etwas, das nicht aus den Atomen und Molekülen besteht, die der Chemiker erforscht, oder diese Atome und Moleküle bestünden aus etwas anderem als Elementarteilchen. Wir bezweifeln ja auch nicht, daß die Pietà des Michelangelo aus einem anderen Rohmaterial besteht als Marmor. Aber ein solcher Reduktionismus ist trivial. Historisch hatte er seine Berechtigung in bezug auf Spekulationen über einen geheimnisvollen Wärmestoff («Phlogiston») im Feuer oder einen *élan vital* in Lebewesen, die sich als unhaltbar erwiesen. Wenn einfache Dinge zusammenkommen, erzeugen sie ein Ganzes, dessen Verhalten vielfältiger ist als die Summe seiner Teile. So erscheint qualitativ Neues, wenn die Komplexität oder die Anzahl der Komponenten zunimmt. Eine solche Situation haben die frühen Vitalisten nicht vorhergesehen. C. H. Waddington bemerkte dazu treffend:

> Der Vitalismus lief auf die Behauptung hinaus, Lebewesen verhielten sich nicht so, als ob sie ausschließlich Mechanismen wären, die aus rein materiellen Komponenten bestehen; das aber setzt voraus, daß man ihre rein materiellen Komponenten kennt und auch weiß, in welche Mechanismen sie eingebaut werden können.

Der Computer auf meinem Schreibtisch ist vielleicht nichts anderes als eine Ansammlung von 10^{27} Protonen, Neutronen und Elektronen, aber sicherlich unterscheidet sich die Art und Weise, in der diese subatomaren Teilchen zusammengesetzt und organisiert sind, von einer wahllos zusammengesetzten Menge aus 10^{27} einzelnen subatomaren Teilchen. Auf dieser Ebene des möglichen Verhaltens des Systems ist der Computer mehr als die Summe seiner Teile; was ihn dazu macht, ist die Art, in der die Atome zu bestimmten Materialien verbunden sind und wie diese Materialien wieder zu Schaltern und Kreisen verdrahtet sind. Die Eigenschaften des Computers bezeugen eine bestimmte Ebene und Qualität der Komplexität. Je größer und komplexer die inneren Schaltkreise und ihre Logik sind, um so raffiniertere Möglichkeiten eröffnen sich.

Der Reduktionismus irrt also, wenn er annimmt, alle Erklärungen der Komplexität müßten auf einem niedrigeren Niveau und schließlich in der Welt der elementarsten Bausteine der Materie gesucht werden. Wir könnten vielmehr erwarten, auf jeder Ebene neue Arten komplexer Organisationen zu finden, wenn wir vom Reich der Quarks zu den Kernteilchen und schließlich über Atome und Moleküle zu Materieansammlungen kommen. Jedesmal zeigt sich am neuen Verhalten, daß unter bestimmten Umweltbedingungen eine spezifische Organisationsebene erreicht wurde. Ein bemerkenswerter Unterschied zwischen den komplexen Phänomenen und den grundlegenden Erscheinungen der Teilchenphysik liegt darin, daß die Gültigkeit der einfachen Gesetze mit der Entwicklung des Universums verknüpft wird – man geht davon aus, daß sie sich bis zu einem gewissen Stadium etabliert hatten. Wenn wir die Entwicklung des Universums weit genug zurückverfolgen, sollten wir Bedingungen begegnen, die so extrem sind, daß sie alle elementaren Bausteine in einem freien Zustand erzeugen können. Sie setzen für die Umwelt nichts außer einer hohen Temperatur voraus. Komplexe Gebilde dagegen sind völlig anders. Sie sprechen gewöhnlich sehr empfindlich auf viele Einzelfaktoren in der Umwelt an und entstehen nicht «natürlich». Wir müssen vielmehr oft die Bedingungen erst schaffen, in denen sie sich zeigen. Es ist gut vorstellbar, daß viele der komplexen Erscheinungen, die wir im Labor oder in der Fabrik erzeugen konnten, niemals zuvor im Universum aufgetreten sind. Das ist ein ernüchternder Gedanke: Eine Eigenschaft wie die Supraleitung bei vergleichsweise hohen Temperaturen über dem absoluten Temperaturnullpunkt ist möglicherweise in der ganzen Geschichte des Universums noch zu keiner Zeit natürlich aufgetreten. Sie steckt latent in den Naturgesetzen, läßt sich aber nur dann aufzeigen, wenn ganz besondere künstliche Bedingungen erfüllt sind, nur dann also, wenn die Materie auf ganz besondere und «unnatürliche» Weise organisiert ist.

Leben, wie wir es kennen und teilweise verstehen, ist ein klassisches Beispiel dafür, was passiert, wenn ein ausreichendes Niveau an Komplexität erreicht wird. Bewußtsein scheint eine Manifestation einer noch höheren Organisation zu sein. Entsprechend sind beide Phänomene sehr fein auf die Bedingungen ihrer Umwelt abgestimmt. Das überrascht kaum, wenn sie als Ergebnisse einer natürlichen Auslese gesehen werden, bei denen die Umwelt eine Schlüsselrolle in der Selektion derjenigen Eigenschaften spielt, die den folgenden Generationen Überlebensvorteile bieten. Und doch ist es erstaunlich, daß gerade jene Lebensform, die wir kennen, wir selbst, uns mit der astronomischen Umgebung und sogar mit den physikalischen Gesetzen und Konstanten der Physik in einem sehr fein ausbalancierten Gleichgewichtsverhältnis befinden.

Biologen haben sich nicht auf eine Definition für Leben einigen können. Unsere Erfahrung mit seinen möglichen Formen ist zu begrenzt (Abbildung 7.2 zeigt einige der bekannten Beispiele). Nichtsdestoweniger herrscht trotz der mangelnden Übereinstimmung darüber, welche Bedingungen *notwendig* sind, damit etwas lebendig genannt werden kann, einigermaßen Übereinstimmung darüber, welche Kennzeichen

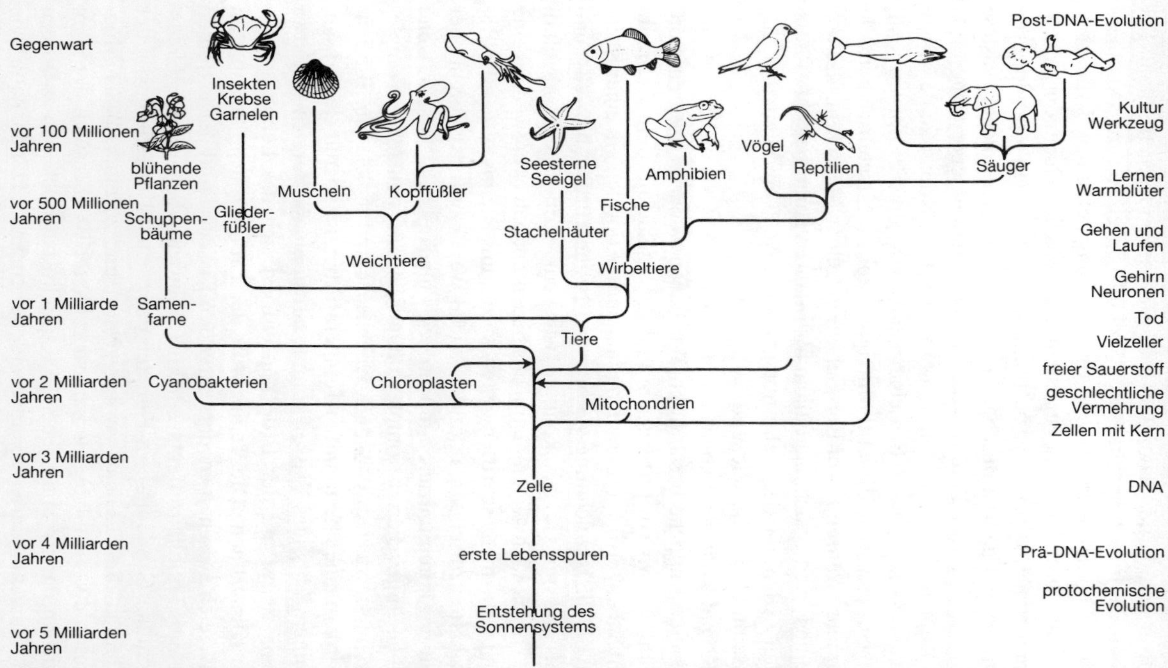

7.2 Die evolutionäre Entwicklung bekannter Tierstämme zeigt die gemeinsamen Vorfahren. Zwischen der Mobilität jeder Lebensform und ihrer Intelligenz scheint ein Zusammenhang zu bestehen. Menschen zeichnen sich außerdem durch die Effektivität aus, mit der sie die Intelligenz einzelner zur Erzeugung eines Gesamtwissens nutzen, das die Fähigkeiten eines Einzelwesens weit übersteigt.

hinreichend dafür sind. Jeder Versuch, die notwendigen Bedingungen anzugeben, läuft Gefahr, eine so einengende Spezifizierung vorzunehmen, daß nicht viel mehr als eine Beschreibung bekannter Lebensformen herauskommt. Nützlicher erscheint es, etwas dann lebendig zu nennen, wenn es sich selbst unter bestimmten Bedingungen reproduzieren kann und eine Organisationsebene enthält, die bei natürlicher Auslese erhalten bleibt. Reproduktion bedeutet nicht, daß in jeder Generation genaue Kopien entstehen, sondern nur, daß diese Kopien in derselben Umwelt eine höhere Überlebenschance haben. In jeder Biosphäre genügen einige Organismen dieser Bedingung, wenn auch technisch betrachtet nicht alle. Während zum Beispiel ein einzelner Mensch ihr deshalb nicht genügt, weil er sich nicht allein fortpflanzen kann, besteht er doch aus vielen Zellen, die der Definition genügen. Auch ein Mann und eine Frau zusammen sind hinreichend.

Die Komplexität des Lebens hat das Leben, wie wir es kennen, auf relativ kleine Bereiche beschränkt. Wir haben weder in unserem Sonnensystem, wo wir vor Ort gesucht und auf Signale aus dem Weltraum gehorcht haben, etwas gefunden, das auf andere Formen mit einer Komplexität, die die Bezeichnung «Leben» verdienen würden, hinweist; und auch aus unserer Galaxis konnten wir kein «Lebenszeichen» empfangen. Dieses «Schweigen» kann uns bedeuten, daß es entweder keine Wesen gibt, die fortgeschritten genug wären, uns Raumschiffe oder Radiobotschaften zu senden, oder daß solche Wesen zwar existieren, aber nicht mit uns kommunizieren möchten. Es überrascht nicht sehr, wenn diese Ebene organisierter Komplexität im Sonnensystem fehlt: Komplexität ist ein schwieriges Geschäft. Chemische und molekulare Bindungen erfordern einen bestimmten Temperaturbereich, damit sie wirksam sein können. Flüssiges Wasser kommt nur in einem Bereich von etwa 100°C vor. Selbst auf der Erde konzentriert sich das Leben auf bestimmte Klimazonen. Die Temperatur der Erdoberfläche bewahrt im engen Bereich zwischen wiederkehrenden Eiszeiten und der extremen Hitze eines Treibhauseffekts ein Gleichgewicht. Sehr kleine Unterschiede in der Größe unseres Planeten oder seiner Entfernung von der Sonne hätten dieses Gleichgewicht gestört und zu einer dieser Möglichkeiten hin verschoben. Daß ein so delikater Balance-Akt, der ja im wesentlichen das Ergebnis jener in Kapitel 6 besprochenen zufälligen Symmetriebrechungen ist, so entscheidend sein kann, läßt die natürliche Komplexität im Universum als etwas ziemlich Unwahrscheinliches erscheinen.

Die kompliziertesten Konstruktionen, die die Naturgesetze zulassen, brauchen zu ihrer Entwicklung alle Zwischenstufen. Zur Zeit sind wir eine dieser Zwischenstufen. Wir können uns durchaus andere Lebensformen vorstellen, die nicht auf Kohlenstoffchemie beruhen oder sogar nicht-chemische Grundlagen haben, auch wenn Biochemiker meinen, nur auf Kohlenstoff basierendes Leben könne sich spontan entwickeln. Andere komplexe Formen, die – gemessen an den Kriterien Reproduktion und Selektion – den Namen «Leben» verdienen, können nicht spontan, sondern nur mit Hilfe komplexer Vorgänge entstehen, die auf Kohlenstoffbasis ablaufen. Ein einfaches Beispiel ist die Computerrevolution des letzten Jahrzehnts, die man als Evolutionsprozeß beschreiben kann. Bei diesem Prozeß «reproduzieren» die Herstellungsprozesse Generationen kleiner Computer, von denen jede eine Verbesserung des früheren Modells darstellt, die aufgrund von Information, die die Benutzer oder der Markt gaben, eingeführt wurde. Fehlerhafte oder minderwertige Modelle wurden allmählich ausgemerzt oder gingen in anderen auf. Diese Form der sich entwickelnden Komplexität basiert nicht auf Kohlenstoff, sondern auf Silizium. Science-fiction-Autoren haben schon vor langem erkannt, daß das Element Silizium (das in der Erdkruste am häufigsten vorkommende Element) in wesentlich weniger spektakulärer Weise einige der ungewöhnlich guten Eigenschaften der Kohlenstoffatome hat: Stabilität, Biegsamkeit sowie Bindungseigenschaften, die Kohlenstoff zur Bildung großer Kettenmoleküle, der Grundlage der organischen Chemie, befähigen. Zwar kann Silizium nur begrenzt Kettenmoleküle bilden – zum Beispiel neigt Quarz (Siliziumdioxid) eher zur Bildung von Kristallgittern als zur Bildung von Flüssigkeiten und Gasen oder komplizierten reaktiven Kettenmolekülen –, aber trotzdem wurden Silizium und verwandte Moleküle aufgrund ihrer Eigenschaften zur Basis für die Mikroelektronik und Computerindustrie. Heute würde ein Science-fiction-Autor, der nach einem futuristischen Beispiel für die Überlegenheit von Silizium sucht, nicht die *Chemie* des Siliziums wählen, sondern eher auf seine *Physik* zurückgreifen. Aber diese Form des Silizium-«Lebens» hätte sich nicht spontan entwickeln können: Es setzt eine auf Kohlenstoff basierende Lebensform voraus, die als Katalysator wirkt. Wir sind die Katalysatoren.

Eine zukünftige Welt von Computerschaltkreisen, die immer kleiner und gleichzeitig immer schneller werden, ist eine plausible zukünftige «Lebensform», die für technische Zwecke besser geeignet ist als unsere eigene. Je kleiner der Schaltkreis, desto kleiner sind die Bereiche, in

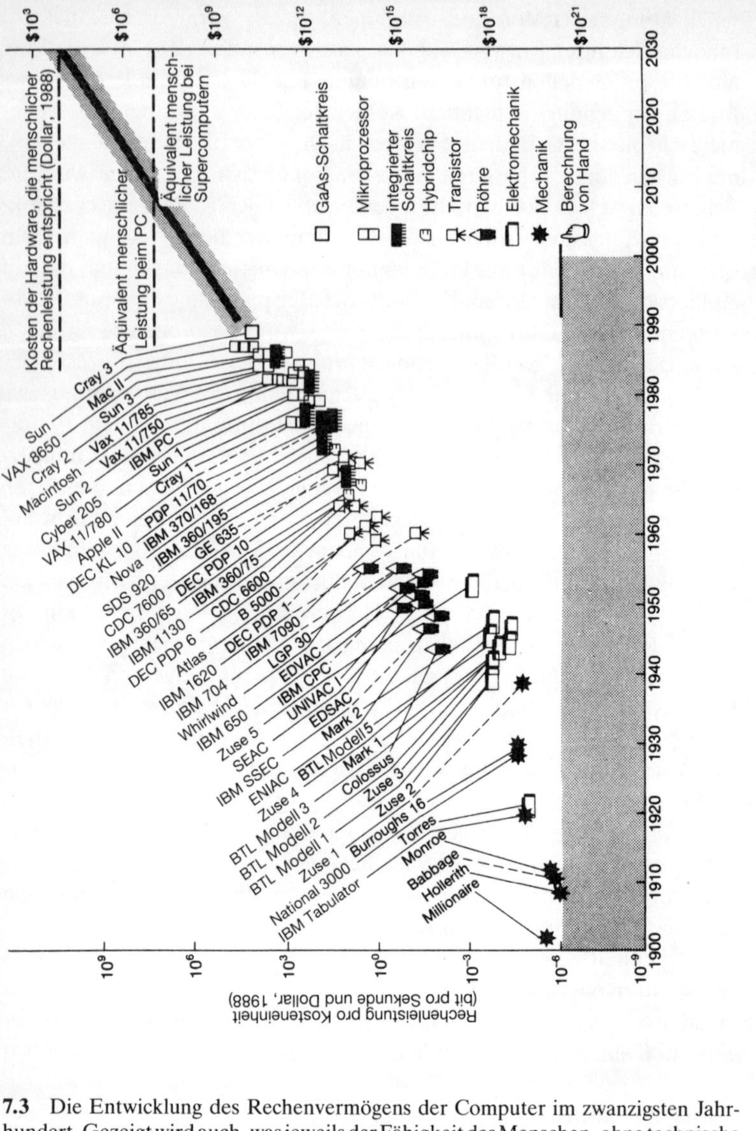

7.3 Die Entwicklung des Rechenvermögens der Computer im zwanzigsten Jahrhundert. Gezeigt wird auch, was jeweils der Fähigkeit des Menschen, ohne technische Hilfsmittel Rechnungen auszuführen, äquivalent ist und wie sich die Computerindustrie von mechanischen Geräten über elektrische zu den heutigen elektronischen Maschinen hin entwickelte.

denen Spannungen auftreten, und desto kleiner können deshalb diese Spannungen sein. Winzige Schichten von Material, nur wenige Atome dick, erlauben eine Feinabstimmung der elektronischen Materialeigenschaften, und das erhöht die Effizienz. Die ersten Transistoren waren aus Germanium, aber weit davon entfernt, zuverlässig zu sein; auch versagten sie bei hohen Temperaturen. Als qualitativ hochwertige Siliziumkristalle gezüchtet werden konnten, konnte eine Generation schnellerer und verläßlicherer Siliziumtransistoren und integrierter Schaltkreise entwickelt werden. Neue Halbleiterstoffe wie Galliumarsenid lassen die Elektronen noch schneller passieren als Silizium; sie führten zur Entwicklung der Cray-Computer. Abbildung 7.3 veranschaulicht die Entwicklung der Computerleistung. Zweifellos werden schließlich andere Stoffe überwiegen. Durch eine Rückkehr zum Kohlenstoff könnte sich der Kreis sogar wieder schließen. Reiner Kohlenstoff in Form von Diamanten ist wohl der beste Wärmeleiter, und das ist eine in dicht gepackten Schaltkreisen besonders wertvolle Eigenschaft.

Künstliches Leben

Ein Mensch ist, als Verhaltenssystem gesehen, ganz einfach. Die scheinbare Komplexität seines Verhaltens im Lauf der Zeit ist größtenteils eine Reflektion der Komplexität seiner Umwelt.

Herbert Simon

Nehmen wir einmal an, im Universum hätten sich seit der Bildung der ersten Sterne und Planeten keine anderen Formen von Leben und extremer Komplexität spontan entwickeln können als das biologische Leben auf der Basis von Kohlenstoff; alle anderen Formen der Komplexität lassen sich dann als «Künstliches Leben» (KL) zusammenfassen. Dieser Begriff ist eine Analogie zum Begriff der künstlichen Intelligenz (KI), sollte aber nicht mit ihr verwechselt werden: Wir sind dabei an umfassenderen komplexen Vorgängen interessiert als nur jenen, die kognitive Prozesse simulieren. Einer der Forscher auf diesem Gebiet hat als sein optimistischstes Ziel angegeben, «Modelle bauen zu können, die so lebensnah sind, daß sie aufhören, Modelle zu sein und selbst Beispiele für

Leben werden». In der Praxis läuft das darauf hinaus, alle Formen organisierter Komplexität zu untersuchen, wobei besonders jene berücksichtigt werden, die sich im Lauf der Zeit ändern und mit der Umgebung wechselwirken. Selbst in dem bescheideneren Fall von Eingaben, die einer unveränderlichen Umwelt entstammen, lassen sich recht interessante allgemeine Ergebnisse beweisen; sie veranschaulichen, was grundsätzlich möglich ist, wenn künstliches Leben (oder Komplexität) mit bestimmten Eigenschaften konstruiert wird. So könnte man sich zum Beispiel eine Form künstlichen Lebens vorstellen, die, einmal in Gang gesetzt, keine zusätzlichen Kontrollen oder Eingaben braucht, sondern sich immer reproduziert und bei der jeder Nachkomme seinen Eltern überlegen ist. Wir können uns eine Form künstlichen Lebens vorstellen, die Information speichert, welche alle Axiome und Regeln der Arithmetik enthält. Die Gesamtsumme all dieser Sätze ließe sich als ihre «Intelligenz» definieren. Unsere frühere Betrachtung des Gödelschen Unvollständigkeitssatzes ergab, daß die Intelligenz der Lebensform nicht alle Wahrheiten der Arithmetik enthalten kann. Es wird unweigerlich stets auch Sätze geben, die in ihrem Rahmen weder bewiesen noch widerlegt werden können. Wenn der Organismus jedoch entdeckt (und das kann er), daß eine Aussage der Arithmetik aus dem Satz von Axiomen, die in ihm enthalten sind, weder beweisbar noch widerlegbar ist, kann er das unentscheidbare Element einfach als ein neues Axiom hinzufügen. Das vergrößerte Axiomensystem wird natürlich immer noch unvollständig sein, wenn auch auf eine neue Art, aber der Organismus entwickelt sich nun weiter, indem er dieses Verfahren wiederholt: Unentscheidbare Behauptungen werden als solche erkannt und als neue Axiome hinzugenommen. Dadurch wird der Organismus immer gescheiter, weil jeder Abkömmling alle Sätze beweisen kann, die seine Eltern beweisen konnten (einige mit viel kürzeren logischen Herleitungen, weil die zusätzlichen Axiome neue logische Herleitungen erlauben), wegen dieser Zusatzaxiome aber sogar noch einige neue. Der Informationsgehalt eines jeden Organismus übersteigt den seiner Eltern. Ein weiterer Dreh ergäbe sich, wenn alle Eltern zwei Kinder hätten: Zum System des einen könnte dann die gewählte unentscheidbare Behauptung als neues Axiom hinzukommen, zu dem seines «Geschwisters» jedoch die Negation dieser Behauptung.

Das Hauptkennzeichen der deduktiven Fähigkeiten jeder organisierten Komplexität sind die Rechenleistung, also die Geschwindigkeit, mit der sie Information verarbeiten kann (also eine Zahlenreihe in eine an-

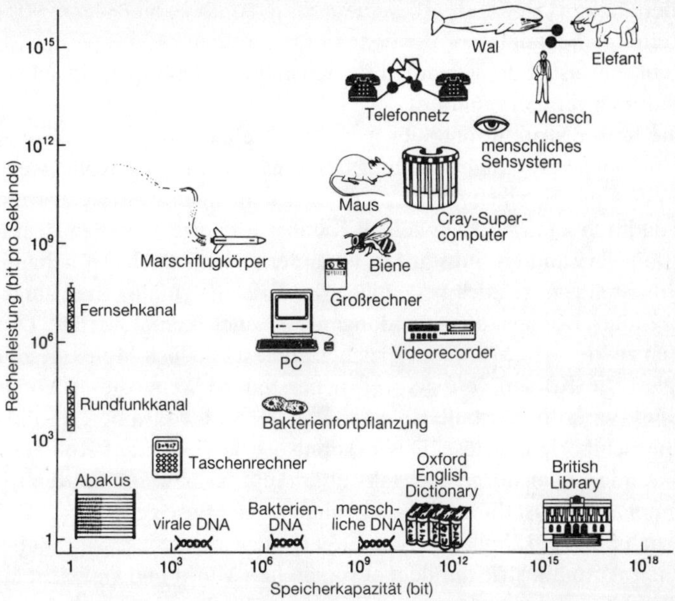

7.4 Das Rechenvermögen und die Fähigkeit zum Speichern von Information einer Reihe von Lebewesen und technischen Errungenschaften des Menschen.

dere umformen), und die Speicherkapazität ihres Gedächtnisses. Die Speicherkapazität bestimmt die Fähigkeit des Systems, zu lernen und sich Veränderungen anzupassen. In Abbildung 7.4 sehen wir einen Vergleich dieser beiden Eigenschaften eines umfassenden Bereichs komplexer Systeme, von denen wir einige als lebendig bezeichnen würden, andere jedoch nicht.

Diese vage Unterscheidung treffen wir gewöhnlich intuitiv, wobei wir Leben eher mit etwas Weichem als etwa mit metallischer Härte verbinden – Computer und Kristalle sehen nicht lebendig aus. Aber das ist eine ziemlich subjektive Entscheidung, besonders wenn wir die Entwicklung der auf Kohlenstoff basierenden «Naßware» betrachten, aus der unsere Flora und Fauna besteht.

Graham Cairns-Smith meint, das natürliche Leben, wie wir es jetzt sehen, sei vielleicht gar nicht die Hauptquelle des auf Kohlenstoff basierenden Lebens gewesen. In seinem Bild einer «genetischen Machtergreifung» behauptet er, die ersten «Organismen» seien winzige Tonkristalle gewesen, die sich durch das Kristallwachstum sowie Bruch- und Rißbildung verändert hätten.

Die Kristallstruktur enthält sogenannte Defekte, unregelmäßige Muster. Sie spielen für die Entstehung des Tons eine wichtige Rolle, weil sie sich auf seine physikalischen und chemischen Eigenschaften auswirken und dadurch seine Wirksamkeit als Katalysator bei chemischen Reaktionen mit verwandten Substanzen verändern. Schließlich, so behauptet Cairns-Smith, trete auch bei einigen der Kristalle zufällig die Fähigkeit verwandter Kohlenstoffverbindungen auf, auch kompliziertere Dinge leisten zu können, Muster zu speichern und schließlich Moleküle zu erzeugen, die Kopien von sich selbst herstellen. Wenn dieser Vorgang beginnt, wird die Kristallbasis rasch von der viel wirksameren Kohlenstoffmaschinerie abgelöst. Das Ergebnis ist dann eine auf Kohlenstoff basierende Lebensform, die, falls überhaupt, sehr wenig Spuren ihrer rudimentären kristallinen Vergangenheit zeigt. Diese genetische Machtübernahme ist ein ähnlicher Systemübergang wie der Siegeszug der japanischen Autoindustrie auf dem europäischen Markt und vielleicht auch vergleichbar mit der zukünftigen Dominanz der Siliziumchemie über die Kohlenstoffchemie im technischen Bereich. Wir können sie sogar auf einer tieferen Ebene bei den meisten der intellektuellen und kulturellen Trends vorfinden, an denen wir teilhaben. Wenn jemand einen neuen Gedanken vorbringt, übernimmt häufig ein anderer innovativer Denker diese Vorstellung, zunächst im gleichen Kontext wie der Erfinder, bis er Verbesserungsmöglichkeiten entdeckt und die Idee weiterentwickelt und auf einen anderen Zusammenhang überträgt. Der Gedanke ist danach von einem neuen Geist erfüllt.

Wir sind in den Bereich der Lebewesen abgeschweift, weil in so vielen modernen Untersuchungen sowohl auf das Verständnis des Begriffs «Leben» als auch auf seine Simulation soviel Gewicht gelegt wird. Die gesamte Spielbreite solcher Untersuchungen fällt jetzt unter den Begriff der «kognitiven Naturwissenschaften». Im Grunde stehen solche Untersuchungen vor dem Problem, eine bestimmte Art der Komplexität verstehen zu müssen, wenn auch eine, die erschreckend viele Gesichter hat. Unsere Betrachtung lebendiger Systeme war in diesem Fall einzig durch die Tatsache motiviert, daß sie die komplexesten Systeme sind, die wir sehen, und nicht durch den Wunsch, ihnen eine übernatürliche Bedeutung zuzuschreiben.

Ein naiver Reduktionismus, der alles auf seine kleinsten Bestandteile zurückzuführen versucht, ist bei komplexeren Systemen unangebracht, wie wir gesehen haben. Wenn wir zu einem vollen Verständnis solcher Systeme und insbesondere biologischer Syteme gelangen wollen, die sich aus den Zufallswirkungen der natürlichen Auslese ergeben, brauchen wir mehr, als uns die heutigen Kandidaten für eine «Theorie für Alles» bieten können. Wir müssen herausfinden, ob es allgemeine Grundsätze gibt, die die Entwicklung der Komplexität im allgemeinen bestimmen, die sich also auf eine Vielfalt verschiedener Situationen anwenden lassen, ohne sich in den jeweiligen Einzelheiten zu verstricken. Vielleicht gibt es einen ganzen Satz von Grundregeln über die Entwicklung der Komplexität, die sich in Situationen mit praktisch verschwindend geringer Komplexität auf einige unserer einfacheren Regeln anwenden lassen? Wenn es solche Regeln gibt, sind sie nicht wie jene Gesetze, nach denen die Teilchenphysiker suchen. Aber gibt es irgendwelche Hinweise auf die Existenz solcher Regeln?

Zeit

Wenn alles auf Erden vernünftig wäre, würde nichts geschehen.

Fjodor Dostojewski

Das Wesen der Zeit ist eines jener verblüffenden Probleme, über das Physiker schon seit Jahrhunderten nachdenken, bei dessen Entwirrung sie jedoch nur beklemmend wenig Fortschritt gemacht haben. Neue wissenschaftliche Theorien, ob nun Relativitätstheorie oder Quantentheorie, eröffnen unweigerlich einen neuen Blickwinkel in bezug auf das Wesen der Zeit, aber sie fügen denen, die wir schon kennen, gewöhnlich nur einen weiteren erstaunlichen Aspekt hinzu; sie vermitteln nicht etwa eine entscheidend neue Sicht, die alles frühere ersetzt. In Anknüpfung an unsere Überlegungen zu den Organisationsprinzipien bietet es sich an, die historischen Ansätze zu betrachten, die versuchen, das Wesen der Zeit zu erfassen. Seit Jahrtausenden hat die Meinung zwischen zwei extremen Ansichten hin- und hergeschwankt; die Erforschung komplexer und organisierter Systeme könnte die Wende zu einem Extrem hin bedeuten, das im zwanzigsten Jahrhundert bislang nicht in Mode war.

Seit den Tagen der großen griechischen Philosophen gab es zwischen den beiden unterschiedlichen Richtungen eine enorme Kluft. Auf der einen Seite standen jene, die der Zeit bei Naturvorgängen die Rolle eines wesentlichen Merkmals der realen Welt zuschreiben. Diese Philosophen, so zum Beispiel Aristoteles und Heraklit, legten besonderen Wert auf den Fluß des Geschehens als die wahre Realität, auf die sich alle Versuche der Erklärung und Erforschung richten sollten. In scharfem Gegensatz zu diesem Ansatz stand eine Denkweise, die mit Parmenides begann und später durch Platon ihre eleganteste Gestalt erhielt; danach sollten wir versuchen, die Zeit aus unserem Bild der Wirklichkeit herauszuhalten. Platon erreichte das, indem er jenen vollkommenen Ideen einer anderen Welt letzte Bedeutung zuschrieb, aus denen sich alle beobachteten Phänomene, wenn auch unvollkommen, herleiten lassen. Diese ewigen Formen sind zeitlose Invarianten, und die beobachteten Dinge nur Schatten ihres wahren Wesens. Daran erkennen wir, wie die Bedeutung der Zeit reduziert wurde. Die letzten Dinge sind unveränderlich, nur die unvollkommenen Näherungen zeigen Anzeichen der Veränderlichkeit; deshalb läßt sich die Zeit leicht als etwas einordnen, das nicht das wahre Wesen der Dinge erfaßt. Diese Meinung zeigt sich deutlich in der frühen griechischen Mathematik und Naturwissenschaft. Sie beschäftigten sich mit dem, was wir heute statisch nennen würden; mit vollkommenen Kreisen, invarianten Harmonien, der Bedeutung der reinen Zahlen. Der platonische Idealismus neigt von Natur aus dazu, den letzten Wirklichkeiten eine Art Unveränderlichkeit zuzuschreiben.

Die Arbeiten Newtons und seiner Nachfolger beschäftigten sich nicht so sehr mit statischen Harmonien. Für sie beschreiben die Naturgesetze Veränderungen – Dynamik. Der Zeit wurde ausdrücklich eine tragende Rolle zugewiesen. Aber das besagt noch nichts über ihr Wesen. Um sich nicht in Hypothesen zu verstricken, schrieb Newton auf den ersten Seiten seiner *Principia*:

> Zeit, Raum, Ort und Bewegung als allen bekannt, erkläre ich nicht. Ich bemerke nur, dass man gewöhnlich diese Grössen nicht anders, als in Bezug auf die Sinne auffasst und so gewisse Vorurtheile entstehen.

Er sah also die Zeit als einen festen äußeren Standard, der durch alles, was im Universum geschieht, unberührt bleibt. Das unterschied sich von der «gewöhnlichen» Auffassung, auf die er sich bezieht, die immer den Lauf der Zeit mit einer Folge von Ereignissen verbindet (wie etwa der

Bahn der Sonne am Himmel) und dadurch jenen Größen eine Art zeitliches Wesen zuschreibt.

In der Zeit nach Newton entwickelte sich eine Sichtweise, die immer einflußreicher wurde und schließlich bis vor relativ kurzer Zeit die Weltanschauung der meisten Physiker bestimmte. Man entdeckte, daß es in der Natur Erhaltungsgrößen gibt; so bleiben zum Beispiel die Gesamtenergie oder der Gesamtimpuls eines isolierten Systems immer gleich. Auch wenn sich oberflächlich gesehen bei einigen komplizierten Naturvorgängen etwas zu verändern scheint, spiegelt sich in einem grundlegenden Aspekt auch hier eine Invarianz der Naturgesetze wider. Folglich ist es möglich, alle herkömmlichen Gesetze für die Veränderung einer Bewegung durch äquivalente Aussagen über die *Invarianz* gewisser Größen zu ersetzen. Hier tritt erneut die platonische Tradition hervor: Nicht die Zeit wird betont, sondern die Invarianz gewisser Dinge scheint nun grundlegender zu sein als die Regeln, denen die von diesen Invarianzen erlaubten zeitlichen Veränderungen unterworfen sind.

Von etwa 1970 bis vor wenigen Jahren bedeuteten die aufregenden Fortschritte, die wir in der Entwicklung der bereits im vierten Kapitel erwähnten *Eichtheorien* machten, eine Bestätigung dieser Denkweise. Die Teilchenphysiker leiteten die Gesetze, die die Umwandlung von Elementarteilchen und ihre Wechselwirkungen beschreiben, aus der Grundannahme her, daß die Dinge in Hinsicht auf bestimmte Klassen von Veränderungen in Zeit und Raum invariant sind. Der große Erfolg dieser Denkweise verstärkte die allgemeine Tendenz, den zeitlosen Aspekten der Wirklichkeit, also den Erhaltungsgesetzen der Natur und den ihnen zugeordneten Symmetrien, Gleichgewichtszuständen und Invarianzen, besondere Bedeutung zuzuschreiben. Erst seit dem letzten Jahrzehnt ist dies nicht mehr die vorherrschende Sichtweise der Physik. Inzwischen ist das Interesse erneut stärker auf das Besondere als auf das Allgemeine gerichtet. Wie wir im Zusammenhang mit der Symmetriebrechung sahen, beruht dieses neue Interesse auf der außerordentlich großen Reichhaltigkeit, die die Ergebnisse der Naturgesetze – nicht die Naturgesetze selbst – aufweisen. Diese Untersuchungen beschäftigen sich besonders mit der Entwicklung komplexer Systeme, mit Symmetriebrechungen und chaotischem Verhalten. Bei diesen drei Prozessen ist die Zeit immer wesentlich. Die Invarianz spielt dagegen eine geringe Rolle; sie erhellt die wesentlichen Eigenschaften der fraglichen Erscheinungen kaum. Es gibt einen wichtigen mathematischen Grund dafür, daß die Suche nach der Zeitinvarianz im Gegensatz zu vielen solcher Erscheinungen steht. Algorithmisch nicht komprimierbare Ereignisfolgen lassen keine abgekürzte Darstellung zu. Sie sind in keine einfache Formel zu pressen, die dieselbe Information enthält. Insbesondere läßt sich ein algebraisch nicht komprimierbarer Vorgang eben nicht durch ein einfacheres Invarianzprinzip ersetzen. Er ist seine eigene einfachste Darstellung; seine Beschreibung erfordert deshalb den ganzen Satz. Hier beobachten wir also, daß die aristotelische Betonung der zeitlichen Beziehung zwischen Ereignissen wieder zu einem wichtigen Gesichtspunkt für die Beschreibung der natürlichen Welt wird; wieder bleibt nicht allein die Invarianz im Blickfeld. In der Welt der Elementarteilchen ist die Invarianz wie ein Leuchtturm, der uns den Weg in die Welt hinaus zeigt; wenn wir den «Mittelgrund» des Universums betrachten, wo Komplexität und Organisation die Strukturen bestimmen, finden wir als wesentliches Strukturmerkmal der Welt Zeit und Veränderung.

Organisiert sein und werden

Die drei Gesetze der Robotik
1 – Ein Roboter darf einen Menschen nicht verletzen oder durch Untätigkeit zulassen, daß einem Menschen Schaden zugefügt wird.
2 – Ein Roboter muß Befehlen, die ihm Menschen geben, gehorchen, wenn sie nicht im Widerspruch zum ersten Gesetz stehen.
3 – Ein Roboter muß seine eigene Existenz schützen, solange ein solcher Schutz nicht im Widerspruch zum ersten oder zweiten Gesetz steht.
Isaak Asimow

Organisationsprinzipien unterscheiden sich höchstwahrscheinlich von den üblichen Naturgesetzen, weil sie für Systeme endlicher Größe gelten müssen. Sie legen nicht die Bewegungen einzelner Teilchen fest, sondern sie schränken die möglichen Konfigurationen für die Gesamtheit der Teilchen ein. Ein vertrautes Beispiel ist der sogenannte Zweite Hauptsatz der Thermodynamik. Vereinfachend gesagt folgt aus ihm, daß der Grad der Unordnung – oder die Entropie – eines geschlossenen

Systems (die sich anhand der Anzahl möglicher Konfigurationen sehr genau definieren läßt), im Lauf der Zeit nicht abnehmen kann. Dieser in vielen Systemen offensichtliche Hang zur Unordnung hat Philosophen immer wieder fasziniert. Wohl nicht zufällig entwickelte er sich in der zweiten Hälfte des neunzehnten Jahrhunderts, während der Hochblüte der industriellen Revolution, zu einem eigenen Wissenschaftszweig. Die Entwicklung der Dampfmaschine führte nicht nur zu einem Verständnis der Energieentwertung durch den Übergang von geordneten, für mechanische Arbeit nutzbaren Formen in nicht nutzbare ungeordnete Formen, sondern man sah im Universum nun eine riesige Maschine, die langsam einem kosmischen Tod anheimfällt. Diese Vorstellung führte in den ersten Jahrzehnten des zwanzigsten Jahrhunderts zu einem merkwürdigen Pessimismus; in literarisch gebildeten Kreisen wurde es Mode, den Zweiten Hauptsatz der Thermodynamik zu kennen. Man erinnere sich, wie C. P. Snow in ihm einen Prüfstein für die wissenschaftliche Bildung von Nichtwissenschaftlern sieht: Wer ihn nicht kennt, steht auf derselben Stufe wie ein Naturwissenschaftler, der nie von Shakespeare gehört hat. Wir werden zu gegebener Zeit etwas über die moderne Sicht dieses Problems zu sagen haben, hier jedoch möchten wir die *Universelle Gültigkeit* des Zweiten Hauptsatzes der Thermodynamik betonen. Dieses Kennzeichen muß jedes Prinzip aufweisen, das vorgibt, die universelle Entwicklung der Komplexität zu beherrschen.

Der Zweite Hauptsatz der Thermodynamik scheint das Verhalten von Dampfmaschinen und chemischen Reaktionen gleichermaßen zu bestimmen: Soviel ist zu erwarten. Mitte der siebziger Jahre jedoch wurde eine ziemlich unerwartete Entdeckung gemacht. Sie überraschte die Physiker und stärkte ihr Vertrauen in den Zweiten Hauptsatz der Thermodynamik. Er wurde zum Leitprinzip auch in Bereichen, die weit von den ursprünglichen Anwendungsbereichen entfernt sind und bei denen man viel kompliziertere Konzepte vermutet hätte. Anfang der siebziger Jahre beschäftigten sich die Astrophysiker nämlich mit den ersten genaueren Untersuchungen der Schwarzen Löcher, der wohl einfachsten Objekte im Universum. Schwarze Löcher entstehen nach heutigem Verständnis dadurch, daß eine große Masse durch die Schwerkraft in ein sehr kleines Raumvolumen zusammengepreßt wird. Das resultierende Gravitationsfeld ist so stark, daß sich um das Loch herum eine «Grenze ohne Wiederkehr», der sogenannte *Horizont*, ausbildet. Aus dem Inneren dieses Horizonts können weder Teilchen noch Lichtsignale nach außen gelangen. Das Schwarze Loch enthält kompakte Materie in seinem

Inneren, ist aber kein fester Körper. Die Materie fällt innerhalb des Horizonts immer weiter in die Mitte hinein und führt dabei alle möglichen komplizierten Bewegungen aus, aber all das bleibt für einen äußeren Beobachter für immer verborgen. Er kann von der Masse im Inneren des Horizonts nur die Gesamtmasse, die elektrische Ladung und den Drehimpuls (ein Maß für die Gesamtdrehung) bestimmen. Von einem Schwarzen Loch kann man überhaupt nichts anderes erfahren als diese drei Daten; deshalb ist es das einfachste Objekt im Universum. Von allen anderen Dingen, ob Sterne oder Menschen, muß man unzählig viele Eigenschaften kennen, wenn man sie eindeutig beschreiben will. Daß ein Schwarzes Loch gerade durch diese drei Eigenschaften gekennzeichnet ist, überrascht nicht, denn dies sind gerade Invarianten, die bei allen beobachteten physikalischen Vorgängen erhalten bleiben. Als Eigenschaften Schwarzer Löcher bleiben sie selbst dann erhalten, wenn Schwarze Löcher vorhanden sind. Am interessantesten ist dabei die enorme Liste von Eigenschaften, die dem Beobachter nicht mehr zugänglich sind, wenn eine komplizierte Materiekonfiguration hinter dem Horizont verschwindet. Er kann nicht sagen, ob das Innere des Schwarzen Lochs Materie enthält oder Antimaterie, Positronen oder Protonen, Bettgestelle aus Messing oder die Werke von Proust oder Goethe. Denn Information, die solche Unterscheidungen erlauben würde, kann nicht durch den Horizont hindurch nach draußen gelangen.

Das allgemeinste Modell für ein nach der Einsteinschen Gravitationstheorie mögliches Schwarzes Loch wurde Anfang 1960 berechnet; die Physiker versuchten daraufhin zu verstehen, was geschieht, wenn Materie zu einem Schwarzen Loch hinzukommt oder wenn zwei oder mehrere Schwarze Löcher sich zu einem größeren Schwarzen Loch vereinigen. Sie fanden eine Reihe einfacher Regeln, die alle Vorgänge in Schwarzen Löchern und in anderen Materieformen bestimmen. Das Schwerefeld muß überall am Horizont des Schwarzen Lochs gleich stark sein. Die gesamte Oberfläche aller Horizonte der beteiligten Schwarzen Löcher kann nicht abnehmen. Alle Veränderungen der Masse oder der elektrischen Ladung oder des Drehimpulses eines Schwarzen Lochs hängen in ganz bestimmter Weise miteinander zusammen. So wurden drei Gesetze für die Veränderungen Schwarzer Löcher aufgestellt. Bald fiel an ihnen etwas Ungewöhnliches auf. Sowie man nur «Oberfläche» durch «Entropie» und «Schwerefeld» durch «Temperatur» ersetzte, nahmen die Regeln für die Veränderungen Schwarzer Löcher die Form thermodynamischer Gesetze an. Die Regel, daß die Fläche des Horizonts bei physikalischen Prozessen nicht abnehmen kann, wird zum Zweiten Hauptsatz der Thermodynamik, wonach die Entropie – der Grad der Unordnung – nicht abnehmen kann. Die Konstanz des Schwerefeldes am Horizont ist der sogenannte Nullte Satz der Thermodynamik, wonach die Temperatur bei thermischem Gleichgewicht überall konstant ist. Die Regel, die zulässige Veränderungen in den definierenden Größen des Schwarzen Lochs verknüpft, wird zum Ersten Hauptsatz der Thermodynamik, der gewöhnlich als Energieerhaltungssatz bezeichnet wird.

Zunächst sah man in diesem überraschenden Zusammentreffen einen Zufall. Schwarze Löcher können ja nach Definition nur die Temperatur null haben, denn wenn ihrer Oberfläche nichts entkommen kann, muß ihre Strahlungsenergie für einen äußeren Beobachter null sein. Wenn ein Schwarzes Loch in einen Kasten gerät, in dem Wärmestrahlung einer bestimmten Temperatur herrscht, bildet sich zwischen den beiden kein Gleichgewicht aus, das eine neue, mittlere Temperatur hat. Das Schwarze Loch verschlingt einfach alle Strahlung.

Aus diesen Gründen wurde die Analogie zur Thermodynamik von vielen Physikern für wenig mehr als ein Kuriosum gehalten. Schließlich stellte man sich nicht vor, daß die Thermodynamik irgend etwas mit den Gravitationsgesetzen zu tun hätte, die für die starken Gravitationsfelder am Horizont Schwarzer Löcher gelten. Was könnte einer Dampfmaschine denn auch weniger ähneln? Dann machte Stephen Hawking 1974 eine aufsehenerregende Entdeckung. Er untersuchte, was passiert, wenn man die Begriffe der Quantenmechanik auf Schwarze Löcher anwendet. Quantenmechanisch gesehen kann Energie von der Oberfläche eines Schwarzen Lochs entkommen und von einem äußeren Beobachter bemerkt werden. Die Schwankungen des Gravitationsfeldes in der Nähe des Horizonts reichen nämlich zur Erzeugung von Paaren von Teilchen und Antiteilchen aus – die dabei paarweise entstehen. Die dafür nötige Energie wird der Quelle des Gravitationsfelds entzogen; wenn der Prozeß andauert, nimmt die Masse des Schwarzen Lochs allmählich ab. Nach hinreichend langer Zeit sollte sie vollständig verschwinden, falls nicht in den Endstadien eine uns völlig unbekannte Physik wirksam wird. Diese Entdeckung war an sich schon aufregend genug, noch erfreulicher aber war die Tatsache, daß die von der Oberfläche des Schwarzen Lochs abgestrahlten Teilchen alle Kennzeichen der Wärmestrahlung haben; ihre Temperatur ist genau gleich der des Gravitationsfelds am Horizont, und ihre Entropie ist durch die Oberfläche bestimmt, genau wie der Vergleich es nahelegt. Schwarze Löcher haben also eine von Null verschiedene Temperatur und gehorchen den Gesetzen der Thermodynamik, wenn sie mit den Mitteln der Quantenmechanik beschrieben werden.

In dieser physikalischen Situation treffen also die zwei völlig verschiedenen Prinzipien der Quantenmechanik und der Allgemeinen Relativitätstheorie aufeinander und ermöglichen – darin liegt die Bedeutung dieser Entdeckung – eine einfache thermodynamische Darstellung. Wir hätten für das Verhalten von Dingen in einer solchen von Quantengravitation bestimmten Situation eher eine Vielzahl völlig neuartiger Regeln erwartet. Viele von ihnen sind im Umfeld der erprobten Grundsätze der Thermodynamik zu finden. Das bestärkte die Physiker nicht nur in ihrem Vertrauen, auch andere Probleme mit Hilfe einfacher thermodynamischer Methoden lösen zu können, sondern erweist darüber hinaus die Thermodynamik als Beispiel für ein «Gesetz», das die Organisation komplexer Systeme regelt.

Zunächst könnte man denken, die Thermodynamik bedeute eine Einschränkung, weil sie sich mit Temperatur und Wärme befaßt. Der Begriff der Entropie, die ein Maß für die Unordnung darstellt, läßt sich mit dem allgemeineren und nützlichen Begriff der «Information» verknüpfen, den wir schon bei der Untersuchung bestimmter Axiome und Beweissysteme betrachtet haben. Wir können uns die Entropie eines großen Objekts wie eines Schwarzen Lochs als die Anzahl der möglichen Konfigurationen seiner elementarsten Komponenten vorstellen, die doch im großen und ganzen denselben Zustand ergeben. So erhalten wir dann die Anzahl von binären Stellen («bits»), die nötig sind, um jede Einzelheit in der inneren Konfiguration der Komponenten festzulegen, aus denen das Schwarze Loch besteht. Darüber hinaus können wir uns auch denken, daß bei der Bildung eines Schwarzen Lochs Information an einen äußeren Beobachter verlorengeht. Die Horizontfläche des Schwarzen Lochs – das heißt, seine Entropie – steht also in engem Zusammenhang mit dem Informationsverlust, der für den äußeren Beobachter mit der Horizontausbildung um ein Schwarzes Loch unweigerlich verbunden ist.

Die Entdeckung eines thermodynamischen Prinzips, das mit dem Schwerefeld eines Schwarzen Lochs verknüpft ist, hat zu der Überlegung geführt, ob nicht auch das Gravitationsfeld des Universums einen thermodynamischen Aspekt haben könnte. Die einfachste Annahme sähe das Gravitationsfeld – in Analogie zur Situation beim Schwarzen Loch – als Oberfläche der Grenze des sichtbaren Universums. Mit fortschreitender Expansion wird diese Grenze immer größer, und die Information, die wir über das Universum gewinnen können, nimmt zu. Aber das scheint nicht sehr vielversprechend zu sein. Es scheint uns nur zu sagen, daß sich das Universum immer weiter ausdehnen muß; denn wenn es je beginnen würde, in sich zusammenzustürzen, müßte die Entropie abnehmen, und das würde den Zweiten Hauptsatz der Thermodynamik verletzen. Das Universum kann sich auf alle möglichen Arten ausdehnen und immer weiter an Fläche zunehmen. Was wir uns wirklich wünschen, ist ein Prinzip, das uns sagt, warum sich die Organisation des Universums so ändert, wie sie es tut: Warum dehnt es sich so gleichförmig und isotrop aus?

Der Zeitpfeil

Die Zeit reiset in verschiednem Schritt mit verschiednen Personen. Ich will euch sagen, mit wem die Zeit den Paß geht, mit wem sie trabt, mit wem sie galoppiert und mit wem sie stillsteht.

William Shakespeare

Die Entscheidung darüber, ob es thermodynamische Organisationsprinzipien oder andere derartige Prinzipien gibt, ist unter anderem deshalb so schwierig, weil sie mit einem alten Problem zusammenhängt, das die Zeit betrifft. Jedes Organisationsprinzip muß, wenn es nützlich sein soll, etwas über die Entwicklung der Komplexität im Lauf der Zeit aussagen; gelegentlich wird behauptet, die Zeit wäre praktisch nichts anderes als die Weiterentwicklung bestimmter Arten der Organisation. Während die meisten Physiker den Zweiten Hauptsatz der Thermodynamik als eine Widerspiegelung der Unwahrscheinlichkeit bestimmter Arten von Anfangsbedingungen sehen, gibt es andere, die ihm einen viel grundlegenderen Status als den Naturgesetzen zuschreiben. Zudem wird der Zeitbegriff nur in Situationen wichtig, in denen Veränderungen der Entropie deutlich werden. Ilya Prigogine und Isabelle Stengers schreiben dazu:

Nur wenn ein System sich hinreichend zufällig verhält, kommt der Unterschied zwischen Vergangenheit und Zukunft und damit die Irreversibilität ins Bild... Der Pfeil der Zeit ist die Manifestation der Tatsache, daß die Zukunft nicht vorgegeben ist, daß, wie Paul Valéry sagt, die «Zeit eine Konstruktion» ist.

Aber selbst wenn das zuträfe, scheint es doch immer auf vielen Gebieten ein Rätsel zu bleiben.

Im allgemeinen haben die Naturgesetze, die wir glauben gefunden zu haben, die Eigenschaft der Zeitumkehrbarkeit. Wenn also das Gesetz eine bestimmte kausale Ereignisfolge – eine Geschichte – zuläßt, dann läßt es auch die zeitlich umgekehrte Geschichte zu. Trotz der Allgegenwart dieses Zustands unter den Naturgesetzen hat die Natur offenbar ihre Freude daran, Geschichten in einer Richtung zu erzählen und nie umgekehrt. Dieses Problem wird manchmal als «Reversibilitätsparadoxon» bezeichnet. Ein Teil des Rätsels betrifft die Frage, ob die einzelnen Richtungsabhängigkeiten etwas miteinander zu tun haben.

Alle Strahlungsfelder gehorchen Gesetzen, die «avancierte» oder «retardierte» Lösungen zulassen. Die retardierten Lösungen beschreiben das Auftreten einer Welle, die von einer bereits früher vorhandenen Quelle ausgeht, also eine spontane Emission. Die «avancierte» Lösung beschreibt dagegen eine Welle, die aus der Zukunft kommt und von der Quelle absorbiert wird. Bei der realen Wellenausbreitung beobachten wir nur retardierte Lösungen der mathematischen Gesetze. Ähnlich nehmen nahe am thermischen Gleichgewicht auch Entropie und Komplexität im Lauf der Zeit zu. Es gibt mathematisch genauso zulässige Geschichten, in denen diese Größen abnehmen, aber diese Lösungen werden nicht beobachtet. Beim Zerfall von physikalischen Zuständen – etwa bei radioaktiven Kernen, ist im Lauf der Zeit eine exponentielle Abnahme zu verzeichnen. Schließlich haben wir auch ein psychologisches Gefühl für den Lauf der Zeit. Unsere Erinnerung ist jener Teil der Zeit, den wir Vergangenheit nennen. Sie ist deutlich von der Zukunft geschieden.

Wir würden gern wissen, ob all diese verschiedenen Zeitrichtungen untereinander zusammenhängen und ob sie auch mit dem globalen Zeitpfeil zu tun haben, der die Ausdehnung des Universums beschreibt. Stephen Hawking schließt daraus in seinem vielgekauften Buch *Eine kurze Geschichte der Zeit*, die psychologischen und thermodynamischen Zeitpfeile seien gleich, weil das Gehirn im Grunde wie ein Computer arbeite und Berechnungen unumkehrbar seien. Hinter dieser Überlegung steht die Vorstellung (die manche wohl nicht nachvollziehen mögen), das Gehirn sei einfach eine Art Computer, der logische Operationen ausführt, woraus dann gefolgert wird, daß die Berechnungen aus thermodynamischen Gründen unumkehrbar seien. Geistigen Prozessen wird also von der Thermodynamik ein Zeitpfeil auferlegt.

Diese Überlegung ist deshalb nicht zwingend, weil Computerwissenschaftler gezeigt haben, daß abstrakte Berechnungen keineswegs logisch unumkehrbar sein müssen. Zwar ist etwa die gewöhnliche Addition nicht umkehrbar (die Summe 3 + 3 ergibt eindeutig 6, aber 6 ist ebenso die Summe von 2 + 4, 3 + 3, 5 + 1 oder 6 + 0), und die herkömmliche Computerlogik hat bei einem «UND / ODER»-Logikglied für eine Eingabe zwei mögliche Ausgaben, aber dennoch lassen sich logische Gatter konstruieren, die ihr eigenes Inverses sind. Berechnungen mit solchen Fredkin-Gattern sind logisch umkehrbar und werden unter idealen Bedingungen durch den Zweiten Hauptsatz der Thermodynamik nicht nur in eine Richtung gelenkt. Das beweist nicht die Gleichheit der thermodynamischen Zeitpfeile, sondern nur das Versagen dieses Beweisversuchs.

Weit aus dem Gleichgewicht

Hier auf dem ebenen Sand
Zwischen Meer und Land,
Was hätt ich gern gebaut und gedacht
Wider den Anbruch der Nacht?
Sprich mir von Runen, die einzugraben,
daß die brechenden Wellen Widerstand haben,
Oder ich plane feste Mauern,
Die mein Leben überdauern.

A. E. Housman

Dorothy Sayers berühmte Erzählung *Have his Carcase (Bei Anruf Mord)* wurde zuerst 1932 veröffentlicht, also in einer Zeit geschrieben, als der Zweite Hauptsatz der Thermodynamik ein bei Literaten und anderen beliebtes Gesprächsthema war. In der Erzählung wird an einer einsamen englischen Küste die Leiche eines Playboys entdeckt; der

«Sherlock Holmes» Lord Wimsey verhört eine Reihe von Zeugen und Verdächtigen. Miss Olga Kohn meint nach ihrem Verhör, er sei ihr gegenüber mißtrauisch und fragt:

«Aber Sie glauben mir doch, nicht wahr?»
«Wir glauben Ihnen, Miss Kohn», sagte Wimsey feierlich, «so inbrünstig wie dem Zweiten Hauptsatz der Thermodynamik.»
«Worauf wollen Sie hinaus?» sagte Mr. Simon argwöhnisch.
«Auf den Zweiten Hauptsatz der Thermodynamik», erklärte Wimsey hilfsbereit. «Er hält das Weltall in seiner Bahn, und ohne ihn würde die Zeit rückwärts laufen wie in einem Kinofilm, den man falsch herum abspult.»
«Nein, wie das?» rief Miss Kohn recht erfreut aus.
«Altäre mögen wanken», sagte Wimsey, «Mr. Thomas könnte seinen Frack ablegen und Mr. Snowden dem Freihandel abschwören, aber der Zweite Hauptsatz der Thermodynamik bleibt bestehen, solange ‹Gedächtnis haust in dem zerstörten Ball›, womit Hamlet seinen Kopf meinte, was ich, in einem umfassenderen Sinn, auf den Planeten anwende, den wir das Vergnügen haben zu bewohnen. Inspektor Umpelty scheint schockiert zu sein, aber ich versichere Ihnen, daß ich keinen eindrucksvolleren Weg kenne, mein Vertrauen in Ihre absolute Integrität zu bekräftigen.» Er grinste. «Was mir an Ihrer Aussage gefällt, Miss Kohn, ist, daß Sie das Problem, das der Inspektor und ich zu lösen unternommen haben, in endgültiger Weise äußerst gut und undurchdringlich verschleiert haben. Sie reduzieren es auf die völlige Quintessenz unverständlichen Unsinns. Deshalb gibt uns der Zweite Hauptsatz der Thermodynamik, der besagt, daß wir uns in jeder Stunde und in jedem Augenblick einem Zustand immer größerer Unordnung nähern, die positive Bestätigung, daß wir uns glücklich und sicher in die richtige Richtung bewegen.» *

Hier finden wir eine Reihe interessanter Bemerkungen zum Zweiten Hauptsatz. Er wird als ein echtes Gesetz gesehen, das «das Weltall in seiner Bahn hält» und nicht als die Folge von Anfangsbedingungen, wie wir sie in Kapitel 3 behandelten. Noch interessanter ist die Annahme, die Zeit liefe rückwärts, wenn das Gesetz umgekehrt würde. Die Autorin nimmt an, die Entropiezunahme habe ein solches Übergewicht, daß ihre Abnahme im Lauf der Zeit eine Umkehrung des Zeitpfeils bedeuten müsse. Weiter durchdringt den Dialog die Vorstellung, der Zweite Hauptsatz fordere, alles müsse wohl oder übel auf einen Zustand größerer Unordnung hinsteuern. Dazu paßt der für Wimsey immer verwirrtere und ungeordnetere Zustand des vorliegenden Beweismaterials. Aber man fragt sich doch, was der Detektiv dachte, als die Verwirrungen schließlich alle ausgebügelt wurden und aus der Masse einander widersprechender Geschichten ein geordneter Schluß gezogen wurde.

* In der deutschen Übersetzung von 1965 wurde dieser Dialog weggelassen. (Anm. d. Übers.)

Der thermodynamische Ordnungssinn, der im Zweiten Hauptsatz seinen Ausdruck findet, liegt auf den ersten Blick im Widerstreit mit vielen der komplizierten Dinge, die wir um uns herum ablaufen sehen. Wir beobachten oft eine Zunahme von Komplexität und Ordnung: wenn wir unser Zimmer aufräumen oder aus einer Menge von Drähten und Kristallen einen Radioapparat bauen, wenn ein fertiges Auto vom Förderband herunterrollt oder wenn wir die Entwicklung komplexer Lebensformen aus einfacheren verfolgen, von denen die Biologen behaupten, sie seien unsere Vorgänger. All diese Prozesse bezeugen die Möglichkeit, daß wir von einem Zustand relativer Unordnung in den einer beträchtlichen Ordnung gelangen.

In vielen Fällen müssen wir sorgfältig all die Ordnung und Unordnung berücksichtigen, die in dem Problem steckt. So muß sich jemand, der sein Zimmer aufräumt, körperlich anstrengen. Dabei werden biochemische Energien, die in Form von Stärke und Zucker in unserem Körper gespeichert sind, in Wärme umgewandelt. In die Entropierechnung aufgenommen, kompensiert das überreichlich die Abnahme der Entropie oder der Unordnung, die der aufgeräumte Schreibtisch bedeutet.

Wenn ein System weit von einem Zustand thermischen Gleichgewichts entfernt ist, kommt eine andere Feinheit ins Spiel. Das System wird dann durch die Verbindung zwischen einer äußeren Umgebung und seiner eigenen inneren Organisation gesteuert. Es können dann insofern ungewöhnliche Dinge passieren, als unser Gefühl für das, was «wahrscheinlich» ist, zum größten Teil durch das sogenannte Gaußsche Gesetz der großen Zahlen bestimmt ist; das jedoch entstammt unserer Erfahrung darüber, was in der Nähe des Gleichgewichtszustands gilt. Die Untersuchung von Systemen, die weit von jedem Gleichgewichtszustand entfernt sind, liegt noch in weiter Ferne. Uns fehlt ein Gefühl für das, was bei komplexen Naturerscheinungen wahrscheinlich oder unwahrscheinlich ist, wenn sich diese wenig wahrscheinlichen Ereignisse über lange Zeit hinweg bemerkbar machen. Eine Theorie für Alles allein kann uns nicht sagen, welche Formen organisierter Komplexität es in der Natur gibt. Solche Zustände sind stark durch ihre Zusammensetzung und Entstehungsgeschichte bedingt. Sie könnten durch unentdeckte allgemeine Regeln für die Evolution bestimmt sein, die die Entwicklung aller Formen der Komplexität beherrschen. Eine Theorie für Alles wird auf solche Probleme wie den Ursprung des Lebens und des Bewußtseins wenig oder gar keinen Einfluß haben. Sie stehen im Kaufhaus der Wunder auf ganz anderen Regalen.

Der Lauf der Welt

Ich bin mir dessen bewußt, daß dieses Traktat leicht als etwas Überflüssiges eingestuft werden könnte und ich selbst als jemand, der dem Leser unnötige Mühe bereitet, wo doch die gelehrtesten Menschen unserer Zeit so vieles und so Gutes zu diesem Thema geschrieben haben.

John Ray

Die große Frage, die es zu beantworten gilt, lautet: Gibt es ein unentdecktes Ordnungsprinzip, das die bekannten Naturgesetze ergänzt und die Gesamtentwicklung des Universums bestimmt? Damit dieses Prinzip unser Wissen von den Naturgesetzen bereichert, müßte es sich von allen Gesetzen für die Gravitation und die Elementarteilchenphysik unterscheiden, die sich schließlich aus einer Theorie für Alles ergeben könnten. Es würde die Welten nicht insgesamt kennzeichnen, sondern die Entwicklung eines jeden einzelnen komplexen Systems bestimmen. Sicher, die allgemeinen Begriffe sollten irgendwie auf das zugeschnitten sein, was die Prozesse in einem sich entwickelnden Universum kennzeichnet – die Zusammenballung von Materie zu Sternen und Galaxien, die Umwandlung von Materie in Strahlung –, aber sie müßten auch die unsichtbaren Wege bestimmen, in denen das Schwerefeld des Universums sich ändern kann. Jede solche Entdeckung wäre außerordentlich interessant, weil das Universum viel geordneter zu sein scheint, als wir mit Fug und Recht erwarten könnten. Sein Entropieniveau ist im Vergleich zum größten Wert, den wir uns bei anderer Anordnung der beobachteten Materie vorstellen können, geradezu winzig. Das Entropieniveau muß im Universum also zu Beginn der Expansion ungeheuer klein gewesen sein, was wiederum bedeutet, daß wirklich ganz besondere Anfangsbedingungen vorlagen. Aber vielleicht ist das ein zu einfacher Schluß. Wir haben aus unserer Diskussion der «Inflation» im frühen Universum gelernt, daß der Teil des gesamten Weltalls, den wir heute beobachten, die Anfangsbedingungen eines ganz winzigen Bereichs des ganzen räumlichen Universums widerspiegelt. Wir können deshalb keine Schlüsse auf die Entropie des gesamten Universums ziehen. Es könnte diesen Begriff womöglich gar nicht geben, wenn das Universum räumlich unendlich ausgedehnt ist. Ein inflationäres Weltbild würde uns glauben lassen, daß die Dinge jenseits unseres sichtbaren Horizonts ziemlich ungeordnet sind. Vom thermodynamischen Gesichtspunkt aus könnten wir eine Fluktuation sein.

Eine andere Merkwürdigkeit der Entropie des Universums hat mit dem üblichen Bild des «Wärmetods» zu tun, der uns einem Zustand immer näher bringt, bei dem in ferner Zukunft die Temperatur gleichmäßig hoch ist und nach dem dann gar nichts mehr geschehen kann. Tatsächlich ist die Lage eher komplizierter, denn die Gesamtentropie bleibt anscheinend immer stärker hinter dem theoretischen Höchstwert zurück, obwohl die Entropie im beobachteten Teil des Universums immer weiter zunimmt und sich Vorgänge absehen lassen, die sicherstellen, daß diese Zunahme in Zukunft unvermindert so weitergeht.

An anderem Ort haben Frank Tipler und der Verfasser die möglichen zukünftigen Entwicklungen untersucht, die sich aus bekannten physikalischen Grundsätzen für die großräumige Struktur des Universums ergeben könnten. Wir wollten gern herausfinden, ob Lebensformen auch in aller Zukunft Bestand haben können. Um zu diesem Problem Sinnvolles sagen zu können, müssen wir es in mannigfacher Weise einschränken. Wir kennen nicht alle Eigenschaften von Lebewesen, deshalb konzentrieren wir uns auf das Minimum dessen, was für Intelligenz nötig ist. Praktisch muß also Information übermittelt werden können, und das bedeutet wiederum eine Form thermodynamischen Ungleichgewichts. Wir können dann zeigen, daß einer geeigneten Informationsverarbeitung kein Hindernis im Wege steht, Information also in alle Zukunft übermittelt werden kann oder, einfacher, in einer unbegrenzten Zukunft unendlich viel Information übermittelt werden kann. Das bedeutet natürlich nicht, daß das auch geschieht oder auch nur geschehen sollte oder daß solche Vermittler andere Eigenschaften besitzen müssen, die sie lebendig erscheinen lassen. Das Ziel ist zu zeigen, daß einer solchen zukünftigen Informationsverarbeitung kein Hindernis im Wege steht und insbesondere, daß sie nicht notwendig durch den weithin verkündeten «Wärmetod» des Universums ausgelöscht werden würde. Dies ist im wesentlichen die Aussage des *Finalen Anthropischen Prinzips* oder der *Finalen Anthropischen Vermutung*, wie sie richtiger genannt werden sollte. Sie ist keine philosophische Vermutung, sondern eine Eigenschaft, die unser eigenes Weltall entweder hat oder nicht. Man könnte vermuten, daß die Antwort auf diese Finale Anthropische Vermutung ein Bestandteil eines großartigen Ordnungsprinzips ist, von dem sich, falls es einmal entdeckt wird, herausstellen könnte, daß es im Universum die Gesamtentwicklung der geordneten Komplexität selbst regelt. Ein Maß für die Fähigkeit zur Informationsverarbeitung und die erreichbare algorithmische Komplexität und Informationstiefe könnte uns einen Kandidaten für die gesuchte Größe liefern. In der Tat empfehlen sich uns diese Begriffe durch eine Reihe sympathischer Eigenschaften. Was Zufälligkeit ist, liegt für ein expandierendes Universum nicht ein für allemal fest. Wenn mehr Information zur Verfügung steht und die Rechenfähigkeit der natürlichen Informationsverarbeiter sich weiterentwickelt, muß sich auch die Definition von dem, was Zufall genannt wird, ändern.

Wenn wir das Universum als gewaltigen Computer sehen, der Information verarbeitet und Entropie erzeugt, können wir uns die Naturgesetze leicht als eine Art Software vorstellen, die sich auf der Form von Materie abspielt, die die Welt der Strings und Elementarteilchen bildet. Eine wirkliche Vereinheitlichung dieser beiden Größen in der Weise, die wir in früheren Kapiteln erforschten, würde auf ein Programm hinauslaufen, das ganz auf eine spezielle Hardware zugeschnitten wäre. Solche Programme lassen sich leicht ausmalen. In unseren eigenen geistigen Schaltkreisen sind viele der Unterprogramme unseres Gehirns auf diese Hardware zugeschnitten: Sie bewegen die Arme und Beine und erfüllen andere ganz spezielle motorische Funktionen. Die Anfangsbedingungen entsprechen dann den ersten Eingaben, aufgrund derer der Computer handelt. Wenn die Anfangsbedingungen bestimmte, unweigerlich mit den Gesetzen und Teilchen der Materie verknüpfte Formen haben müßten, würden zulässige allgemeine Programme nur bei bestimmten Anfangsbedingungen ablaufen können. Aber wir scheinen immer noch in so etwas wie eine Sackgasse zu geraten, an eine «gefährliche Schleife». Es scheint, daß unsere Theorie für Alles den Schaltplan und die Fähigkeiten eines abstrakten Computers, der sie beschreiben kann, erst schaffen muß.

8. Auswahleffekte

Beiß nicht in meinen Finger, schau, wohin er zeigt.
Warren S. McCulloch

Allgegenwärtige Vorurteile

Wer nichts weiß und nicht weiß, daß er nichts weiß,
ist ein Narr.
Scheue ihn.
Wer nichts weiß und weiß, daß er nichts weiß, ist ein
Kind.
Lehre ihn.
Wer weiß und nicht weiß, daß er weiß, schläft.
Wecke ihn.
Wer weiß und weiß, daß er weiß, ist ein Weiser.
Folge ihm.
Arabisches Sprichwort

Keine Naturwissenschaft läßt sich ausschließlich auf Beobachtung gründen. Wir wüßten dann nämlich weder, was wir beobachten, noch wie unsere Beobachtungen durch unsere Neigung verfälscht werden, bestimmte Anhaltspunkte stärker heranzuziehen als andere. Wie jeder weiß, der sich mit Kreuzverhören auskennt, stößt man auf manche Hinweise besonders leicht. Folglich gehört zu den Kennzeichen eines guten Experimentators nicht nur praktisches Geschick, sondern auch die Fähigkeit, so vollständig wie möglich alle möglichen Fehlerquellen zu verstehen und vorauszusehen, die die experimentellen Beobachtungen verfälschen.

Solche systematischen Fehler und stillschweigende Voraussetzungen spielen für unsere Versuche, das Universum zu verstehen, eine wichtige Rolle. Eine Theorie für Alles, die ihren Einfluß vernachlässigt, kann ihre Vorhersagen niemals genau und erfolgreich mit dem wirklich Beobachteten verknüpfen. Wenn wir unsere Beobachtungen des Universums vollständig verstehen wollen, müssen wir jene Fehler berüchsichtigen, die durch die Beobachtung selbst hineinkommen.

Naturwissenschaftler kennen zwei Arten von experimentellen «Fehlern»; keiner entspricht ganz dem, was wir im Alltagsleben «Fehler» nennen. Die erste Bedeutung bezieht sich auf die Genauigkeit, mit der eine Beobachtung gemacht werden kann. Diese Art von Fehler gibt es zu einem gewissen Grade immer; das Ziel muß sein, diese Fehler möglichst klein zu halten. Die zweite Art von Fehler – der «systematische Fehler» – ist subtiler und auch nicht unbedingt vermeidbar. Jedes wissenschaftliche Verfahren ist in Gefahr, die Ergebnisse zu verfälschen. Bei Laborversuchen besteht die Möglichkeit, Experimente unter veränderten Bedingungen zu wiederholen, um herauszufinden, ob die Ergebnisse von den jeweiligen Bedingungen abhängen. Wissenschaftler möchten wichtige Entdeckungen immer durch mindestens zwei unabhängig voneinander durchgeführte Experimente bestätigt sehen, und zwar aus dem einfachen Grund, daß jede Versuchsanordnung andere systematische Fehler birgt, denn die verwendeten Instrumente können niemals völlig gleich sein. In der Astronomie jedoch ist die Lage weniger günstig. Wir können das Universum beobachten, aber wir können nichts an ihm so abändern, daß wir kontrollierte Versuchsreihen daran durchführen können. Wir können nicht alle möglichen Versuche durchführen und alle möglichen Daten aufzeichnen. Wir stehen vor einem eingeschränkten (confiniten) und nicht vor einem uneingeschränkten (infiniten) System und müssen uns deshalb besonders vor all den systematischen Einflußfaktoren hüten, die bei gewissen Beobachtungen unvermeidlich sind. Wenn wir zum Beispiel die relative Helligkeit aller sichtbaren Galaxien bestimmen wollten, müßten wir als «eingebauten Fehler» berücksichtigen, daß wir die hellen Galaxien viel leichter aufspüren als die schwächeren.

In der Kosmologie begegnen wir dieser Art Auswahleffekt überall; darauf bezieht sich das sogenannte Schwache Anthropische Prinzip. Am besten läßt es sich als die Einsicht charakterisieren, daß unsere eigene Existenz an einige notwendige Bedingungen geknüpft ist, die für die Struktur des sichtbaren Universums in der Vergangenheit und ebenso in Zukunft gegeben sein müssen. Wir dürfen unsere Beobachtungen also nicht als Ausschnitt aus einer uneingeschränkten Menge von Möglichkeiten verstehen, sondern die Menge der Möglichkeiten ist durch die Vorbedingung eingeschränkt, daß sich unter den gegebenen Bedingungen biologische Beobachter wie wir auf der Basis der Kohlenstoffchemie entwickeln konnten, bevor die Sterne wieder verschwinden – was eben nur unter gewissen Umständen möglich ist. Kosmologen sehen das Schwache Anthropische Prinzip als eine Einschränkung des berühmten Verdikts von Kopernikus, der Mensch nehme im Universum keine Mittelpunktstellung und keine besonders ausgezeichnete Position ein. Zwar haben wir uns völlig zu Recht von dem Vorurteil befreit, daß unsere Position im Universum in *jeder* Hinsicht etwas Besonderes sei, aber wir sollten die Möglichkeit nicht ausschließen, daß sie in *irgendeiner* Hinsicht etwas Besonderes an sich haben könnte. Sie zeichnet sich zum Beispiel gegenüber dem Inneren eines Sterns dadurch aus, daß wir dort nicht leben könnten; und auch in einem jüngeren Universum, das weniger als eine Million Jahre alt wäre und genügend hohe Temperaturen aufwiese, um Atome und Moleküle zu spalten, könnten wir nicht existieren. Sollte es im heutigen Universum entgegen allen heutigen Kosmologien eine Mitte geben (wofür es keinerlei Anhaltspunkte gibt) und wäre diese Mitte der einzige Bereich, in dem die notwendigen Bedingungen für eine biologische Evolution erfüllt sind, so sollte es uns nicht überraschen, wenn wir uns gerade in dieser Mitte wiederfänden. Das Schwache Anthropische Prinzip führt – und das ist eines seiner wichtigsten Kennzeichen – bei Nichtbeachtung zu falschen Schlüssen über die Struktur des Universums. Das bemerkenswerteste Beispiel dafür gab Dirac, als er sich dazu verleiten ließ, eine radikale Veränderung des Gravitationsgesetzes vorzuschlagen, um eine zahlenmäßige Übereinstimmung zwischen Naturkonstanten und dem Alter des Universums erklären zu können. Tatsächlich ist diese Übereinstimmung für die Existenz von Beobachtern wie uns selbst eine notwendige Bedingung – ein Zusammenhang, der damals noch nicht bekannt war.

Früher nahm man an, das Universum existiere in einem schier endlosen, unveränderlichen Weltraum, in dem sich alle beobachteten Bewegungen der Himmelskörper abspielen. Wir haben entdeckt, daß es keine solche unveränderliche kosmische Bühne gibt. Alles, was ist – das ganze sichtbare Universum mit seinen Sternen und Galaxien –, ist in ständiger Bewegung. Das Universum dehnt sich aus: Seine Galaxienhaufen fliehen mit einer Geschwindigkeit voneinander, die proportional zu ihren Abständen zunimmt. Diese kosmische Fluchtbewegung offenbart sich uns in der Rotverschiebung des Lichts von fernen Quellen.

Wenn wir diese Expansionsbewegung in ihrem Ablauf zurückverfolgen, können wir uns den Zeitpunkt vor ungefähr fünfzehn Milliarden

Jahren, als alle Abstände null waren, als Beginn der Expansion bis zum heutigen Zustand vorstellen. Die heutige kosmologische Forschung konzentriert sich auf Ereignisse innerhalb winziger Sekundenbruchteile nach diesem Anfang. In jenen Augenblicken ähnelte das Universum einem kosmischen Experiment der Hochenergiephysik, dessen Fallout es uns heute erlaubt, die Struktur des Universums teilweise zu rekonstruieren.

Das Problem, menschliches Leben in das kosmische Gewebe von Raum und Zeit einzuordnen, hat Mystiker, Philosophen, Theologen und Wissenschaftler aller Zeiten beschäftigt. Ihre Ansichten umfassen alle Möglichkeiten. Als ein Extrem zeichnen sie das deprimierende materialistische Bild menschlichen Lebens als reinen Zufall, der überhaupt nichts mit dem unvermeidbaren Lauf der Welt vom «Urknall» zu einem zukünftigen verheerend heißen «Endknall» oder dem ewigen Vergessen des «Wärmetods» zu tun hat. Als anderes Extrem verkünden sie die überlieferte teleologische Sicht, daß das Universum auf ein Ziel hin angelegt ist, wobei wir Teil diese Ziels sein sollen. Bei dieser optimistischeren Sichtweise überrascht es nicht, wenn wir unsere nähere Umgebung wie nach Maß auf unsere Bedürfnisse zugeschnitten finden. Diese Ansicht vertraten auch viele Biologen, bis um die Mitte des neunzehnten Jahrhunderts Charles Darwin und Alfred Russel Wallace ihre entscheidenden Beobachtungen machten und herausfanden, daß sich die Lebewesen im Verlauf der Evolution entwickelten und ihrer Umgebung anpaßten. Seitdem weisen Biologen die Vorstellung einer Zielgerichtetheit der Evolution zurück. Wenn die Umwelt sich auf ungewöhnliche Weise so ändern würde, daß Intelligenz sich als nachteilig erwiese, würden wir das Schicksal der Dronten oder der Dinosaurier erleiden.

Die Kosmologie hat über die Funktion und Entwicklung irdischen Lebens im einzelnen nichts zu sagen, wohl aber über ihre notwendigen Voraussetzungen. Betrachten wir dazu ein einfaches, aber treffendes Beispiel. Das sichtbare Universum hat einen Durchmesser von etwa fünfzehn Milliarden Jahren. Es enthält mindestens einhundert Milliarden Galaxien, von denen jede etwa hundert Milliarden Sterne wie die Sonne enthält. Warum ist das Universum so groß?

Das Leben auf der Erde beruht auf den chemischen Eigenschaften des Kohlenstoffs und seinen Wechselwirkungen mit Wasserstoff, Stickstoff, Phosphor und Sauerstoff. Diese biologisch wichtigen Elemente und auch alle vielgepriesenen Alternativen wie Silizium sind nicht etwa Überreste aus der Hölle des Urknalls. Sie sind vielmehr Ergebnisse von

Kernreaktionen im Inneren von Sternen, wo die aus dem Urknall stammenden Wasserstoff- und Heliumkerne durch Kernfusion zu schwereren Elementen «verbrennen». Wenn diese Sterne in ihr Endstadium kommen, explodieren sie; dabei blasen sie die schwereren für das Leben notwendigen Elemente in den Raum, wo sie in Moleküle, Planeten und schließlich Menschen eingebaut werden. Fast alle Kohlenstoffatome unseres Körpers haben ein so aufregendes Schicksal hinter sich.

Dieser Vorgang, in dem die Natur die Bausteine des Lebens aus den ursprünglichen Resten des Urknalls erzeugt, dauert lange und ist nach irdischem Maß langsam. Er beansprucht über zehn Milliarden Jahre – so lang muß die stellare Alchimie wirksam sein, um die für das Leben notwendigen Elemente zu erzeugen. Damit sehen wir einen Zuammenhang zwischen dem Leben und der Größe des Universums: Da es mindestens zehn Milliarden Jahre expandierte, muß es mindestens zehn Milliarden Lichtjahre groß sein. Eine Welt, die so groß ist wie unsere Galaxis, hätte wohl Raum für hundert Milliarden Sterne, aber sie wäre erst wenig mehr als einen Monat alt. Es gibt in der Geschichte des Universums eine Nische, in der sich Leben spontan entwickeln konnte und sich entwickelt hat. Diese Nische ist einerseits durch die Forderung bestimmt, daß der Urknall sich genügend abgekühlt hat, um die Existenz von Sternen, Atomen und Biomolekülen zuzulassen, und andererseits dadurch, daß alle Sterne nach hundert Milliarden Jahren ausgebrannt sind (Abbildung 8.1(a)).

Die großräumige Struktur des Universums, so lernen wir aus diesem Beispiel, ist auf ganz unerwartete Weise mit jenen Bedingungen verknüpft, die für die Existenz lebender Beobachter nötig sind. Wenn Kosmologen auf eine außergewöhnliche Eigenschaft des Universums stoßen, wird ihr Erstaunen durch die Überlegung gedämpft, wer denn wohl erstaunt sein könnte, wenn das Universum ganz anders wäre. Diese Art «schwacher anthropischer» Betrachtung ist keine widerlegbare Vermutung und keine Theorie. Sie ist vielmehr ein Beispiel für ein methodologisches Prinzip; wird es ignoriert, können die aus den vorliegenden Daten gezogenen Schlüsse falsch sein.

Wie sich die Nichtbeachtung dieses Prinzips auswirkt, hängt von der Grundstruktur des Universums ab. Wenn der Zufall bei der Entstehung eine wesentliche Rolle gespielt hat, dann wird für unser Vorhaben, die Welt zu verstehen, das Problem der fehlenden Eindeutigkeit entscheidend. Wenn die Struktur des Universums notwendig und möglicherweise eindeutig so ist, wie sie ist, weil nur ein einziges Weltall logisch

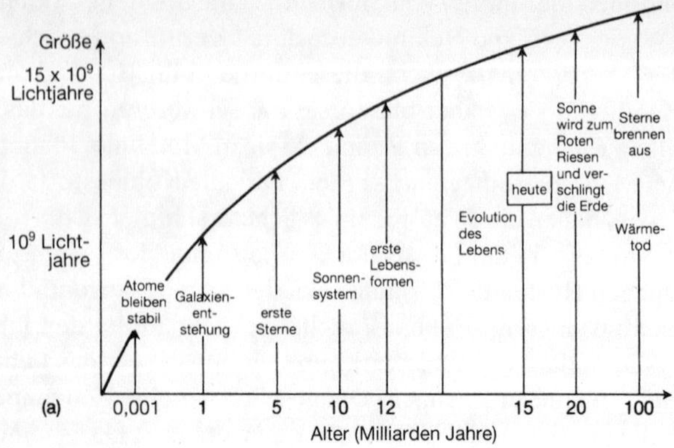

8.1 Die typischen Epochen der kosmischen Geschichte in einem sich expandierenden Universum wie dem, in dem wir leben (a), und mögliche Szenarios der zukünftigen Entwicklung (b). Wegen der Expansion ändern sich Umweltbedingungen wie Dichte und Temperatur im Lauf der Zeit ständig. Erst nach hinreichend langer Zeit sind die Bedingungen für die Bildung von Atomen und dann von Molekülen, Sternen, Planeten und Leben geeignet. Für die Zukunft sehen wir eine Zeit voraus, in der alle Sterne ihren Kernbrennstoff verbrannt haben. Wenn sich auf Kohlenstoff basierende Lebensformen nicht in der angezeigten Nische entwickeln, haben sie dazu nie Gelegenheit. Die Expansionsrate liegt sehr nahe der kritischen Grenze aus, die jene Welten, die sich immer weiter ausdehnen, von jenen trennt, die schließlich

widerspruchsfrei ist, läßt das Schwache Anthropische Auswahlprinzip wenig mehr als den Schluß zu, wie glücklich wir uns schätzen müssen, daß «dieses eine» Universum zufällig die Entwicklung von Leben zuläßt. Wir wissen jedoch aufgrund unserer Überlegungen über die Rolle der Symmetriebrechung, daß das Universum anscheinend nicht so ist. Das Universum hat Anteile, die auch anders hätten sein können, und es vermutlich in anderen Teilen der Welt auch sind. Zudem sahen wir, daß viele Naturkonstanten ihren Wert Zufallsprozessen verdanken, die in Frühstadien des Universums abliefen. Unter solchen Umständen wäre es ein schwerer Fehler, zu erwarten, daß die Vorhersagen, die sich aufgrund der Theorie für Alles für das wahrscheinlichste Universum ergeben, unbedingt der Welt entsprechen müßten, die wir sehen.

Wie wir schon festgestellt haben, lassen sich unsere Beobachtungen in kontrollierten irdischen Experimenten unter veränderten Bedingungen wiederholen. Deshalb läßt sich oft ganz direkt klären, wodurch sich

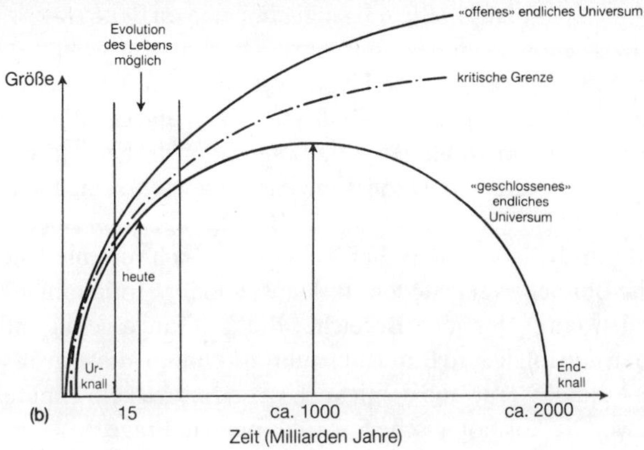

zu einem Endknall immer größerer Dichte zurückfallen (b). Nur solche Welten, die sich (wie unsere eigene) sehr nahe an dieser Scheidelinie ausdehnen, ermöglichen in einem bestimmten Stadium ihrer Geschichte die Entwicklung komplexer biochemischer Systeme und menschlicher Beobachter. Jene, die zu langsam beginnen, werden wieder kollabieren und dem Endknall anheimfallen, bevor die Temperaturen so weit gesunken sind, daß sich Sterne oder auch nur Atome bilden konnten; in hypothetischen Universen, die zu rasch expandieren, kann es nicht zur Entstehung von Galaxien und Sternen kommen, weil die Schwerkraft die Ausdehnung in keinem lokalen Bereich aufhalten kann, und ohne Sterne können sich keine schweren Elemente bilden, wie sie für die spontane Entwicklung des Lebens entscheidend sind.

Eigenschaften, die für die Naturgesetze wesentlich sind, von solchen unterscheiden, die lediglich daraus folgen, daß eine Symmetrie so und nicht anders gebrochen wurde. Bei Beobachtungen sind die Dinge nicht so klar. Wir wissen zum Beispiel nicht, ob sich die Größen von Galaxien und Galaxienhaufen zwangsläufig aus physikalischen Gesetzen oder bestimmten Anfangsbedingungen oder aus einer Symmetriebrechung ergeben. Als Ersatz für ungehindertes Experimentieren können wir nur Verzeichnisse aller beobachtbaren Eigenschaften ähnlicher Objekte zusammenstellen und dann nach *Beziehungen* zwischen verschiedenen Größen suchen. So lassen sich Tendenzen aufzeigen: Wir sehen, ob alle großen Galaxien hell sind oder alle magnetischen Sterne langsam rotieren und so weiter.

Bis vor wenigen Jahren schien die Annahme, daß eine zufällige Symmetriebrechung die beobachtete Struktur des Universums mit seinen Galaxien und Galaxienhaufen beeinflußt haben könnte, nicht mehr zu sein als eine Spekulation, die im gängigen Bild von der Entwicklung des Universums jeder Grundlage entbehrt. Das hat sich geändert. Die in früheren Kapiteln vorgestellte Hypothese eines «inflationären Universums» hat sich zu einer gewissen Reife entwickelt und läßt die Vorstellung von einer gleichsam zufälligen Komponente im frühen Universum als ganz natürlich erscheinen. Denn wenn das Universum seine Expansion in einem Zustand begann, in dem sich die Bedingungen von einem Ort zum nächsten ganz beliebig unterscheiden, dehnten sich verschiedene mikroskopische Bereiche verschieden stark aus, und ihre Inflationszeiten sind verschieden lang. Nur jene Bereiche, die sich lange genug inflationär ausdehnen und folglich zu Bereichen führen konnten, die so groß wurden, daß sich Atome, Sterne und damit auch Leben entwickeln konnten, kommen für weitere kosmologische Spekulationen in Frage.

Wenn wir die Vorhersagen dieser Theorie mit der Beobachtung vergleichen und die Struktur des beobachteten Universums im Rahmen dieser Theorie einer chaotisch inflationären Expansion sehen, müssen wir berücksichtigen, in welcher Weise unsere Beobachtung verzerrt sein könnte. Sicherlich sollten wir diese Theorie nicht deshalb ablehnen, weil die meisten expandierten Bereiche winzig sind. Wir müssen ja in einem der größeren leben, ganz gleich, wie klein die *a priori*-Wahrscheinlichkeit dafür auch sein mag. Wenn das Universum zudem räumlich unbegrenzt ist, lassen unsere Beobachtungen aus der für uns bewohnbaren Provinz nicht unbedingt Rückschlüsse auf das Wesen des gesamten Universums zu, da solche Extrapolationen auch von unüberprüfbaren Annahmen über die Welt jenseits unseres Horizonts abhängen (Abbildung 8.2).

Das chaotische Inflationsmodell läßt sich weiter verfeinern – entsprechend dem Vorschlag des russischen Physikers Andrej Linde, der eine sich selbst erhaltende Inflation annimmt. Jeder mikroskopische Bereich, der sich inflationär aufbläht, neigt natürlich dazu, die Bedingungen zu schaffen, in denen sich auch seine eigenen mikroskopischen Unterbereiche aufblähen können, und dieser Vorgang kann immer weitergehen. Der Bereich also, in dem man den Ausgangspunkt für diese Folge vermutete, könnte Teil einer früheren unendlichen Folge sein. Nur in solchen Mitgliedern der unendlichen Folge, in denen die notwendigen Bedingungen für die Entwicklung von Beobachtern gegeben sind, lassen sich kosmologische Schlüsse ziehen. Abbildung 8.3 veranschaulicht die ewige Inflation.

Das Schwache Anthropische Prinzip gewinnt an Bedeutung, seit die Kosmologen sich in ihrem Versuch, die Vergangenheit des Universums

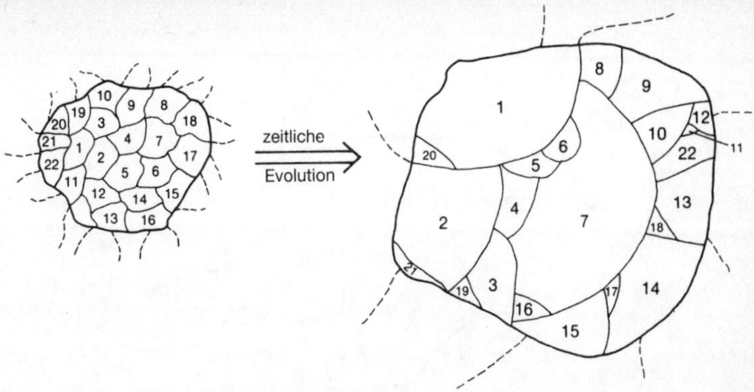

8.2 Die Entwicklung eines chaotischen inflationären Universums verläuft in jedem kausal zusammenhängenden Durchmesser von 10^{-25} Zentimeter anders. Jeder dieser winzigen Bereiche dehnt sich während der Inflationsphase, die etwa 10^{-35} Sekunden dauert, um einen anderen Betrag aus und wächst zu einem unserem sichtbaren Weltall entsprechenden großen Bereich heran. Nur in jenen Bereichen, die sich so weit aufblähen, daß sie sich hinreichend nahe an der kritischen Grenze zwischen ständiger Expansion und Übergang zum Kollaps befinden (siehe Abbildung 8.1), können sich intelligente Beobachter entwickeln. Leben kann also nur in den größten aufgeblähten Regionen wie Bereich 7 entstehen. Wenn das Universum unendlich groß ist, gibt es unendlich viele solcher Bereiche, und wenn ihre Anfangsbedingungen alle Möglichkeiten mit gleicher Wahrscheinlichkeit erschöpfen, bilden sich unendlich viele Bereiche heraus, in denen lebende Beobachter existieren können. Denn wenn in irgendeinem Bereich eine endliche Wahrscheinlichkeit besteht, daß sich Leben entwickeln kann (und diese Bedingung ist ja offensichtlich erfüllt, da es uns gibt), dann muß sich in einem unendlich großen Universum auch an unendlich vielen anderen Stellen Leben entwickelt haben. Man beachte, wie sich unser Bild vom Universum dadurch verändert. Wenn wir in Bereich 7 leben, würden wir jenseits unseres Horizonts ganz andere Bedingungen erwarten. Die Beobachtungen des uns zugänglichen Teils des Universums müssen für das Ganze nicht unbedingt repräsentativ sein.

zu erforschen, dem Anfang von Raum und Zeit nähern. Je näher man dem vermutlichen Beginn ist, um so mehr überwiegen die Wirkungen von Symmetriebrechung und Quantenzufall; sie erzeugen die ursächlichen Zufälligkeiten, auf denen die eben erläuterten Feinheiten der Deutung beruhen. Ein schönes Beispiel dafür kennen wir schon: Es ist der Versuch zu zeigen, daß die Werte der Naturkonstanten durch die Art der Wechselwirkung zwischen Bereichen der Raumzeit bestimmt sind, die

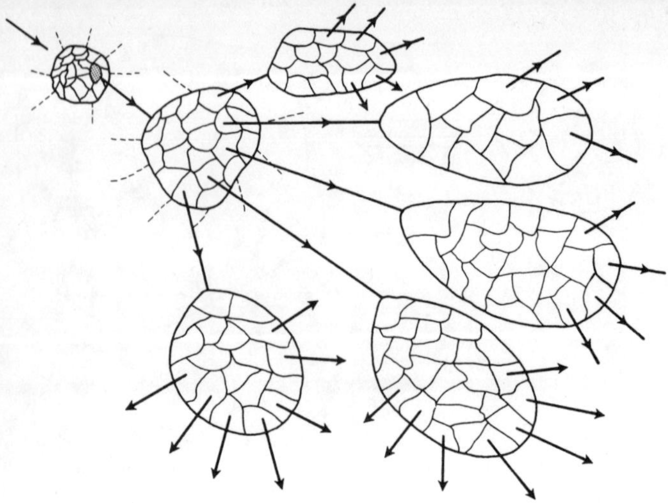

8.3 Die Entwicklung eines «ewig» inflationären Universums. Jeder Teilbereich, der inflationär expandiert, kann zu einer großen Zahl aufgeblähter Bereiche führen, die wieder die Bedingungen erfüllen, die zu ihrer Inflation nötig sind. Der Prozeß kann unendlich weitergehen und ebenso auch schon seit Ewigkeiten andauern. Es kann zeitlich gesehen also eine unendliche Folge inflationärer Welten geben, die sich über den unendlichen Raum erstrecken. Nur in einigen davon läuft die Inflation zu bestimmten Zeiten und Orten so ab, daß genug Zeit und die richtigen Bedingungen für die Entstehung von Leben vorhanden sind – aber nur in einigen dieser begünstigten Bereiche paßt dann alles so zusammen, daß sich auch wirklich Leben entwickelt.

durch Raumzeitröhren, sogenannte Wurmlöcher, verbunden sind. Mit Hilfe dieser Vorstellung könnten wir die Zahlenwerte der Naturkonstanten vorhersagen. Im betrachteten Beispiel sind diese Werte wegen der Quantengravitation nicht genau bestimmt. Wir erhalten vielmehr eine Wahrscheinlichkeitsverteilung, die angibt, welche Werte der Konstanten heute am wahrscheinlichsten sind.

Am einfachsten läßt sich die kosmologische Konstante vorhersagen, deren Wert sich mit hoher Wahrscheinlichkeit bestimmen läßt, indem man für alle möglichen Werte die Wurmlochverbindungen betrachtet und daraus eine Wahrscheinlichkeitsverteilung für die möglichen Werte der Konstanten ableitet. Zum Beispiel würde ein hypothetisches Universum, das die Evolution komplexer Beobachter ausschließt, eine enorm hohe kosmologische Konstante aufweisen müssen. Andererseits genügt schon ein sehr geringer Wert, um die schrittweise Evolution einer sich selbst erhaltenden Inflation zu erzeugen – wie Andrej Linde gezeigt hat. Wenn nun die Existenz von Beobachtern eine sehr unwahrscheinliche Eigenschaft eines möglichen Universums wäre, so daß diese Inflationsfolge möglicher Welten eine Notwendigkeit wäre, um mit Sicherheit Beobachter hervorzubringen, dann könnte das anthropische Prinzip auch für die *a priori*-Wahrscheinlichkeitsverteilung eine Rolle spielen, die eine verschwindend kleine kosmologische Konstante ermöglicht. Natürlich kann sich herausstellen, daß wir Annahmen revidieren müssen, die wir eingeführt haben, um eine kosmologische Konstante vom Wert Null zu erhalten: Das könnte die derzeit beliebte Annahme der «Randfreiheit» für die Wellenfunktion des Universums oder die Vorstellung von Wurmlochverbindungen im Netzwerk der möglichen Welten betreffen. Andere Grenzbedingungen für stärkere Wurmlocheffekte könnten die Wahrscheinlichkeitsverteilung von Werten für die kosmologische Konstante so verändern, daß sie nicht so nahe bei Null liegt.

Vorhersagen für nicht verschwindende Naturkonstanten wie zum Beispiel die Masse des Elektrons sind viel schwieriger. Wenn man über die einfachen Näherungen hinausgeht, die für die rechnerisch ausführbare Lösung des Problems eingeführt wurden, muß man die Abhängigkeit dieser Konstanten von der genauen Lage der Wurmlöcher und dem Netzwerk der Beziehungen zwischen ihnen und anderen Mini-Welten einbeziehen. Was bestimmt die ursprünglichen Verbindungen? Sind sie berechenbar? Werden sie von einem Metaprinzip bestimmt?

Wir können, wie wir sahen, unsere Beobachtungen des Universums nur dann vollständig verstehen, wenn wir erfassen, was unsere Beobachtungen und die Deutung der Ergebnisse beeinflußt. Falls das Universum strukturelle Zufallselemente aufweist, die ihm seine Entwicklung aus seinen Quantenursprüngen oder zufälligen Symmetriebrechungen aufgeprägt hat, müssen wir unsere eigene Existenz berücksichtigen, wenn wir eine Entsprechung zwischen der Wirklichkeit und den kosmologischen Vorhersagen einer Theorie für Alles abwägen. Wenn zudem diese zufälligen kosmologischen Elemente zu einem Universum führen, das in sehr großen Entfernungen von einem Ort zum anderen ganz verschieden ist, muß unser Wissen über seine globale Struktur notwendig unvollkommen bleiben, weil wir diese möglicherweise unendliche Welt nur lokal beobachten können.

9. Fällt Pi wirklich vom Himmel?

Betrachte Himmel, Erde, Meer und alles, was da glänzt und kriecht und fliegt und schwimmt: alles hat Formen, weil es Zahlen hat; nimm sie fort und alles wird zunichte... und frage, was im Tanz ergötzt, antworten wird die Zahl: Siehe, ich bin's. Betrachte die Schönheit des geformten Körpers: Zahlen sind im Räumlichen festgehalten. Betrachte die Schönheit der Bewegung im Körper: Zahlen gewinnen Leben im Zeitlichen.

Augustin

Mitten in ungeheuren Weiten

Ich würde nicht so weit gehen zu sagen, eine Geschichte der Philosophie, die nicht die mathematischen Vorstellungen der jeweiligen Zeiten behandelt, gliche einer Aufführung des Hamlet, *bei der die Rolle des Titelhelden gestrichen ist. Das wäre zuviel behauptet. Aber es entspricht sicher der Streichung der Rolle der Ophelia. Dieser Vergleich trifft außerordentlich genau. Denn Ophelia ist für das Stück sehr wichtig, sie ist ganz bezaubernd – und ein bißchen verrückt. Geben wir also zu, daß die Beschäftigung mit der Mathematik eine göttliche Verrücktheit des menschlichen Geistes ist und Zuflucht bietet vor den Zwängen möglichen Geschehens.*

A. N. Whitehead

Wer ist der Mensch, daß er sich über das Universum Gedanken macht? Angesichts der Jahrhunderte menschlicher Geschichte, in denen wir von den ungeheuren Weiten des Makrokosmos und vom ganzen Mikrokosmos der Elementarteilchen nichts wußten, stehen wir im zwanzigsten Jahrhundert an einem Wendepunkt unseres Wissens über das Universum. Unsere Suche nach einer letzten Erklärung seines Ursprungs und seiner Struktur zeigt, wie sehr wir darauf vertrauen, die Grundlagen der Wirklichkeit zu verstehen. Wie merkwürdig ist das doch! Unser Geist ist ein Produkt der Naturgesetze, und doch können wir über ihn nachdenken. Welch ein Zufall, wenn wir (oder jedenfalls einige von uns) mit unserem Verstand in der Lage sein sollten, die Tiefen der Naturgeheimnisse zu ergründen! Dieser Zufall hat zwei Seiten, eine quantitative und eine qualitative. Der quantitative Aspekt ist klar: Warum sollten *wir* klug genug sein, die Theorie für Alles zu ergründen? Wir kennen mathematische Sätze, die im Prinzip unbeweisbar sind, und andere, bei denen unsere schnellsten Computer so lange brauchten, wie die Welt alt ist, um sie zu entscheiden. Warum sollte eine Theorie für Alles einfacher sein als sie? Im Grunde werden diese quantitativen Begrenzungen durch die Kapazität des menschlichen Gehirns oder möglicherweise künstlicher Gehirne bestimmt, die wir vielleicht einmal produzieren könnten. Noch wissen wir nicht, ob den Kapazitäten des Gehirns und der Computer (als Systeme, die Information aufnehmen und verarbeiten) unverrückbare Grenzen gesetzt sind. Sehr wahrscheinlich ist es so. Denn wenn wir immer größere künstliche Gehirne oder Computer bauen, wächst das Volumen der Schaltkreise schneller als die Oberfläche; aber diese Oberfläche bestimmt, wie wirksam Wärme abgestrahlt und damit Überhitzung vermieden werden kann. Zum Ausgleich könnte man nach dem Vorbild der Natur eine Schwammstruktur entwickeln, so daß die Oberfläche viel größer wird als bei einem festen Körper mit gleicher Masse und gleichem Volumen. Dann aber werden die Verdrahtungen der Schaltkreise länger, die zur Koordination des ganzen Systems nötig sind, und die Laufzeiten der Signale werden größer.

Interessanter ist die Frage, wie weit das Gehirn *qualitativ* für ein Verständnis der Welt ausgerüstet ist. Warum sollten seine Kategorien des Denkens und Verstehens gerade so beschaffen sein, daß sie die reale Welt in ihrer Gesamtheit und ihrem Wesen nach erfassen können? Und warum sollten die Gesetze, die eine Theorie für Alles zu beschreiben anstrebt, in einer «Sprache» abgefaßt sein, die unser Verstand entschlüsseln kann? Warum hat der Prozeß der natürlichen Auslese uns so überreich mit geistigen Fähigkeiten ausgestattet, daß wir viel mehr von der Struktur des Universums erfassen können, als für unser Überleben jetzt und in Zukunft nötig ist?

Ein qualitativer Aspekt der Wirklichkeit ist tiefer gehend und rätselhafter als alle anderen – der unverbrüchliche Erfolg der Mathematik bei der Beschreibung der Wirklichkeit und die Fähigkeit des menschlichen Geistes, mathematische Wahrheiten zu entdecken und zu erfinden. Dieser Aspekt kann uns bei der Frage weiterbringen, warum das Universum überhaupt der menschlichen Erkenntnis zugänglich ist.

Die Zahl der Rose

Gott gleicht eher der Schwere als der Unruhe.
Mary Hesse

«Was wir eine Rose nennen, würde mit jedem Namen lieblich duften», sagt Shakespeare – mit einer Zahl jedoch ist das anders. Wir machen einen großen Unterschied zwischen Worten und Zahlen. Wenn wir eine Rose Distel nennen, brauchen wir keineswegs die Eigenschaften jener Dinge neu zu beschreiben, die wir Rosen nennen. Schlimmstenfalls müßten einige Kataloge von Gartenbaubetrieben überarbeitet werden, aber das Wesen der Dinge würde dadurch nicht berührt. Wenn etwas jedoch eine Zahleigenschaft hat, würden durch ein solches Vertauschen die Grundlagen der Wirklichkeit gestört. Dieser Eindruck entsteht durch die Annahme, daß die mathematischen Eigenschaften der Dinge wirklich und den Dingen an sich zuzuschreiben seien. Sie sind mehr als nur Bezeichnungen. Wir entdecken sie, wir erfinden sie nicht nur. Es gibt anscheinend auch keine natürliche Entsprechung zwischen den Regeln der Grammatik und der Verwendung der Sprache. Dabei ist die Mathematik Sprache, deren innere Logik unerwartet gut auf die Logik der Wirklichkeit abgestimmt ist.

Die modernen Naturwissenschaften beruhen fast völlig auf der Mathematik. Diese Konzentration auf Zahlen als Mittel zum Verständnis der physikalischen Welt begann anscheinend mit der Überzeugung der Pythagoräer, die wahre Bedeutung der Natur liege in den harmonischen Verhältnissen, wie sie an Zahlen aufweisbar sind. Sie sahen die Schöpfung entsprechend ihrer Vorstellung als eine Grundeinheit, aus der sich alle anderen Dinge aufbauen lassen. Zahlen waren für sie zutiefst bedeutungsvoll. Die geraden Zahlen, die als weiblich gesehen wurden, symbolisierten jene Dinge, die zur Mutter Erde gehörten. Ungerade Zahlen waren männlich und mit dem Himmel verknüpft. Jede Zahl hatte ihre eigene Bedeutung: Vier war die Gerechtigkeit, Fünf die Ehe und so weiter. Wir haben diese Vorliebe für Zahlen geerbt, weichen jedoch in einer wichtigen Hinsicht davon ab: Während die Pythagoräer überzeugt waren, die Zahlen selbst hätten eine besondere Bedeutung, legen wir die Betonung auf die numerischen Beziehungen zwischen den Dingen. Wir richten also unsere Aufmerksamkeit auf «Symmetrien» und «Transformationen» oder «Abbildungen» und «Programme». Diese Denkweise trug ihre schönsten Früchte parallel zur mechanischen Weltanschauung, wie sie von Galilei, Newton und den ihnen nahestehenden Denkern entwickelt wurde. Die mathematische Beschreibung der Natur ermöglichte einen Denkansatz, der kulturelle Vorurteile überwindet, indem ein nicht mehr reduzierbares Minimum an Annahmen bestimmt wird, das die Gesetzmäßigkeit der Natur charakterisieren kann. Die Mathematisierung schuf eine allgemeinverständliche Sprache, die effizientes Denken und logische Deduktion ermöglicht, weil diese Sprache einige einfache logische Forderungen automatisch erfüllt, wenn sie nur korrekt verwendet wird. Die Sprache überführt eine Reihe von logischen Operationen aus dem bewußten Schlußfolgern in ein Kalkül, das ohne Bewußtsein möglich ist.

So gesehen mag die Mathematik als eine Kunst erscheinen; an einigen Universitäten wird sie eher den Geisteswissenschaften zugeordnet als den Naturwissenschaften. Sie gehörte ja auch zu den freien Künsten der Antike, obwohl sie sich in mehrfacher Hinsicht von den «Schönen Künsten» unterscheidet. Die Mathematik läßt gleichzeitige Entdeckung zu, Kunst jedoch nicht; wir haben ja sogar das deutliche Gefühl, dies sei in der Kunst ausgeschlossen. Mathematiker kommen unabhängig von ihrem kulturellen Hintergrund, den Beweggründen ihres Forschens, den gewählten Bezeichnungen und den Methoden oft zu denselben Entdekkungen oder «Sätzen». Solche Zufälle gibt es in der Literatur oder in der Musik nicht. Eine unabhängige Erschaffung eines *Macbeth* oder einer Beethovensymphonie wäre unvorstellbar, weil wir den Charakter eines solchen Kunstwerks so eng mit dem Geist seines Schöpfers verbinden. Seine Einzigartigkeit spiegelt die Einzigartigkeit des einzelnen wider. Die Tatsache, daß in der Mathematik und in den Naturwissenschaften häufig dieselben Entdeckungen unabhängig voneinander von verschiedenen Personen gemacht wurden und werden, deutet auf ein objektives Element in der Natur der Sache hin, das nicht von der individuellen Forscherpersönlichkeit abhängt. Sogar intelligenten Maschinen können wir Beweise einiger mathematischer Sätze zutrauen, die ähnlich oder genauso von Mathematikern bewiesen würden.

Es gibt im Hinblick auf das methodische Vorgehen einen weiteren wichtigen Unterschied zwischen der Mathematik und der Kunst oder den Geisteswissenschaften. Mathematiker können an Einzelproblemen im Team forschen – oft veröffentlichen sie die Ergebnisse dann in einer gemeinsamen Arbeit. Sie können sich die Aufgaben dabei komplementär so aufteilen, daß die gemeinsame Publikation zustande kommt, ohne daß man sich gegenseitig hilft oder telephoniert. In Literatur, Kunst und Geisteswissenschaften gibt es zwar auch intensive Zusammenarbeit, aber es ist erheblich seltener, daß ein Roman von mehreren Autoren verfaßt wird oder eine Symphonie von mehreren Komponisten stammt. Man könnte darin einen Hinweis auf eine subjektive Komponente in den Kunstwerken sehen, die in den Arbeiten der Mathematiker hinter einem objektiven Element eher zurücktritt. Mathematische Ergebnisse sind eher Entdeckungen als Erfindungen.

Philosophien der Mathematik

Die Aufhebung der physikalischen Gesetze, wie sie die Wunder der Bibel beschreiben, macht den Religionsphilosophen nicht so viele Sorgen wie die Aufhebung mathematischer Gesetze. Der Mathematik schreiben wir also eine Sonderstellung zu, und die Möglichkeit, ihre ewigen Wahrheiten könnten aufgehoben werden, verstört selbst dann, wenn das durch einen allmächtigen Gott geschieht.

Philip Davis und Reuben Hersch

Mathematik beschäftigt sich mit gedachten Gegenständen. Nicht jeder ist davon überzeugt, daß Mathematik lediglich entdeckt wird – und als einzige Alternative zu dieser Sichtweise bleibt anzunehmen, daß es sich um eine Schöpfung des menschlichen Geistes handelt. Wie läßt sich die Natur dieses «Gegenstandes», den wir Mathematik nennen, verstehen? Wenn wir Mathematik lernen oder lehren, stellen wir diese scheinbar so einfache Frage wohl nur selten. Sie ist jedoch nicht neu; betrachten wir darum einige der Punkte, die im Laufe der Geschichte erörtert wurden, als die Annahmen über die Welt noch ganz anderen Quellen entsprangen als heute. Dazu beleuchten wir drei Epochen, in denen die Debatte über das Wesen mathematischen Wissens besonders intensiv war. Zunächst betrifft das die Auseinandersetzung zwischen der platonischen und der aristotelischen Weltanschauung im alten Griechenland. Als zweite historische Quelle betrachten wir den umfangreichen Kommentar von Roger Bacon und seinen mittelalterlichen Zeitgenossen und zum Schluß die gemeinsame Entwicklung von Mathematik und Physik gegen Ende des neunzehnten Jahrhunderts.

Für Platon war die materielle Welt der sichtbaren Dinge nur ein Schatten der wahren Wirklichkeit ewiger Ideen und unwandelbarer Formen. Er erläutert die jenseitige Welt der Ideen am Beispiel der vier Elemente Erde, Luft, Feuer und Wasser, die er durch geometrische Körper darstellte: die Erde durch einen Würfel, das Wasser durch ein Ikosaeder, die Luft durch ein Oktaeder und das Feuer durch ein Tetraeder. Seiner Meinung nach sind die Elemente als Ausdruck wahrer Ideen letztlich Geometrie dieser Körper. Ihre geometrische Form ist nicht etwa nur eine ihrer Eigenschaften. Die Umwandlung eines Elements in ein anderes wird dann durch das Verschmelzen und Verwandeln von Dreiecken erklärt. Diese streng mathematische Beschreibung ist kennzeichnend für Platons Umgang mit physikalischen Problemen. Für ihn gibt die Mathematik einen Hinweis auf die letzte Wirklichkeit der Welt der Ideen, die die sichtbare Welt der Sinnesdaten überschattet. Je besser wir sie verstehen, um so näher kommen wir der Wahrheit. Für Platon ist deshalb die Mathematik grundlegender, wahrer und den ewigen Ideen, deren unvollkommene Widerspiegelung die sichtbare Welt ist, näher als die Naturwissenschaft. Weil die Welt in ihrem tiefsten Grund mathematisch *ist*, haben alle sichtbaren Phänomene mathematische Wurzeln und lassen sich, je nachdem, wie ähnlich sie den ihnen zugrundeliegenden Ideen sind, mehr oder weniger weitgehend durch Mathematik beschreiben.

Etwas später sah Aristoteles die Beziehung zwischen Mathematik und Natur völlig anders. Er wollte die Physik von den mathematischen Fesseln befreien, die Platon ihr auferlegt hatte. Er meinte, es gebe drei völlig autonome Bereiche rein theoretischen Wissens – Metaphysik, Mathematik und Physik –, von denen jede ihre eigenen Erklärungsmethoden und Themenbereiche hat. Diese Trennungen überbrückte ein allgemeineres Prinzip der «Homogenität» – aus Gleichem folgt Gleiches –, das immer befolgt werden muß:

Wie es scheint, brauchen wahrnehmbare Dinge wahrnehmbare Prinzipien, ewige Dinge ewige Prinzipien, verwerfliche Dinge verwerfliche Prinzipien und ganz allgemein jedes Ding die ihm entsprechenden Prinzipien.

Platons Erklärung der Dinge verletzt ganz offensichtlich diesen Grundsatz, denn er sucht für physikalische Dinge mathematische und nicht physikalische Erklärungen. Um zu verstehen, wie Aristoteles die Beziehung zwischen Mathematik und Physik sieht, müssen wir wissen, daß die Einteilung des theoretischen Wissens in Metaphysik, Mathematik und Physik hierarchisch war und sich weitgehend von Platons Behandlung dieser drei Säulen des Wissens unterschied. Die Physik hat mit der gewöhnlichen Alltagswelt faßbarer Dinge zu tun, denen jede theoretische Abstraktion fehlt. Sie ist das Reich des Pragmatikers. Die Mathematik beschäftigt sich erst auf einem gewissen höheren Niveau mit den Dingen, indem sie wichtige Eigenschaften auswählt und andere vernachlässigt. Durch Vernachlässigung aller Eigenschaften außer der des reinen Wesens gelangen wir schließlich auf eine weitere Abstraktionsebene, die nötig ist, damit wir unsere Untersuchungen in den Bereich der Metaphysik bringen. Heute bilden die Auswirkungen der Naturgesetze, die Naturgesetze selbst und dann die Metawelt, in der wir verschiedene mögliche oder wirkliche alternative Naturgesetze betrachten, eine vergleichbare Hierarchie.

Aristoteles zieht eine scharfe Trennlinie zwischen den Tätigkeiten des Physikers und denen des Mathematikers. Der Mathematiker beschränkt seine Forschungen auf die quantifizierbaren Aspekte der Welt und schränkt dadurch das mathematisch Beschreibbare außerordentlich stark ein. Die Physik war für Aristoteles viel weitreichender und umfaßte die irdische Wirklichkeit wahrnehmbarer Dinge. Während Platon behauptet hatte, die Mathematik sei die wahre und tiefe Wirklichkeit und die physikalische Welt nur ihr blasser Abglanz, behauptete Aristoteles, die Mathematik sei nur eine oberflächliche Darstellung eines Teils der physikalischen Wirklichkeit. So sieht der Gegensatz zwischen Idealismus und Realismus im Altertum aus.

Im Mittelalter wurde dieser Konflikt zwischen den platonischen und aristotelischen Ansichten nach Jahrhunderten neu belebt und in verwikkelten Synthesen mit der frühen christlichen Theologie verquickt. Einflußreiche Denker wie Augustin und Boethius stützten implizit die platonische Wertschätzung der Mathematik. Beide weisen darauf hin, daß die Dinge zu Beginn «nach Maß, Zahl und Gewicht» oder «nach dem Vorbild der Zahlen» erschaffen worden waren. Sie sahen darin ein Kennzeichen für den Geist Gottes; die Mathematik nahm deshalb einen wesentlichen Platz im mittelalterlichen Quadrivium aus Arithmetik, Geometrie, Musik und Astronomie ein. Ohne sie war die Suche nach allem Wissen beeinträchtigt. Später jedoch neigte Boethius zu der aristotelischen Ansicht, der Übergang von der Physik zur Mathematik sei ein Akt geistiger Abstraktion und das mache diese beiden Themen qualitativ verschieden.

Das zwölfte Jahrhundert brachte ein Wiederaufleben von Forschung und Gelehrsamkeit. Man interessierte sich sowohl für die platonischen wie für die aristotelischen Sichtweisen der Beziehung zwischen Mathematik und Physik. Die wichtigsten Kommentare zu diesem Thema sollten dann für das nächste Jahrhundert die englischen Gelehrten Robert Grosseteste und Roger Bacon liefern. Grosseteste behauptete, nicht alles Wissen über die physikalische Welt beruhe auf Mathematik; er vertritt bei vielen Gelegenheiten anscheinend einfach die traditionelle aristotelische Einstellung. Mit dem Hinweis, einige Naturwissenschaften seien anderen nachgeordnet, ging er jedoch etwas weiter; in seinen detaillierten Untersuchungen über das Licht betont er, die Mathematik sei für eine Erklärung des Gesehenen wichtig, «weil jede natürliche Handlung sich in ihrer Stärke und Schwäche nach der Variation von Linien, Winkeln und Figuren verändert». Grosseteste beeinflußte Roger Bacons Vorstellungen über Mathematik und Natur. Bacon schrieb viele hundert Seiten dazu und hat sich wohl mehr als jeder andere mit dieser Frage befaßt. Er glaubte, das mathematische Wissen sei dem menschlichen Geist angeboren; die Mathematik sei eine eindeutige Form des Denkbaren, die die Natur ebenso «kennt» wie wir. Ihre Eindeutigkeit ist durch die Tatsache gekennzeichnet, daß sie völlige Sicherheit zu erreichen erlaubt. Unser Wissen von der Natur kann danach nur insoweit sicher sein, wie wir es auf mathematischen Grundlagen errichten:

Daraus wird deutlich, daß wir die Grundlagen des Wissens auf die Mathematik stützen müssen, wenn wir in den anderen Wissenschaften zu einer zweifelsfreien Gewißheit und zu einer irrtumslosen Wahrheit gelangen wollen, da wir mit ihrer Hilfe die Gewißheit für die anderen Wissenschaften ... erreichen können.

Bacon war darüber hinaus ein Meister darin, die Eigenschaften des Universums mit Hilfe der Mathematik zu beweisen. Am faszinierendsten sind seine «topologischen» Beweise für den Aufbau der Welt, die er als erster führte. Er behauptet, das Universum müsse sphärisch sein, sonst würde seine Rotation ein Vakuum erzeugen. Außerdem könne es nur ein Universum geben, weil ein weiteres aus eben diesem Grunde auch sphärisch sein müsse; zwischen diesem und «unserem» Universum würde es dann eine anti-aristotelische Leere geben. Bacon vertritt eine Position zwischen Platon und Aristoteles, die stark von Grosseteste beeinflußt ist. Er schreibt der Mathematik eine wichtige Rolle zu, ohne sie jedoch als Urgrund allen Seins anzusehen. In der Praxis wendet er die Mathematik gleichermaßen in der Naturwissenschaft und zur Verteidigung seiner theologischen Vorstellungen an.

Im neunzehnten Jahrhundert wurde dem rasch aufblühenden Feld der Mathematik ungeachtet des Galileischen und Newtonschen Erbes immer weniger Bedeutung für die Physik und die ihr verwandten Wissenschaften beigemessen. Die Entwicklung der Mathematik verlief aufregend, führte jedoch zu einer Aufspaltung in die sogenannte reine und die angewandte Mathematik. Einflußreiche Physiker wie Drude und Kirchhoff behaupteten, es sei Aufgabe der Naturwissenschaft, zu *beschreiben*, wie die Welt so einfach und vollständig wie möglich dargestellt werden könne. Die Naturwissenschaft, so behaupteten sie, teilt uns nichts über die Wirklichkeit mit: Sie ist nur «eine Darstellung der Welt der Erscheinungen».

Drude behauptete sogar, die Annahme, die Welt sei an sich mathematisch, sei gefährlich, weil der starre Formalismus der reinen Mathematiker uns dann blindlings zu Fehlern führen könne. Solche Ansichten waren nicht ungewöhnlich. Sie wurden nicht nur von operationalistisch eingestellten Philosophen, sondern auch von Physikern wie Maxwell, Hertz, Boltzmann und Helmholtz vertreten. Vor diesem Hintergrund debattierte man in den ersten Jahren des zwanzigsten Jahrhunderts über die Bedeutung und den Sinn des alten Leibnizschen Begriffs der «prästabilierten Harmonie» zwischen den mathematischen Erkenntnissen des Verstands und der Struktur der äußeren Welt.

Leibniz hatte nach einer überzeugenden Erklärung für die harmonische Beziehung zwischen den Fähigkeiten und Wahrnehmungen unseres Geistes und der Struktur der physikalischen Welt unserer Erfahrung gesucht. Weil er Geist und Materie völlig getrennten Bereichen zuordnete, ergab sich ein Problem. Er löste es, indem er die Meinung vertrat, zwischen beiden Reichen herrsche eine «prästabilierte Harmonie».

Seinerzeit haben sich viele Wissenschaftler mit diesem Problem beschäftigt. Einige, so etwa Fourier, bestanden darauf, daß sich mathematisches Wissen vor allem aus der Untersuchung der Natur ergeben sollte. Die prästabilierte dreifache Harmonie zwischen Geist, Mathematik und der physikalischen Welt wurde von Hermite vertreten, der eine metaphysische Identität zwischen den Welten der Mathematik und der Physik sah, an der der Geist Anteil hat. Heute scheint der Begriff der prästabilierten Harmonie wenig mehr als ein versteckter Platonismus in neuem Gewand zu sein. Implizit weist er auf abstrakte mathematische Begriffe hin, die die Quelle sowohl unserer mathematischen Ideen als auch der mathematischen Struktur der physikalischen Welt sind. Beide spiegeln, wenn auch unterschiedlich intensiv, die wahren Ideen im «platonischen Himmel» wider. Als aber so großen Mathematikern wie Minkowski und Hilbert die Harmonie zwischen ihren reinen mathematischen Ergebnissen und den Vorgängen der physikalischen Welt auffiel, fanden viele andere es schwer, der Vorstellung einer solchen Harmonie zu widerstehen. In den ersten Jahren des zwanzigsten Jahrhunderts erkannte man also allmählich, warum Minkowskis Verwendung der komplexen Zahlen für die Beschreibung von Raum und Zeit von einem berühmten Physiker als «eine der größten Revolutionen unserer allgemein akzeptierten Ansichten» gepriesen wurde.

Rätselhaft blieb, in welchem Ausmaß die für die Eindeutigkeit der wirklichen Welt notwendigen Merkmale – die genauen Werte der Naturkonstanten, die Wahl zwischen der einen oder anderen Form einer Gleichung – zusätzlich zur Mathematik benötigt werden. Obwohl ein großer Teil einer physikalischen Theorie wie der Einsteinschen Allgemeinen Relativitätstheorie Mathematik und nichts als Mathematik zu sein scheint, wird die Kopplung von Materie mit der Geometrie der Raumzeit nicht allein durch die Mathematik diktiert: Auch die Erhaltung von Energie und Impuls muß gewährleistet sein. Außerdem kennen wir keinen Grund, warum die Geometrie von Raum und Zeit ausgerechnet durch die von Riemann angegebene gekrümmte Geometrie beschrieben werden sollte. Die Natur hätte im Prinzip auch kompliziertere Möglichkeiten gehabt. Nur durch Beobachtung können wir erfahren, welche Option sie verwirklichte. Die Mathematik kann uns also nicht sagen, welcher mathematische Weg von der Natur in bestimmten Situationen bevorzugt wurde. Das könnte natürlich nur ein vorläufiges Zeichen dafür sein, daß wir das größere Bild nicht kennen, in dem alles gelten muß, was nicht ausgeschlossen ist. Wir überlassen das letzte Wort zum Thema der prästabilierten Harmonie, die die Physiker zu Anfang des zwanzigsten Jahrhunderts so beschäftigte, Albert Einstein. Er war als junger Mann von der Erklärung überzeugt, die Leibniz dafür gab, warum die Natur dem abstrakten menschlichen Denken entsprechen müsse:

> Keiner, der sich in den Gegenstand wirklich vertieft hat, wird leugnen, daß die Welt der Wahrnehmungen das theoretische System praktisch eindeutig bestimmt, trotzdem kein logischer Weg von den Wahrnehmungen zu den Grundsätzen der Theorie führt. Dies ist es, was Leibniz so glücklich als «prästabilierte Harmonie» bezeichnete.

Später reiften seine Ansichten zu jenen heran, mit denen er sich im alten Griechenland hätte heimisch fühlen können:

> Durch rein mathematische Konstruktion vermögen wir nach meiner Überzeugung diejenigen Begriffe und diejenige gesetzliche Verknüpfung zwischen ihnen zu finden, die den Schlüssel für das Verstehen der Naturerscheinungen liefern. Die brauchbaren mathematischen Begriffe können durch Erfahrung wohl nahegelegt, aber keinesfalls aus ihr abgeleitet werden. Erfahrung bleibt natürlich das einzige Kriterium der Brauchbarkeit einer mathematischen Konstruktion für die Physik. Das eigentlich schöpferische Prinzip liegt aber in der Mathematik. In einem gewissen Sinne halte ich es also für wahr, daß dem reinen Denken das Erfassen des Wirklichen möglich sei, wie es die Alten geträumt haben.

Hinter dieser Meinungsänderung läßt sich eine interessante Veränderung seiner Einstellung zu Mathematik finden: In seinen frühen Arbeiten zur Speziellen Relativitätstheorie, zur Brownschen Bewegung und zum photoelektrischen Effekt (für seine Theorie des Photoeffekts erhielt er später den Nobelpreis) vermied er, wie es seine Art war, komplizierte Mathematik; vielmehr stellte er einfache physikalische Überlegungen an, um den fraglichen Phänomenen auf den Grund zu kommen. Aber seine Schöpfung der Allgemeinen Relativitätstheorie führte ihn zu einem machtvollen mathematischen Formalismus. Die Schöpfungen der reinen Mathematiker können, so meint er, mehr tun, als nur die Welt zu beschreiben. Sie können die physikalischen Begriffe erfassen, die man sonst nur mit großer Mühe einer allgemeingültigen Theorie der Natur auferlegt. Unter dem Eindruck des Erfolgs der sehr anspruchsvollen Mathematik bei der Formulierung der Allgemeinen Relativitätstheorie von 1915 ist Einsteins lebenslange Suche nach einer einheitlichen Feldtheorie anscheinend durch die Suche nach allgemeineren mathematischen Formalismen beherrscht gewesen, die die bekannten Beschreibungen der Gravitation und des Elektromagnetismus verknüpfen konnten. Er stellt keine der zwingenden Gedankenexperimente und wunderbar einfachen physikalischen Überlegungen an, auf denen seine ersten Erfolge beruhten. Wie das letzte Zitat zeigt, war er davon überzeugt, daß die zwingende Einfachheit einer einheitlichen Beschreibung der Welt unausweichlich folgen würde, wenn er nur den mathematischen Formalismus weiterentwickeln könnte.

Was ist Mathematik?

> *Den französischen Mathematikern in Peru ist ein schreckliches Unglück zugestoßen. Anscheinend behandelten sie die Eingeborenen mit französischer Galanterie: Die jedoch ermordeten ihre Diener, zerstörten ihre Instrumente und verbrannten ihre Unterlagen, so daß die Herren selbst nur knapp entkommen konnten. Welch unerfreulichen Zeitungsartikel das geben wird.*
>
> Colin MacLaurin in einem Brief an James Stirling (1740)

Gegen Ende des letzten Jahrhunderts gab es eine Reihe von Antworten auf diese Frage nach dem Wesen der Mathematik. Dazu haben damals eine Reihe von Problemen angeregt, die die Reichweite der Mathematik und die Bedeutung logischer Paradoxa betrafen. Sie lassen sich als vier Auffassungen von der Mathematik zusammenfassen.

Die erste, der sogenannte *Formalismus*, vermeidet jede Diskussion über die Bedeutung der Mathematik; der Formalismus definiert die Mathematik als die Menge aller Herleitungen, die sich aus allen möglichen widerspruchsfreien Axiomen bei Anwendung aller möglichen Schlußregeln gewinnen lassen. Dieses Netz logischer Zusammenhänge umfaßte für die frühen Formalisten alle mathematische Wahrheit. Jede in der Sprache der Mathematik gemachte Aussage läßt sich daraufhin überprüfen, ob sie aus widerspruchsfreien Axiomen richtig hergeleitet ist. Bei richtiger Anwendung der Regeln können sich unmöglich Paradoxa ergeben. Dieses recht enge Bild der Mathematik kann offensichtlich bei dem Problem, warum die Mathematik «funktioniert», keine Hilfestellung leisten. Die Mathematik ist so gesehen ein rein logisches Spiel wie Schach oder Go und bedeutet nichts. Wie wir heute wissen, versagte jedoch dieser großartige Versuch, die Dinge zu verknüpfen. Zuerst zeigte Kurt Gödel, daß es Aussagen geben muß, deren Wahrheit oder Falschheit sich niemals aus den Beweisregeln ableiten läßt, wenn sie und die Anfangsaxiome reich genug sind, um die uns vertraute Arithmetik ganzer Zahlen zu umfassen. Dies haben wir aus einem anderen Blickwinkel in Kapitel 3 erörtert. Deshalb läßt sich die Mathematik nicht so direkt formalistisch definieren, wie wir zum Beispiel alle möglichen Spielzüge des Mühlespiels definieren können.

Die zweite Möglichkeit ist eine Philosophie der Mathematik, die ich *Inventionismus* nennen möchte. Sie sieht die Mathematik als eine rein menschliche Erfindung. Wie Musik oder Literatur ist sie eine Schöpfung des menschlichen Geistes. So gesehen ist Mathematik nicht mehr und nicht weniger als das, was Mathematiker tun. Wir erfinden sie, wir benutzen sie, aber wir entdecken sie nicht. Keine «andere Welt» mathematischer Wahrheiten wartet auf ihre Entdeckung. Die Mathematik hat sich als das nützlichste geistige Gerüst erwiesen, das uns bei unserem Weg durch die physikalische Welt helfen kann. Die Wirklichkeit ist nicht von sich aus mathematisch. Wir können überhaupt nur jene Aspekte der Wirklichkeit erklären, die sich mathematisch beschreiben lassen. Deshalb, so wird behauptet, ist ihre Effektivität bei der Beschreibung der Welt selbst nur eine Beschreibung; sie ist deshalb effektiv, weil wir mathematische Mittel erfunden oder ausgewählt haben, die in jedem Einzelfall die Aufgabe am besten erfüllen. Diese Sicht herrscht vor allem unter Wirtschaftsfachleuten, Gesellschaftswissenschaftlern und anderen Anwendern der Mathematik vor, die mit sehr komplexen Systemen zu tun haben, bei denen die Symmetrie keine Rolle spielt oder bei denen die Ereignisse vertrackte zufällige Auswirkungen der natürlichen Auslese sind. In vielen Fällen lenken sie die Aufmerksamkeit auf die Ergebnisse (oder auf das Ausbleiben der Ergebnisse) bei Organisationsprozessen, wie wir sie bereits in früheren Kapiteln betrachtet haben. Diese Prozesse sind weit davon entfernt, die ursprünglichen Naturgesetze zu sein. Das mathematische Vermögen des menschlichen Geistes ist, so gesehen, ein Ergebnis der Evolution, was weitgehend erklärt, warum unsere geistigen Vorstellungen von der Welt so gut mit der Wirklichkeit übereinstimmen. Unsere Gehirne sind das Ergebnis einer Entwicklung, die kein vorherbestimmtes Ziel hat. Aber das Ergebnis ist wahrscheinlich ein geistiger Vorgang, der Information über die Welt sammelt, darstellt und anwendet und so ihren zukünftigen Verlauf bestimmen kann, ein Vorgang also, der die zugrundeliegende Wirklichkeit immer genauer widerspiegelt. Eine armselige geistige Kategorisierung der physikalischen Welt hätte im Vergleich mit einer genauen Beschreibung wenig Überlebenschancen. Jedes Geschöpf, das hier für dort hält oder vorher für nachher, das nicht den Zusammenhang von Ursache und Wirkung erkennen kann, würde schlechte Überlebens- und Fortpflanzungschancen haben und so immer weniger zum Genpool beitragen können. Das macht das realistische Weltbild glaubwürdig – in gewissem Grade. Denn es gibt Bereiche der Wirklichkeit, etwa die Welt der Elementarteilchen oder des Kosmos, die Hochenergiesupraleitung oder die Quantenmechanik, die uns im Laufe der Evolution unserer geistigen Fähigkeiten unbekannt waren – und deren Kenntnis für unsere Überlebenschancen ohne Belang war. Vielleicht werden in dieser – unserer direkten Erfahrung unzugänglichen – Welt auf komplizierte Weise lediglich die logischen Prinzipien verwirklicht, die sich durch die natürliche Auslese während unserer Evolution herausgebildet haben. Eine ganz andere Betrachtungsweise hat Niels Bohr im Bemühen um die Deutung der Quantentheorie vorgeschlagen, um zu erklären, warum sich komplementäre quantenmechanische Größen nicht gleichzeitig exakt bestimmen lassen. Nach Bohr gibt es Begriffe und Bereiche der physikalischen Wirklichkeit, von denen wir eben deshalb nur eine vage begriffliche Vorstellung haben, weil die dazu nötigen Gedanken in unserer Evolutionsgeschichte keine Rolle gespielt haben. Nach Bohr entwickelten sich unsere Kategorien des Denkens, jene geistigen Filter der Sinnesdaten, die wir der Welt entnehmen, «zur Orientierung in unserer Umgebung und zur Organisation menschlicher Gesellschaften». Wenn wir es mit Ereignissen zu tun haben, die nicht zur Alltagserfahrung gehören, sollte es, so sah Bohr voraus, «Schwierigkeiten geben, wenn wir uns in einem Bereich von Erfahrungen orientieren, die weit von denen entfernt sind, an die unsere Ausdrucksmittel angepaßt sind».

Man kann diesen Gedanken natürlich weiterführen, um alle möglichen Erkenntnisprobleme zu erklären, muß sich aber davor hüten, immer dort eine neurophysikalische Anpassung zu erkennen, wo man als Alternative nur noch ad-hoc-Erklärungen hätte. In vielen Fällen überzeugt eine Art spieltheoretischer Analyse. Wir könnten zum Beispiel aufgrund von Evolutionsprozessen verstehen, warum Menschen meistens, aber nicht immer die Wahrheit sagen. Würde jeder stets die Wahrheit sagen, hätte ein Lügner einen enormen Vorteil. Wenn andererseits alle Menschen immer lügen würden, bräche die Gesellschaft zusammen. Dazwischen scheint es einen natürlichen stabilen Zustand zu geben, in dem die meisten Menschen meistens die Wahrheit sagen, Lügen jedoch gerade genug verbreitet sind, um uns daran zu hindern, leichtgläubige Opfer eines unverbesserlichen Lügners zu werden.

Für den Inventionisten ist die Mathematik eine unserer Denkkategorien; grundsätzliche Einschränkungen ihres Umfangs, wie sie Gödel entdeckte, sind stärker mit unseren Denkkategorien als mit der Wirklichkeit verknüpft.

Eine dritte Sichtweise der Mathematik ist die realistische oder *platonische* Deutung. Oberflächlich betrachtet ist sie die einfachste. Sie behauptet, es gebe die Mathematik wirklich – eine Zahl wie «Pi» falle wirklich vom Himmel und Mathematiker könnten sie entdecken. Mathematische Wahrheit existiert unabhängig von Mathematikern. Die Mathematik ist eine Form objektiver allgemeingültiger Wahrheit. Der Grund, warum die Mathematik bei der Beschreibung der Wirkungsweise der Welt so erfolgreich ist, liegt darin, daß die Welt im Grunde mathematisch ist. Jede Begrenzung der mathematischen Überlegungen, wie sie Gödel entdeckte, begrenzt deshalb nicht nur unsere Denkkategorien, sondern auch Eigenschaften der Wirklichkeit und deshalb jeden Versuch, das Universum in seinem endgültigen Wesen zu erfassen.

So gesehen muß die Theorie für Alles eine mathematische Theorie sein. Natürlich untermauern Befürworter dieser Sichtweise ihre Ansicht mit der erfolgreichen mathematischen Beschreibung der Welt. Dennoch ließe sich fragen, warum diese elementaren mathematischen Begriffe so viel von der Welt beschreiben können. Vielleicht durchschauen wir ihre Struktur noch nicht genug und erkennen ihre wirkliche Tiefe und Schwierigkeit zu wenig. So hat das Stringmodell für die elementarsten Materieteilchen ihre Urheber zu der Behauptung provoziert, diese Theorie sei zu früh entdeckt worden; unser mathematisches Wissen sei noch nicht hinreichend gereift, um sich mit den durch die neue Theorie aufgeworfenen Fragen befassen zu können. Sicherlich ist sie ein verblüffendes Beispiel für eine physikalische Theorie, die die zur Verfügung stehende Mathematik als für ihre Zwecke nicht ausreichend erkannte; sie hat in der Tat Mathematiker zu einer neuen und erfolgreichen rein mathematischen Suche ermutigt.

Abgesehen von den traditionellen Fragen, was die platonische Welt der vollkommenen mathematischen Ideen wirklich ist, stellt uns diese Sichtweise vor einige tiefe und faszinierende Fragen. Sie rückt die Mathematik in die Nähe des Gottesbegriffs der herkömmlichen Theologie. Man nehme nur irgendein theologisches Werk des Mittelalters und setze immer, wenn das Wort «Gott» auftaucht, statt dessen «Mathematik» ein, und man erhält einen sinnvollen Text. Die Mathematik ist ein Teil der Welt und geht doch darüber hinaus. Es muß sie vor der Welt gegeben haben und nach ihr geben. Diese Situation erinnert an das, was wir in früheren Kapiteln über das Wesen der Zeit sagten. Aus der Sicht Newtons sind Raum und Zeit beide absolut und unabhängig von den Ereignissen, die sich in ihnen abspielen. Aber dann verband Einstein unsere Vorstellungen von Raum und Zeit (die Radikalität wird durch die Tatsache verschleiert, daß die Begriffe ihre Namen behalten haben) untrennbar in der Vorstellung des Ereignisses in der Raumzeit des Universums. Vielleicht könnte sich die Deutung der Mathematik ähnlich entwickeln? Zwar scheint aus heutiger Sicht die Mathematik jenseits der Grenzen des Universums Gültigkeit zu haben – jedenfalls glauben die Kosmologen, sie könnten das Weltall wirklich als Ganzes mathematisch beschreiben und den Schöpfungsvorgang mit Hilfe der Mathematik untersuchen. Aber könnte das Wesen der Mathematik vielleicht nicht doch enger mit physikalisch realisierbaren Vorgängen wie Zählen und Berechnen verknüpft sein?

Die meisten Naturwissenschaftler und Mathematiker handeln so, als ob der Platonismus wahr sei, unabhängig davon, ob sie daran glauben. Sie verhalten sich also, als ob es einen unbekannten Bereich der Wahrheit gäbe, der zu entdecken ist.*

---

* Eine interessante und etwas subtile andere Perspektive ist die sogenannte deflationistische Philosophie der Mathematik. Dies ist eine nicht-realistische Sicht, die behauptet, daß wir die Wirklichkeit der mathematischen Größen, die der Platoniker für selbstverständlich hält, nicht kennen können und auch keinen Grund haben, an sie zu glauben. Anders als andere nichtrealistische Philosophien nimmt sie die erfolgreiche Anwendung der Mathematik auf die wirkliche Welt ernst und versucht, den Erfolg zu erklären, ohne vorauszusetzen, daß mathematische Behauptungen wahr sind (und nicht nur andere mathematische Behauptungen erzeugen können) oder daß es mathematische Größen gibt. Die deflationistische Behauptung lautet, Mathematik lasse sich erfolgreich auf die Welt anwenden, wenn sie nur stark konsistent sei. Eine mathematische Theorie M heißt dabei stark konsistent, wenn die Theorie $T + M$, die sich

Teilchenphysiker denken besonders platonisch, weil ihr ganzes Forschungsgebiet auf der Überzeugung beruht, die tiefsten Auswirkungen der Welt zeigten sich in Symmetrien. Sie untersuchen eine Symmetrie nach der anderen und vertrauen darauf, daß die größten und besten im großen Bau der Dinge ihren Platz gefunden haben. Aber der Platonismus ist nicht mehr so verbreitet wie vor hundert Jahren im viktorianischen England, als man in Buchtiteln schlicht die Sache beim Namen nannte, statt sich auf subjektivistische Formulierungen zurückzuziehen: Man schrieb die *Theorie des Klangs* oder einfach *Hydrodynamik*. Heute spiegeln sich die Zweifel der Inventionisten an solch eindeutigen Darstellungen mathematischer Dinge unabhängig vom Geist des Mathematikers in Buchtiteln wie *Mathematische Modelle für Klangerscheinungen* oder *Vorstellungen vom Flüssigkeitsstrom* wider, die das subjektive Bild und die Mehrdeutigkeit des darin Berichteten betonen.

Aus dem platonischen Ansatz ergibt sich eine bemerkenswerte Konsequenz: Aus der Tatsache, daß es ein mathematisches Modell für Leben gibt, folgt, daß Leben – in welcher Form auch immer – existieren muß. Wenn wir eine Computersimulation der Entwicklung eines kleinen Teils des Universums einschließlich eines Planeten wie etwa der Erde bauen könnten, ließe sich dieses Modell im Prinzip so verfeinern, daß auch die Entwicklung wahrnehmungsfähiger Wesen möglich wäre, die sich ihrer selbst bewußt sind. Sie würden voneinander wissen und sich

---

bei Hinzufügung einer konsistenten Theorie *T*, die nichts über mathematische Größen aussagt, ergibt, auch konsistent ist. Interessanterweise folgt die Eigenschaft der starken Konsistenz nicht aus Wahrheit allein, wohl aber aus notwendiger Wahrheit. Im allgemeinen gibt es einen Kreis logischer Folgerungen, die Theorien miteinander verbinden, die wahr, notwendig wahr, konsistent und stark konsistent sind; er läßt sich wie folgt darstellen (wobei → als «folgt» zu lesen ist):

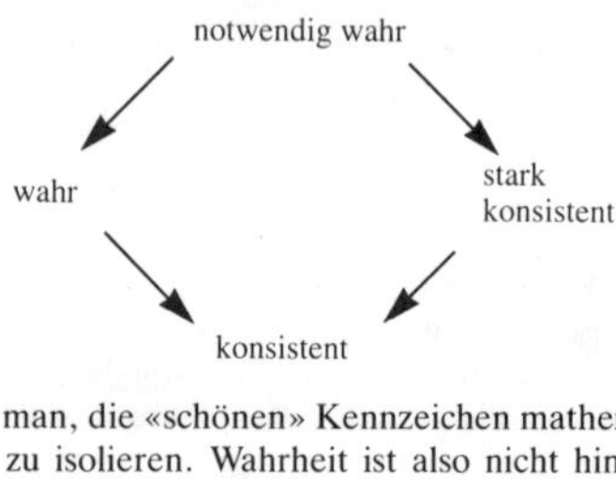

Auf diese Weise versucht man, die «schönen» Kennzeichen mathematischer Theorien, jene, die sie nützlich machen, zu isolieren. Wahrheit ist also nicht hinreichend dafür, daß eine mathematische Theorie in dieser Weise «schön» ist. Ebensowenig sind nicht alle «schönen» Theorien notwendig wahr. Wenn wir die Mathematik auf die physikalische Welt anwenden, brauchen wir nur die Eigenschaft der starken Konsistenz, nicht die stärkere Eigenschaft der Wahrheit.

mit anderen ähnlichen Wesen verständigen, die sich im Rahmen dieses Modells entwickeln; sie könnten auch die Programmierregeln herleiten, die sie als «Naturgesetze» bezeichnen würden. Wir wissen, daß es ein solches Programm gibt, denn wir selbst haben uns entwickelt, und die Folge von Ereignissen, die zu uns führte, könnte im Prinzip simuliert werden. Weil es im Prinzip ein solches Programm gibt, läßt sich auch behaupten, wahrnehmende Wesen existierten nur in einem Sinn, dessen Bedeutung sie selbst verstehen können. Wir könnten die Komponenten einer solchen Simulation im Geist Gottes sein. Frank Tipler faßt die radikalste Deutung dieser Art eines ontologischen Beweises folgendermaßen zusammen:

> Es muß *notwendigerweise* ein Programm geben, das komplex genug ist, um Beobachter zu enthalten. Wenn sich alle physikalischen Vorgänge als Computerprogramm darstellen lassen, dann, so der Grundgedanke, kann ein hinreichend komplexes Programm das ganze Universum simulieren. Wenn die Simulation vollkommen ist, wäre sie laut Definition vom wirklichen Universum nicht zu unterscheiden. Jeder Mensch und die Handlungen eines jeden Menschen im wirklichen Universum fänden in der Simulation eine genaue Entsprechung. Entsprechend den simulierten Beobachtungen der simulierten Menschen im simulierten Universum sind sie wirklich, sie existieren. Wir selbst würden Teil einer solchen Computersimulation sein. Es gäbe keine Möglichkeit, aus dem Inneren der Simulation heraus zu sagen, daß wir innen sind; die Software kann nicht wissen, auf welcher Hardware sie abläuft. Es braucht nicht einmal Hardware; in Minskys Worten: «Es gibt einfach kein Universum.» Wenn also ein Programm oder, allgemeiner, eine physikalische Theorie, die Beobachter enthält, mathematisch existiert, existiert sie notwendigerweise in der einzig vernünftigen Weise einer physikalischen Existenz: Beobachter beobachten, daß es Beobachter gibt.

Der Leser wird in dieser Überlegung eine gefährliche Falle bemerkt haben – die Annahme nämlich, jeder physikalische Vorgang könne durch ein Computerprogramm simuliert werden. Wir wissen nicht, ob das zutrifft; sicherlich läßt sich nicht jede mathematische Operation so simulieren. Es gibt «wahre» Sätze, die sich nicht nach Art eines Computerprogramms Schritt für Schritt aufstellen lassen. Wir werden binnen kurzem dazu mehr zu sagen haben. Wir haben die Frage hier aufgeworfen, weil sie uns ganz von selbst zur letzten der möglichen Deutungen der Mathematik führt.

Der *Konstruktivismus* wurde gegen Ende des neunzehnten Jahrhunderts entwickelt, als durch die in Kapitel 3 eingeführten logischen Paradoxa der Mengenlehre und die strengen Cantorschen Eigenschaften unendlicher Mengen ein Klima der Verunsicherung entstanden war; es herrschte das Gefühl vor, die Mathematik könne zu wesentlichen Fehlern und Widersprüchen führen, wenn wir mit Begriffen wie dem der Unendlichkeit umgehen, mit denen wir keine konkreten Erfahrungen haben. Es wurde vorgeschlagen, eine konservative Einstellung einzunehmen und Mathematik so zu definieren, daß sie einige jener Aussagen enthält, die in einer endlichen Folge von schrittweisen Konstruktionen, ausgehend von den natürlichen Zahlen, die als gottgegeben und grundlegend angenommen wurden, abgeleitet werden könnten. Zunächst klingt dies zeitraubend und bürokratisch; es hat aber, so stellt sich heraus, für Umfang und Bedeutung der Mathematik weitreichende Folgen.

Die Beschränkung des logischen Beweises auf die Aussage des Konstruktivisten läßt so vertraute Beweisverfahren wie den indirekten Beweis (die sogenannte *reductio ad absurdum*) nicht zu, wonach man eine Aussage zunächst für wahr hält und aus dieser Annahme eine logischen Widerspruch herleitet, um daraus zu schließen, daß die ursprüngliche Annahme falsch gewesen sein muß. Der Konstruktivismus schränkt den Inhalt der Mathematik wesentlich ein. Die Ergebnisse einer solchen Beschränkung sind auch für den Naturwissenschaftler wichtig, weil selbst so berühmte Aussagen wie die «Singularitätensätze» der Allgemeinen Relativitätstheorie dann nicht mehr als bewiesen gelten könnten – die Singularitätensätze legen die Bedingungen fest, unter denen es in der Vergangenheit des Universums einen Augenblick gab, an dem die physikalischen Gesetze versagt haben müssen – eine Singularität, die wir gewöhnlich «Urknall» nennen. Denn diese Theoreme rekonstruieren den vergangenen Augenblick nicht explizit, sondern beweisen indirekt, mit Hilfe der *reductio ad absurdum*, daß es sonst einen logischen Widerspruch gegeben hätte. Anscheinend hängt es also, so lernen wir daraus, von unserer Philosophie der Mathematik ab, was wir am Universum als «wahr» betrachten. Dies ist der Nachteil des Lebens in einer Welt, die so offensichtlich mathematisch ist.

Der Konstruktivist ist, so gesehen, ein naher Verwandter des philosophischen Operationalisten, der die Dinge durch den Vorgang definiert, durch den sie ausgeführt oder konstruiert werden können. Die interessanteste physikalische Größe ist in dieser Hinsicht die «Zeit»; sie führt, wenn sie durch den Vorgang definiert wird, durch den sie aufgezeichnet wird, zu der Möglichkeit, daß wir dem Universum eine unendlich lange Vergangenheit zuschreiben müssen, falls es grundlegende Prozesse im Universum gibt, die um so langsamer ablaufen, je weiter man in die Vergangenheit zurückgeht.

Der Konstruktivismus führt ganz selbstverständlich zum Begriff der Rechenmaschine und damit des Computers, denn Computer konstruieren ja schrittweise mathematische Aussagen. Das Wesentliche ist bei allen Computern die Fähigkeit, eine Reihe ganzer Zahlen lesen und in eine andere Reihe ganzer Zahlen transformieren zu können. Dies mag oberflächlich gesehen einfach erscheinen, und doch arbeiten auch die größten Computer dieser Welt nicht anders. Sie sind als Rechenmaschinen so beeindruckend, weil sie die Operationen mit so hoher Geschwindigkeit und manchmal auch mehrere Rechnungen gleichzeitig durchführen können. Eine Maschine mit dieser Fähigkeit, wie sie alle Computer haben, heißt nach dem englischen Mathematiker Alan Turing eine *Turingmaschine*. Wir bezeichnen damit also jedes schrittweise vorgehende logische Gerät.

Ursprünglich hatte man gehofft, eine solche hypothetische Maschine könnte jede mathematische Operation ausführen und damit alle entscheidbaren Wahrheiten der Mathematik mechanisch katalogisieren. Alan Turing, Alonzo Church und Emil Post haben dann aber bewiesen, daß das nicht möglich ist. Es gibt mathematische Operationen – sogenannte *nichtberechenbare Funktionen* –, die sich durch keine Turingmaschine ausführen lassen. Es gibt auch mathematische Operationen, die die Maschine schrittweise durchführen kann, die aber selbst auf dem schnellsten verfügbaren Rechner Millionen Jahre dauern. Solche Operationen sind für alle praktischen Zwecke nicht ausführbar; auf ihnen beruhen viele moderne Formen der Chiffrierung. Diese nicht ausführbaren Funktionen unterscheiden sich jedoch qualitativ von nicht berechenbaren Funktionen, denn sie lassen sich Schritt für Schritt berechnen; daß die Turingmaschine gleichwohl niemals ein Endergebnis ausgeben könnte, liegt an der unendlich langen Rechenzeit.

Wenn das konstruktivistische Bild der Mathematik zutrifft, zeigt es uns viel von der Welt der Mathematik: Es wirft ein neues Licht auf die Frage, warum sich die Mathematik bei der Beschreibung der wirklichen Welt so unglaublich bewährt. Diese Eigenschaft läuft auf die Berechenbarkeit vieler einfacher mathematischer Operationen im Sinne Turings hinaus. Berechenbare Funktionen sind mathematische Operationen, die sich durch eine reale Maschine simulieren lassen – ein Kunstprodukt der physikalischen Welt mit ihren Naturgesetzen. Daß sich umgekehrt wirkliche Geräte oder «Naturerscheinungen» gut durch einfache mathematische Funktionen beschreiben lassen, ist äquivalent zur Berechenbarkeit vieler dieser Funktionen. Wären all die einfachen mathematischen Funktionen nicht berechenbar, wäre die Mathematik nicht so nützlich zur Beschreibung der Welt. Wir würden dann nicht-konstruktive Sätze oder Wahrheiten über die Welt kennen, aber wenig, was praktisch anwendbar ist.

Mathematik und Physik: Ein ewiges goldenes Band

Verstört nicht Euer Gemüt durch Grübeln über
Der Seltsamkeit des Handelns.

William Shakespeare

Für die überraschende Symbiose von Mathematik und Physik gibt es Beispiele aus vielen Jahrhunderten. Ihre Beziehung ist überraschend symmetrisch: Es gibt ebenso Beispiele dafür, daß alte Mathematik für eine neue Beschreibung der physikalischen Welt wie gemacht erscheint, wie dafür, daß der Wunsch nach einem besseren Verständnis der physikalischen Welt zu einer neuen Mathematik geführt hat, mit der sich die Mathematiker dann um ihrer selbst willen beschäftigten. Wir wollen aus jeder dieser Kategorien einige bemerkenswerte Beispiele betrachten. Die ersten beziehen sich auf mathematische Ideen, die um ihrer selbst willen von Mathematikern entwickelt wurden. Zunächst beeindruckten die Symmetrie, die innere Logik und die Allgemeinheit der Begriffe, die sich später jedoch als hervorragend geeignet zur Beschreibung und Erklärung neuer Aspekte der Natur herausstellten.

Kegelschnitte

Apollonius von Perge lebte von etwa 262 bis 200 vor Christus, war also ein Zeitgenosse des Archimedes. Seine Mathematik entwickelte er in der Tradition der Archimedischen und Euklidischen Schule. Zwar sind die meisten seiner Werke verlorengegangen, aber seine «Elemente der Kegelschnitte» stellten bis in die Neuzeit die Grundlage für die Beschreibung aller geometrischen und algebraischen Eigenschaften von Ellipsen, Parabeln und Hyperbeln dar. Ohne die Vorarbeiten des Apollonius, eines der größten Mathematiker der Antike, hätte Kepler nicht die für seine 1609 formulierte Theorie der Planetenbewegung nötigen mathematischen Beschreibungen gekannt. Später erhellte Newtons Herleitung der Keplerschen Gesetze der Planetenbewegungen aus seinem Gravitationsgesetz die volle physikalische Bedeutung von Parabeln, Ellipsen und Hyperbeln bei der Beschreibung der Bahnen von Körpern, die sich in zentralen Kraftfeldern wie dem Gravitationsfeld bewegen.

Riemannsche Geometrie und Tensoren

Die Entwicklung der nichteuklidischen Geometrie als Zweig der reinen Mathematik durch Riemann im neunzehnten Jahrhundert und die Untersuchung der mathematischen Objekte, die wir Tensoren nennen, war für die Entwicklung der Physik des zwanzigsten Jahrhunderts eine Gottesgabe. Tensoren werden durch ihr spezifisches Verhalten bei Koordinatentransformationen definiert. Der Tensorkalkül erwies sich als genau das Hilfsmittel, das Einstein für seine Formulierung der Allgemeinen Relativitätstheorie brauchte. Die nichteuklidische Geometrie beschreibt die Verzerrung von Raum und Zeit in Anwesenheit von Massenenergie, während das Verhalten von Tensoren sicherstellt, daß jedes in Tensorsprache geschriebene Naturgesetz unabhängig vom Bewegungszustand des Beobachters seine Form behält. Einstein hatte insofern großes Glück, als sein langjähriger Freund Marcel Großmann ihn an dieses mathematische Handwerkszeug heranführen konnte, ohne das Einstein seine Allgemeine Relativitätstheorie nicht hätte formulieren können.

Gruppen

Wir haben gelegentlich die alles bestimmende Rolle der Symmetrie in der modernen Physik betont. Die systematische Untersuchung der Symmetrie fällt für den Mathematiker in den Bereich der «Gruppentheorie». Dieses Gebiet wurde, ebenfalls ohne physikalischen Beweggrund, im wesentlichen im neunzehnten Jahrhundert geschaffen; es spaltete sich auf in die Untersuchung endlicher Gruppen, die bestimmte diskrete

Veränderungen wie Drehungen beschreiben, und solcher, die kontinuierliche Transformationen beschreiben. Diese wurden überwältigend genau von dem Norweger Sophus Lie untersucht. Die Tiefe und die Reichweite dieser Entwicklungen des neunzehnten Jahrhunderts und die Art, wie sie scheinbar ganz verschiedene Bereiche der Mathematik in einem neuen Licht sehen ließen, führte Henri Poincaré zu der Behauptung, Gruppen seien «die ganze Mathematik». Damals aber gab es keine offensichtliche Verbindung zur Physik; 1900 konnte Sir James Jeans, als er mit einem Kollegen über die für den Physiker nützlichsten Bereiche der Mathematik sprach, behaupten:

> Wir können die Gruppentheorie ruhig weglassen, sie ist ein Thema, das für die Physik nie zu etwas gut sein wird.

Tatsächlich aber stellt die systematische Klassifizierung der Symmetrie und ihre Kanonisierung in der Gruppentheorie die Grundlage eines großen Teils der modernen Physik dar. Die Natur liebt die Symmetrie, und deshalb bilden Gruppen einen wichtigen Teil ihrer Beschreibung.

Hilbert-Räume

Es gibt zwei große physikalische Theorien der Physik des zwanzigsten Jahrhunderts. Die erste, die Allgemeine Relativitätstheorie, konnte entstehen, weil eine umfangreiche Kenntnis der nichteuklidischen Geometrie und der Tensorrechnung zur Verfügung stand. Auch die zweite, die Quantenmechanik, hat der Mathematik viel zu verdanken. In diesem Fall war es David Hilbert, der – ohne es zunächst zu wissen – Geburtshilfe leistete. Er schuf unendlich dimensionale Fassungen des euklidischen Raums, sogenannte Hilberträume. Die Punkte eines Hilbertraums stehen mit einer Menge wohlbestimmter mathematischer Operationen in eineindeutiger Beziehung. Diese Räume bilden die Grundlage für die mathematische Formulierung der Quantenmechanik und der meisten modernen Theorien von Wechselwirkungen zwischen Elementarteilchen. Der größte Teil dieser abstrakten Mathematik wurde in den ersten Jahren des zwanzigsten Jahrhunderts entwickelt; sie stand den Physikern zwanzig Jahre später zur Verfügung, als die von Bohr, Heisenberg und Dirac angeführte Revolution der Quantentheorie formalisiert wurde.

Komplexe Mannigfaltigkeiten

Das heutige Interesse an den Superstringtheorien als möglichen Theorien für Alles hat die Physiker wieder die Mathematikbücher wälzen lassen. Diesmal suchten sie Information über komplexe Mannigfaltigkeiten und andere mathematische Verallgemeinerungen vertrauter Begriffe. Selten jedoch fanden sie in ihren Büchern etwas Hilfreiches. Zum ersten Mal in der neueren Geschichte dieses Gebiets mußten die Physiker feststellen, daß die schon vorhandene Mathematik für ihre Zwecke nicht ausreicht; daraufhin haben sich die Mathematiker ans Werk gemacht und ihr Interesse den Bereichen zugewandt, in denen die Physiker arbeiteten.

Die Teile der Mathematik, die zum Verständnis der Strings als den Grundeinheiten der physikalischen Welt nötig sind, liegen an den Grenzen mathematischen Wissens. Wenige Physiker beherrschen soviel Mathematik, wie zu ihrem Verständnis nötig ist; außerdem ist die von Mathematikern betriebene Forschung für den Physiker oft außerordentlich mühsam. Der Physiker möchte die Dinge auf eine Weise verstehen, die ihm bei seiner Arbeit helfen kann. Das erfordert eine gute Intuition und läßt sich oft am besten mit Hilfe einfacher Beispiele für die abstrakten Begriffe erreichen. Der Physiker lernt also gern aus der Veranschaulichung eines allgemeinen abstrakten Begriffs. Der Mathematiker dagegen verschmäht oft das Besondere zugunsten der abstraktesten und allgemeinsten Formulierung. Obwohl der Mathematiker gelegentlich von bestimmten konkreten Beispielen ausgeht, wenn er vermutet, sehr allgemeine Aussagen seien wahr, überspringt er doch all diese intuitiven Schritte, wenn er seine Überlegungen schließlich darstellt. Deshalb ist die rein mathematische Forschungsliteratur für Außenseiter praktisch unzugänglich. Sie stellt die Forschungsergebnisse nach Art des Euklid als eine Hierarchie von Definitionen, Sätzen und Beweisen dar; das vermeidet jedes überflüssige Wort, verschleiert aber auch sehr wirksam den natürlichen Gedankengang, der zu den ursprünglichen Ergebnissen führte. Diese unselige Neigung wurde durch das Unternehmen der Bourbaki-Gruppe gefördert. Bourbaki ist ein Pseudonym für eine Vereinigung französischer Mathematiker, die in den letzten fünfzig Jahren eine Reihe von Büchern über die «Grundstrukturen» der Mathematik geschrieben haben. Ihre Arbeit erfüllt die letzten Hoffnungen der Formalisten: Es herrschen Axiomatik, Strenge und Eleganz vor; Diagramme, Beispiele und Sonderfälle sind ausgeschlossen. Obwohl die über zwanzig Bände ihres Werks keine neuen mathematischen Ergebnisse brachten, stellten sie bekannte Gebiete auf neue und abstraktere Weise dar. Sie sind Lehrbücher für Kenner. Selbst unter den Mathematikern wird Bourbaki wegen seiner «Scholastik» und seiner «Hyperaxiomatik» kritisiert; einer seiner Befürworter, Laurent Schwarz, beschreibt die Denkweise und wie sie sich von dem Erfinden neuer Gedanken unterscheidet, folgendermaßen:

Der Geist der Wissenschaft ist im wesentlichen von zweierlei Art, und keiner ist dem anderen überlegen. Einerseits gibt es Wissenschaftler, die die Einzelheiten lieben, andererseits jene, die sich nur für die großen Allgemeinheiten interessieren... Wenn eine mathematische Theorie aufgestellt wird, bereiten im allgemeinen Wissenschaftler der «detaillierten» Schule den Boden vor, indem sie Probleme mit neuen Methoden anpacken, wichtige Probleme formulieren, die zu lösen sind, und hartnäckig nach Lösungen suchen, ganz gleich, wie groß die Widerstände sind. Wenn ihre Aufgabe einmal getan ist, kommen die Wissenschaftler mit einem Hang zum Allgemeinen zum Zuge. Sie sortieren und ordnen neu und behalten nur das bei, was für die Zukunft der Mathematik wichtig ist. Ihre Arbeit ist eher pädagogisch als schöpferisch, aber nichtsdestoweniger ebenso notwendig und schwierig wie der Denker der anderen Art... Bourbaki gehört zur «allgemeinen» Denkschule.

Der Hauptstrom der Mathematik ist jedoch von den Höhen des extremen Formalismus zurück zur Untersuchung bestimmter Probleme geflossen, vor allem zu jenen mit chaotischen nicht-linearen Erscheinungen, deren Beweggründe in der Natur gesucht werden. Damit kehrt die Mathematik zu einer ehrwürdigen Tradition zurück, denn genau wie manche Beispiele der alten Mathematik sich gut zur Einführung in die neue Physik eignen, gibt es andere, bei denen unsere Beschäftigung mit der physikalischen Welt die Entwicklung neuer Mathematik motivierte. Als Leibniz und Newton über statische Bewegung nachdachten und den Begriff der momentanen Veränderung einer Größe mit Sinn füllen wollten, erschufen sie die Infinitesimalrechnung. Die Arbeit von Jean-Baptiste Fourier über die Reihenentwicklung trigonometrischer Funktionen, die wir jetzt als «Fourier-Reihen» kennen, ergab sich aus der Untersuchung des Wärmeflusses und der Optik. Im zwanzigsten Jahrhundert führte die Betrachtung der Stoßkräfte zur Erfindung einer neuen Art mathematischer Größen, der sogenannten «generalisierten Funktionen». Paul Dirac wandte sie besonders erfolgreich bei seiner Formulierung der Quantenmechanik an; später axiomatisierte und verallgemeinerte er sie zu einem Teilbereich der reinen Mathematik. Besonders prägnant hat dies James Lighthill, der Verfasser des ersten Lehrbuchs über das Thema, in seiner Widmung zu diesem Lehrbuch zusammengefaßt, in der er die Beiträge von Dirac, Laurent Schwarz (der die strenge, rein mathematische Rechtfertigung der Begriffe gab, die Dirac intuitiv eingeführt hatte) und George Temple (der zeigte, wie das von Schwarz errichtete logische Gebäude jenen, die es benutzen wollten, einfach erklärt werden konnte) würdigte.

Für Paul Dirac, der sah, daß es wahr sein muß. Für Laurent Schwarz, der es bewies. Und für George Temple, der zeigte, wie einfach dies alles sein kann.

In den letzten Jahren hat sich dieser Hang zu speziellen Anwendungen durch die Erschaffung einer umfangreichen Theorie dynamischer Systeme fortgesetzt; am deutlichsten wird das am Begriff eines seltsamen Attraktors, der zur Beschreibung von Bewegungen in turbulenten Flüssigkeiten entwickelt wurde. Das wachsende Interesse an der Beschreibung chaotischer Abläufe, bei denen sich Fehler in der Genauigkeit der Beschreibung im Lauf der Zeit ungeheuer schnell vervielfachen, hat zu einer völlig neuen Auffassung von der dazu nötigen Mathematik geführt. Statt bei einem Phänomen immer von neuem nach genauen mathematischen Gleichungen zu suchen, sucht man nach jenen Eigenschaften, die für fast alle Gleichungen gelten, die eine Veränderung beschreiben. Solche allgemeinen Eigenschaften zeigen sich in Phänomenen, die sich durch nichts Besonderes auszeichnen. Sie finden sich in dieser Klasse möglicher Phänomene am häufigsten.

Schließlich könnten wir hier auch die Strings und die komplexen Mannigfaltigkeiten anführen. Dieser Bereich der Physik, der noch zu keinem experimentell überprüfbaren Ergebnis geführt hat, weist den Weg zu neuen mathematischen Strukturen. Ihre wichtigsten Vertreter sind nur dem Namen nach keine reinen Mathematiker. Wenn die Superstringtheorie es fertigbringt, in nicht zu ferner Zukunft beobachtbare Vorhersagen zu machen, können wir miterleben, wie die reine Mathematik wieder einmal ihre Marschbefehle von der Experimentalphysik erhält. Falls sich jedoch die Strings schließlich nicht als zur Beschreibung der physikalischen Elementarteilchenwelt geeignet herausstellen, werden die reinen Mathematiker doch weiter an ihrer mathematischen Struktur interessiert sein. Wie ein Flaschengeist ist sie nicht leicht zu bannen, wenn sie erst einmal freigesetzt ist.

Die Verständlichkeit der Welt

Man sagt, es brauche drei Generationen, bis man gelernt hat, einen Diamanten zu schleifen, ein Menschenalter, eine Uhr zu machen, und nur drei Menschen in der ganzen Welt hätten je Einsteins Relativitätstheorie ganz verstanden. Fußballtrainer jedoch sind ausnahmslos davon überzeugt, daß keines dieser drei Probleme in seiner Komplexität mit der Aufgabe eines Liberos in der Fußballnationalmannschaft vergleichbar ist. Ich meine damit, daß Uhren sich keine Verteidigungstaktik überlegen, Diamanten keinen Konterangriff starten und Einstein den ganzen Tag Zeit hatte, bevor er den Ball weitergab. $E = mc^2$ *arrangiert nicht das Spielgeschehen.*

Los Angeles Times, Sportteil

An der Welt verblüfft besonders die Einfachheit ihrer Gesetze; dabei ist doch die Vielfalt der Zustände und Situationen, die sie darstellen, außerordentlich kompliziert. Um diese Unausgewogenheit zu verstehen, müssen wir wieder auf den großen Unterschied hinweisen, den wir in Kapitel 6 zwischen den Naturgesetzen und den Auswirkungen dieser Gesetze, zwischen den physikalischen Gleichungen und ihren Lösungen machten. Es erschwert die naturwissenschaftliche Forschung, daß die Auswirkungen der Naturgesetze nicht immer die Symmetrien der ihnen zugrundeliegenden Gesetze besitzen; wir lernen daraus, daß und warum die Ergebnisse sehr einfacher Gesetze über Veränderung und Beständigkeit solch komplizierte kollektive Strukturen sind, wie wir sie in der Natur antreffen. Dieser Punkt mag wichtig sein, reicht jedoch zum Verständnis der physikalischen Welt bei weitem nicht aus.

Oberflächlich gesehen könnte man denken, es wäre viel einfacher, wenn die Welt ein unverständliches Chaos wäre und nicht der relativ kohärente Kosmos, den die Wissenschaftler so gern verstehen möchten. Welche Kennzeichen der Welt sind für unser Verständnis wichtig? Wir erörtern jetzt einige Aspekte, die für unser Verständnis von der Welt eine subtile, aber wichtige Rolle spielen.

Linearität

Lineare Probleme sind einfach. Bei ihnen ist die Summe oder die Differenz zweier Lösungen wieder eine Lösung. Wenn L eine lineare Operation ist und ihre Wirkung auf eine Größe A zu einem Ergebnis a führt, während ihre Wirkung auf B das Ergebnis b hat, ist das Ergebnis der Anwendung von L auf A plus B die Summe a plus b. Wenn eine Situation also linear ist oder von linearen Einflüssen beherrscht wird, ist es möglich, ein Bild des Gesamtverhaltens zu gewinnen, indem man kleine Teile untersucht. Das Ganze wird dann aus den Teilen zusammengesetzt. Zum Glück für den Physiker ist ein großer Teil der Welt in diesem Sinne linear. Falls man in diesem Teil der Welt einen kleinen Fehler macht, wenn man das Verhalten der Dinge zu einer festen Zeit bestimmt, wächst der Fehler nur sehr langsam, wenn sich die Welt im Lauf der Zeit verändert. Lineare Phänomene lassen sich deshalb sehr genau durch mathematische Modelle erfassen. Das Ergebnis einer linearen Operation verändert sich mit jeder Veränderung seiner Eingaben stetig und glatt. Nicht-lineare Probleme sind ganz anders. Sie vergrößern Fehler so rasch, daß eine infinitesimale Ungewißheit im jetzigen Zustand des Systems alle Aussagen über seinen zukünftigen Zustand schon nach sehr kurzer Zeit wertlos werden läßt. Ihre Ergebnisse entsprechen in unstetiger und unvorhersagbarer Weise sehr kleinen Veränderungen der Eingaben. Lokales Verhalten läßt sich nicht zu globalem zusammensetzen; dazu muß das System als Ganzes berücksichtigt werden. Viele komplizierte Probleme dieser Art sind uns wohlvertraut: aus einem Wasserhahn fließendes Wasser, die Entwicklung eines komplexen Wirtschaftssystems, menschliche Gesellschaften, Wettersysteme – das Ganze ist immer mehr als die Summe der Teile. In unserer Ausbildung und unserem Gefühl nach herrschen lineare Beispiele vor, weil sie so einfach sind. Lehrer geben Lösungsverfahren für lineare Gleichungen an, und Lehrbuchschreiber stellen die Untersuchung linearer Phänomene dar, weil sie die einzigen Beispiele sind, die sich leicht lösen lassen; sie sind die einzigen Erscheinungen, die ein vollständiges und schnelles Verständnis ermöglichen. Viele Gesellschaftswissenschaftler, die nach mathematischen Modellen für das Verhalten der Gesellschaft suchen, beziehen sich immer wieder auf lineare Modelle, weil sie nur über sie als die einfachsten etwas wissen. Schon die einfachsten uns bekannten nicht-linearen Gleichungen verhalten sich unerwartet schwierig und kompliziert, sind also praktisch vollständig unvorhersagbar.

Trotz der Allgegenwart der Nicht-Linearität und Komplexität führen die Grundgesetze der Natur oft zu linearen Phänomenen. Wenn also ein physikalisches Phänomen mittels einer mathematischen Operation f beschrieben wird, die auf eine Eingabe x wirkt, können wir diese Funktion $f(x)$ im allgemeinen als eine Reihe der Form

$$f(x) = f_0 + xf_1 + x^2f_2 + \dots$$

darstellen, wobei die Reihe unendlich weitergeht. Wenn $f(x)$ linear ist, läßt es sich sehr genau durch die ersten beiden Summanden auf der rechten Seite der Gleichung approximieren; die übrigen Terme sind dann entweder alle null oder nehmen beim Übergang von einem Term zum nächsten so rasch ab, daß ihr Beitrag vernachlässigt werden kann. Zum Glück besitzen die meisten physikalischen Erscheinungen diese Eigenschaft. Sie ist ganz entscheidend dafür, daß wir die Welt verständlich finden, und hängt eng mit anderen Aspekten der Wirklichkeit zusammen, von denen wir die bemerkenswertesten jetzt behandeln werden.

Lokalität

In der gesamten Nicht-Quantenwelt werden Dinge, die hier und jetzt passieren, direkt durch Ereignisse in unmittelbarer räumlicher und zeitlicher Nachbarschaft verursacht; wir sprechen dann von «Lokalität», um anzuzeigen, daß die uns nächsten Ereignisse den größten Einfluß auf uns haben. Gewöhnlich muß ein Naturgesetz linear sein, damit es diese Eigenschaft haben kann, obwohl Linearität allein sie noch nicht garantiert. Die Grundkräfte der Natur, wie zum Beispiel die Schwerkraft, nehmen mit zunehmender Entfernung von der Quelle gerade so ab, daß der Gesamteffekt an jedem Punkt von den nahen Quellen bestimmt wird und nicht von jenen auf der anderen Seite des Universums. Sonst wäre die Welt willkürlich von nicht wahrnehmbaren Einflüssen aus den fernsten Bereichen des Universums bestimmt, und unsere Chancen, die Welt auch nur ansatzweise zu verstehen, wären sehr gering. Die Anzahl der Raumdimensionen, die wir erleben, spielt dabei eine wichtige Rolle. Sie garantiert das kohärente Verhalten von Wellenphänomenen. Gäbe es vier Raumdimensionen, würden sich einfache Wellen nicht mit derselben Geschwindigkeit im freien Raum bewegen; wir würden dann Wellen gleichzeitig empfangen, die zu verschiedenen Zeiten ausgeschickt wurden. In jeder nicht dreidimensionalen Welt würden die Wellen außerdem auf ihrer Reise verzerrt. Solche Rückwirkung und Verzerrung machen jedes wirklich unverfälschte Signal unmöglich. Da ein so großer Teil des physikalischen Universums, von Gehirnwellen bis zu Quantenwellen, von der Fortbewegung der Wellen abhängt, läßt sich absehen, welche Schlüsselrolle die Dimensionalität unseres Raums dabei spielt, daß wir seinen Inhalt begreifen können.

Nicht jede Naturerscheinung besitzt die Eigenschaft der Lokalität. Wenn wir die Quantenwelt der Elementarteilchen betrachten, entdekken wir, daß die Welt nicht-lokal ist. Das ist die Aussage des berühmten Bellschen Satzes. Er enthüllt etwas von der Vieldeutigkeit, die zwischen Beobachter und Beobachteten besteht, die sich ergibt, wenn wir in die Quantenwelt des ganz Kleinen eindringen, wo der Einfluß der Beobachtung auf das Beobachtete unausweichlich wesentlich ist. In unserer Alltagserfahrung ist diese Quantenvieldeutigkeit niemals offensichtlich. Wir vertrauen darauf, daß solche Begriffe wie Lage oder Geschwindigkeit wohl definiert, eindeutig und unabhängig vom Benutzer sind. Daß unser heutiges Universum eine solche Bestimmtheit zuläßt, ist jedoch ziemlich rätselhaft. In den ersten Augenblicken des Urknalls war das Universum die in Kapitel 3 beschriebene Quantenwelt. Aus diesem Stadium, in dem gleiche Wirkungen nicht aus gleichen Ursachen folgen, muß sich irgendwie eine Welt entwickelt haben, die unserer eigenen ähnelt, in der die meisten Beobachtungsergebnisse festliegen. Das ist keineswegs selbstverständlich; es könnte bedeuten, daß sich das Universum aus einem ganz besonderen Urzustand entwickelt hat.

Der lokal-globale Zusammenhang

Die Linearität und Lokalität der Welt unserer alltäglichen Beobachtung und Erfahrung waren also für den Erfolg unseres Bemühens, die Welt zu verstehen, ganz wesentlich. Ein solches Verständnis beginnt lokal und sucht nach lokalen Ursachen lokaler Wirkungen. Wie aber muß die Welt sein, damit wir aus der lokalen Beschreibung eine globale gewinnen können? In gewisser Weise muß das globale Bild des Universums auf vielen Kopien seiner lokalen Struktur beruhen. Entsprechend muß es einige Invarianten geben, wenn wir die Lage aller ihrer Elementareinheiten in Raum und Zeit verändern, damit die Grundstruktur der Wirklichkeit ganz allgemein gilt und nicht von örtlichen Gegebenheiten abhängt. Die Teilchenphysiker haben nun entdeckt, daß die Welt tatsächlich so strukturiert ist – wobei die Ursachen dafür im dunkeln liegen. Die in Kapitel 4 eingeführten lokalen Eichtheorien bezeugen die Macht dieser lokal-globalen Beziehungen. Die Forderung nach einer natürlichen Entsprechung zwischen der lokalen und der globalen Struktur stellt sich als die Forderung nach für uns wahrnehmbaren Naturkräften heraus. Wir meinen dies nicht teleologisch. Vielmehr spiegelt sich darin eine logische Konsistenz und Ökonomie der Natur wider. Die Naturkräfte sind keine *ad hoc*-Zutat.

Wenn wir die mathematischen Strukturen, die bei der Beschreibung der Welt am effektivsten sind, genauer betrachten und fragen, warum es solche Strukturen geben kann, wird die Lage schwierig. Wir begegnen dann mathematischen Operationen wie der oben angegebenen Reihenentwicklung einer Funktion oder der Auflösung einer «impliziten Funktion», wonach dann, wenn eine konstante Größe völlig durch die Werte zweier Veränderlichen x und y bestimmt ist, eine der Variablen immer als eine Funktion allein der anderen Variablen ausgedrückt werden kann. Diese beiden mathematischen Eigenschaften definieren Einschränkungen für die lokale Information der Welt, die sich aus globaler (oder großräumiger) Information herleiten lassen. Wenn diese lokalen Einschränkungen immer wieder auf sich selbst angewendet werden, läßt sich immer mehr globale Information über eine mathematische Welt gewinnen. Es gibt auch Beispiele für die Umkehrung. So sind der berühmte Integralsatz von Stokes und das schon Studienanfängern vertraute Verfahren der analytischen Fortsetzung Fälle, bei denen der Übergang von lokaler zu globaler Information eingeschränkt ist. Sie sind Beispiele für eines der Ziele unserer Naturforschung: Wir möchten unser Wissen von der Welt vom lokalen Bereich, zu dem wir direkten Zugang haben, auf den Raum ausdehnen, von dem wir noch nichts wissen. Der Satz von Stokes allein garantiert die Eindeutigkeit einer solchen Fortsetzung noch nicht. Eine unbestimmte konstante Größe ist auch nach der Fortsetzung noch unbestimmt. Die Eichtheorien der Physik sind deswegen so mächtig, weil sie diese Willkür beheben und die unbekannte Konstante eindeutig festlegen können, wenn sie zusätzlich Symmetrie und Invarianz für die Fortsetzung fordern.

Unsere besten physikalischen Theorien haben mit Gleichungen zu tun, die die Fortsetzung von heute definierten Daten in die Zukunft hinein zulassen und damit Vorhersagen erlauben. Dazu müssen Raum und Zeit eine eher besondere mathematische Eigenschaft haben, die wir «natürliche Struktur» nennen. Andere Theorien, etwa jene, die statistische oder wahrscheinliche Ergebnisse beschreiben, und die Versuche, mit Hilfe der Mathematik Vorhersagen zu machen, haben oft keine mathematische Grundstruktur mit einer «natürlichen Struktur» dieser Art, und deshalb gibt es keine Garantie dafür, daß ihre zukünftigen Zustände glatte Fortsetzungen der jetzigen sind.

Die Welt der Elementarteilchen, für die wir in unserer Alltagserfahrung keine Entsprechung haben, ist dadurch gekennzeichnet, daß alle Elementarteilchen generell völlig identisch sind. Jedes Elektron, das uns je begegnet, ob es nun aus dem Weltraum kommt oder aus einem Laboratoriumsexperiment stammt, gleicht dem anderen. Alle haben im Rahmen der Meßgenauigkeit dieselbe elektrische Ladung, denselben Spin und dieselbe Masse. Sie alle verhalten sich bei der Wechselwirkung mit anderen Teilchen genau gleich. Das gilt keineswegs nur für Elektronen, sondern für alle Elementarteilchen von Quarks und Elektronen bis zu den Trägerteilchen, die die vier Grundkräfte vermitteln. Wir wissen nicht, warum die Teilchen so gleich sind. Wir könnten uns eine Welt vorstellen, in der Elektronen wie Fußbälle sind – jedes wäre etwas anderes als jedes andere. Das Ergebnis wäre eine uns unverständliche Welt.

Selbst in einer Welt, in der jeweils alle Elementarteilchen einer Art identisch sind, gäbe es völlig gleiche größere, aus Ansammlungen dieser Teilchen bestehende Systeme nur dann, wenn die Energie nicht auf irgendeine Weise quantisiert wäre. Obwohl oft auf die durch das Quantenbild der Wirklichkeit eingeführte Unschärfe als Schwierigkeit hingewiesen wird, ist diese Quantenstruktur absolut entscheidend für die Stabilität, Widerspruchsfreiheit und Verständlichkeit der physikalischen Welt. In einem Newtonschen Universum können alle physikalischen Größen wie Energie und Spin alle beliebigen Werte annehmen. Sie umfassen den ganzen Zahlenbereich. Wenn wir also ein «Newtonsches Wasserstoffatom» bauen sollten, indem wir ein Elektron in eine Kreisbahn um ein einzelnes Proton herum setzen, könnte sich das Elektron auf einer geschlossenen Bahn mit beliebigem Radius bewegen, weil alle Bahngeschwindigkeiten erlaubt sind. Dann wäre jedes Elektronen- und Protonenpaar, das sich fände, anders. Die Elektronen liefen auf völlig zufälligen Bahnen. Die chemischen Eigenschaften und die Größe aller Atome wären verschieden. Selbst wenn man eine Anfangspopulation hätte, in der die Geschwindigkeit der Elektronen und ihre Bahnradien ganz gleich wären, würden sie sich auf verschiedene Weisen vom Ausgangszustand entfernen, wenn Strahlung und andere Teilchen sie beschießen. Es könnte kein wohldefiniertes Element Wasserstoff mit seinen universalen Eigenschaften geben, selbst wenn es universal gleiche Populationen von Elektronen und Protonen gäbe. Die Quantenmechanik verrät uns, warum es identische Ansammlungen gibt: Weil die Energie quantisiert ist, kommt sie nur in diskreten Mengen vor; wenn also ein Elektron und ein Proton zusammenkommen, gibt es nur einen einzigen stabilen Zustand, in dem sie dauernd verbleiben können. Dieselbe Konfiguration ergibt sich für jedes beliebig gewählte Elektron und Proton. Diesen Zustand nennen wir dann Wasserstoffatom. Wenn er existiert, verändern auch die vielen winzigen Störungen durch andere Teilchen seine Eigenschaften nicht. Wenn sich die Bahn des Elektrons um das Proton verändern soll, muß die Störung groß genug sein, um die Energie entsprechend einem ganzen Quantensprung zu verändern. Deshalb ist die Quantisierung der Energie die Grundlage für die strukturelle Wiederholbarkeit in der physikalischen Welt und die absolute Identität aller gleichen Erscheinungen in der atomaren Welt. Ohne die Quantenunschärfe der mikroskopischen Welt wäre die makroskopische Welt unverständlich; es gäbe dann überhaupt keine intelligenten Wesen, die eine solche völlig ungewöhnliche Nicht-Quanten-Wirklichkeit wahrnehmen könnten.

Symmetrien sind klein

Alle Möglichkeiten, die einem Elementarteilchen offenstehen, sind mit der Erhaltung einer gewissen Symmetrie vereinbar. Wenn angesichts aller lokalen Freiheiten zur Veränderung globale Muster erhalten bleiben, zeigt sich darin ein Erhaltungsgesetz der Natur; alle Gesetze für Veränderungen lassen sich also durch die Invarianz einer bestimmten Größe ausdrücken. Die dabei erzeugten Muster entstehen aus der Aneinanderreihung einer endlichen Anzahl von Bestandteilen. So könnte zum Beispiel eine Reihe von Mustern durch eine Kombination von Drehungen und Verschiebungen im Raum erzeugt werden. Je größer die Anzahl verschiedener Operationen, um so größer ist auch die Anzahl der erzeugten Muster. Wenn diese Anzahl sehr groß ist, läßt sich praktisch überhaupt keine Symmetrie erkennen. Die Symmetrieoperationen, die die Wechselwirkung zwischen Elementarteilchen bestimmen, sind äquivalent zu den Teilchen, die die fraglichen Naturkräfte vermitteln. Wir können die Welt also deshalb verstehen, weil es relativ wenig verschiedene Arten von Elementarteilchen gibt. Ihre Größenordnung ist eher bei Zehn als bei Tausend oder einer Million.

Zwischen den Elementarteilchen und der Einfachheit der Natur insgesamt besteht ein weiterer Zusammenhang. Die Vereinheitlichung der Naturkräfte, die wir in früheren Kapiteln besprochen haben, beruht auf der Eigenschaft der «asymptotischen Freiheit», die bei der starken Kraft für Teilchen wie Quarks und Gluonen, die Träger der Farbladung, gilt. Wenn die Energie der Wechselwirkung zwischen den Teilchen zunimmt, nimmt die Stärke ihrer Wechselwirkung ab, so daß «asymptotisch» überhaupt keine Wechselwirkung übrigbleibt und alle Teilchen frei sind. Diese Eigenschaft ermöglicht die Vereinheitlichung der bei niedrigen Energien getrennten Naturkräfte bei hohen Energien. Es gäbe sie jedoch nicht, wenn die Anzahl der Elementarteilchen zu groß wäre. Gäbe es zum Beispiel acht Neutrinoarten und nicht nur die drei, die Experimentatoren gefunden haben, würden die Wechselwirkungen bei höheren Energien nicht schwächer, sondern stärker, und die Welt würde so kompliziert, daß wir mit ihr nicht umgehen könnten, wenn wir immer winzigere Bereiche der Welt der Elementarteilchen untersuchen.

Diese Liste der Eigenschaften, die für die Verstehbarkeit der Welt nötig sein könnten, ist keineswegs erschöpfend, sondern nur illustrativ. Es wird der Aufmerksamkeit des Lesers nicht entgangen sein, daß viele der genannten Eigenschaften vermutlich auch für die Existenz komplexer stabiler Systeme im Universum nötig sind, von denen wir einen Teil «lebendig» nennen könnten. Wir können uns Welten vorstellen, in denen es keine lebendigen Beobachter (die nicht unbedingt uns ähneln müssen) geben kann, und stoßen vielleicht unerwartet auf eine enge Beziehung zwischen den grundlegenden Elementen der Struktur der Welt und den Bedingungen, die nötig sind, damit die Entwicklung des Lebens eine von Null verschiedene Wahrscheinlichkeit hat.

Zurück zur algorithmischen Kompression

Das Gehirn ist ein wunderbares Organ; es beginnt mit der Arbeit, sowie man morgens aufsteht, und hört erst bei der Ankunft im Büro damit auf.
Robert Frost

Im Grunde laufen all die für die Verstehbarkeit der Welt notwendigen Bedingungen, die wir besprochen haben, auf Bedingungen hinaus, die es uns ermöglichen, eine Welt mit Sinn zu erfüllen, die sonst ein unverständliches Chaos wäre. «Mit Sinn erfüllen» bedeutet, die Dinge begreifbar zu machen, sie zu ordnen, Regelmäßigkeiten zu finden, gemeinsame Faktoren und einfache Möglichkeiten aufzuzeigen, die uns sagen, warum die Dinge so sind, wie sie sind, und wie sie in Zukunft sein werden. Das sollten wir jetzt als Suche nach der im ersten Kapitel eingeführten algorithmischen Komprimierbarkeit verstehen.

In der Praxis läuft die Verstehbarkeit der Welt darauf hinaus, daß wir sie als algorithmisch komprimierbar erleben. Wir können Folgen von Tatsachen und Beobachtungsdaten durch Abkürzungen ersetzen, die denselben Informationsgehalt haben. Diese Abkürzungen nennen wir oft «Naturgesetze». Wenn die Welt nicht algorithmisch komprimierbar wäre, gäbe es keine einfachen Naturgesetze. Statt mit Hilfe des Gravitationsgesetzes die Planetenbahnen für jeden Zeitpunkt, zu dem wir sie wissen möchten, berechnen zu können, müßten wir die Positionen der Planeten zu allen vergangenen Zeiten genau verzeichnen. Aber dies hilft uns kein bißchen, wenn wir vorhersagen wollen, wo sie zu einer späteren Zeit sein werden. Die Welt ist ihrer Anlage nach und in Wirklichkeit verstehbar, weil sie bis zu einem bestimmten Grade weitgehend algorithmisch komprimierbar ist. Deshalb liefert die Mathematik letztlich eine Beschreibung der physikalischen Welt. Sie ist die vorteilhafteste Sprache, die wir für diese algorithmischen Kompressionen gefunden haben.

Wie wir wissen, ist die Welt nicht völlig algorithmisch komprimierbar. Es gibt besonders chaotische Prozesse, die sich nicht algorithmisch komprimieren lassen, genau wie es mathematische Operationen gibt, die nicht berechenbar sind. Dieser Einblick in die Zufälligkeit vermittelt uns ein Gefühl dafür, wie eine Welt aussähe, die gar nicht komprimierbar ist. Ihre Wissenschaftler wären eher Bibliothekare als Mathematiker; sie würden zusammenhanglos einzelne Tatsachen aufzeichnen.

Wenn wir die Naturwissenschaft als die Suche nach algorithmischer Kompression der Erfahrungswelt und einer einzigen Theorie für Alles sehen, äußert sich darin die tiefe Überzeugung einiger Naturwissenschaftler, daß sich die Struktur des Universums im wesentlichen algorithmisch komprimieren läßt. Aber wir erkennen auch, daß der menschliche Geist bei dieser Bewertung eine nicht zu unterschätzende Rolle spielt. Unausweichlich ist mit der algorithmischen Kompressibilität die Fähigkeit des menschlichen Verstands verknüpft, solche Komprimierungen durchzuführen. Unsere geistigen Fähigkeiten entwickelten sich aus den Elementen der physikalischen Welt und haben sich zumindest teilweise durch den lang währenden Vorgang der natürlichen Auslese zu seinem heutigen Zustand ausgebildet. Daß unser Geist die Umgebung wahrnehmen kann und einen Überlebenswert hat, ist offensichtlich mit seiner Fähigkeit zu algorithmischer Komprimierbarkeit verknüpft. Je besser die Erfahrungen eines Organismus gespeichert und verschlüsselt werden können, um so wirksamer kann dieser Organimus den Gefahren begegnen, die eine sonst unberechenbare Umwelt darstellt. In der letzten Phase unserer Geschichte als *Homo sapiens* hat diese Fähigkeit neue Ebenen der Raffinesse erreicht. Wir sind in der Lage, über uns selbst nachzudenken. Statt nur aus der Erfahrung als einem Teil des Entwicklungsvorgangs lernen zu können, reichen unsere Geisteskräfte aus, die vermutlichen Ergebnisse unserer Handlungen vorstellen oder simulieren zu können. Auf diese Weise gewinnt unser Verstand aus früheren Erfahrungen, die in neue Situationen eingebettet werden, neue Denkmodelle. Um dabei effektiv zu sein, muß das Gehirn in einem raffiniert ausbalancierten Gleichgewicht sein. Offensichtlich müssen geistige Fähigkeiten über einer gewissen Schwelle liegen, damit die algorithmische Kompression effektiv sein kann. Unsere Sinne müssen empfindlich genug sein, um aus der Umwelt eine Fülle von Informationen entnehmen zu können. Es ist auch einsehbar, warum wir dabei nicht übersensible Wahrnehmungsfähigkeiten erlangt haben. Wenn unsere Sinne so geschärft wären, daß wir alle mögliche Information über das, was wir sehen oder hören, aufnehmen könnten – all die Einzelheiten der atomaren Anordnungen –, dann wäre unser Geist mit Information überlastet. Die Verarbeitung wäre langsamer, die Reaktion dauerte länger, und es müßten alle möglichen Verschaltungen ergänzt werden, um Information in unterschiedlich intensive und tiefreichende Bilder eindringen zu lassen.

Weil unser Verstand bei der Aufnahme und Verarbeitung von Information nicht zu anspruchsvoll ist, sorgt das Gehirn für eine algorithmische Kompression des Universums, und zwar unabhängig davon, ob dieses Universum nun komprimierbar ist oder nicht. Praktisch reduziert das Gehirn die Information, indem es für bestimmte Details abgestumpft ist. Unsere Sinne können ohne Hilfsmittel höchstens eine bestimmte Menge an Information über die Welt aufnehmen, dann sind die Grenzen der Auflösung und Empfindsamkeit erreicht. Selbst wenn wir die Hilfe künstlicher Sensoren wie Teleskope und Mikroskope in Anspruch nehmen, um unsere Fähigkeiten zu erweitern, gibt es für das Ausmaß dieser Erweiterung unserer Sinne noch grundsätzliche Grenzen. Oft wird die Reduktion der Information in der angewandten Wissenschaft selbst wieder algorithmisch formalisiert. Ein gutes Beispiel ist die Statistik. Wenn wir eine sehr große oder sehr komplizierte Erscheinung betrachten, können wir versuchen, die erhältliche Information dadurch algorithmisch zu komprimieren, daß wir systematisch bestimmte Daten auswählen. Umfrageinstitute, die vor einer Wahl öffentliche Meinungsumfragen durchführen, müßten eigentlich alle Menschen im Land fragen, wen sie wählen wollen. In der Praxis befragen sie nur einen kleinen, repräsentativen Teil der Bevölkerung und erhalten damit immer wieder eine verblüffend gute Vorhersage der Wahlergebnisse.

Das Geheimnis des Universums

Dieses Prinzip ist so vollkommen allgemein, daß keine Anwendung möglich ist.

George Polya

Wenn sich bei einer Folge von Ereignissen, Zahlen oder beliebigen Vorgängen im Universum der Informationsgehalt nicht reduzieren läßt, können wir diese Folge als zufällig bezeichnen. Wir wissen allerdings, daß der Beweis für die Zufälligkeit einer gegebenen Folge grundsätzlich unmöglich ist; jedoch ist es sicherlich möglich zu beweisen, daß sie nicht zufällig ist, indem man einfach eine Reduzierung angibt. Wir werden also niemals beweisen können, daß die in allen Naturgesetzen enthaltene Gesamtinformation nicht in einer geschlossenen Form ausgedrückt werden kann, die wir «Weltformel» nennen könnten – selbst wenn ein solches universelles Gesetz existierte; unter diesen Umständen könnte sein Informationsgehalt sehr tief verborgen sein, so daß wir ungeheuer viel (vielleicht sogar unendlich viel) Zeit bräuchten, um die nützliche Information durch Rechnung aus ihm zu gewinnen.

Die Frage, ob es ein «geheimes Gesetz» des Universums gibt, wäre beantwortet, wenn wir ein tiefes Prinzip entdeckten, aus dem alles andere Wissen über die physikalische Welt folgt. Ein etwas schwächeres Gesetz wäre eine Behauptung, aus der der größtmögliche Informationsgehalt folgt. Das Nachdenken darüber, welche Form eine solche Aussage haben könnte, lohnt sich. Wäre sie das, was die Philosophen «analytisch» nennen oder eher «synthetisch»? Die Wahrheit einer analytischen Aussage läßt sich aus der Aussage allein herleiten. Ein Beispiel ist die Aussage «Alle Junggesellen sind unverheiratet.» Das ist sicherlich wahr und folgt allein aus der Logik. Synthetische Aussagen sind sinnvolle Aussagen, die nicht analytisch sind. Die physikalischen Theorien, mit deren Hilfe wir das Universum verstehen möchten, sind immer synthetisch. Sie sagen etwas aus, das sich nur überprüfen läßt, indem wir die Welt beobachten. Sie sind logisch nicht notwendig und beinhalten Aussagen über die Welt – im Gegensatz zu analytischen Aussagen. Manche, die nach der Theorie für Alles suchen, scheinen zu hoffen, eine mathematische Theorie sei dann die einzige logisch konsistente Beschreibung der Welt, wenn sie eindeutig und vollständig sei; schon dadurch würde sie von einer synthetischen zu einer analytischen Aussage. Wenn das «geheime Gesetz» des Universums jedoch überprüfbare Vorhersagen erlauben soll, muß es eine synthetische Aussage sein. Dies ist kein völlig befriedigender Schluß, weil unser «Gesetz» dann einige Teile haben muß, die sich aus noch grundlegenderen Prinzipien gewinnen lassen, und deshalb kann es nicht *das* Geheimnis der Struktur des ganzen Weltalls sein; Teile erfordern eine weitere Erklärung durch noch grundlegendere Sätze.

Dieses Dilemma erstreckt sich auf das Problem der Rolle der Mathematik in der Physik. Wenn alle mathematischen Aussagen analytisch sind – tautologische Folgen von Regeln und Axiomen –, stehen wir vor dem Problem, wie wir gewisse synthetische Aussagen über die Welt aus rein analytischen mathematischen Aussagen herleiten können. In der Praxis liefern die Anfangsbedingungen, wenn sie nicht durch eine Art Folgerichtigkeit festgelegt sind, ein synthetisches Element, das zu jeder anderen analytischen mathematischen Struktur, die durch Differentialgleichungen definiert ist, hinzugefügt werden muß. Selbst Schemata wie die in Kapitel 3 definierte Bedingung der «Randfreiheit» führen einfach neue «Gesetze» der Physik als Axiome ein.

Was macht notwendige Wahrheiten notwendig? Vermutlich die Tatsache, daß sie mit Sicherheit *a priori* sind. Wenn wir eine Beobachtung anstellen müssen, um zu sehen, ob eine Aussage wahr ist, können wir ihre Wahrheit nur *a posteriori* kennen. Eine berühmte philosophische Frage ist die, ob alle *a priori*-Aussagen analytisch sind. Die meisten Aussagen, denen wir im Leben begegnen, sind entweder synthetisch *a posteriori* oder analytisch *a priori*. Aber gibt es nicht-analytische Aussagen über die Welt, die einen wirklichen Informationsgehalt haben und mit Sicherheit *a priori* sind? Ist ein synthetisches *a priori* überhaupt möglich? Die schwierigste Frage ist dann, wie wir sicher sein können, daß eine solche Aussage uns nicht-triviale Information über die Welt gibt, ohne zu ihrer Überprüfung eine neue Beobachtung vorauszusetzen. Die Empiriker unter den Philosophen behaupten gewöhnlich, es könne keine synthetischen *a priori*-Wahrheiten geben, Rationalisten dagegen, es gebe sie, obwohl sie sich nicht darauf einigen können, was sie sein sollen. Seit Immanuel Kant die Unterscheidung zwischen analytischen und synthetischen Aussagen einführte, hat es Kandidaten für ein synthetisches *a priori* gegeben, die dann wieder der Vergessenheit anheimfielen; Beispiele dafür sind Aussagen wie «Parallelen schneiden sich nicht» oder «Jedes Ereignis hat eine Ursache», die vor der nicht-euklidischen Geometrie und der Quantentheorie aufgestellt wurden.

Wie können wir dann eine Art synthetisches *a priori*-Wissen von der Welt haben? Kant meinte, der menschliche Geist sei so konstruiert, daß er von Natur aus einige *a priori*-Aspekte der Welt erfaßt. Während die wirkliche Welt unvorstellbare Eigenschaften hat, sucht unser Geist von Natur aus gewisse Aspekte der Wirklichkeit aus, als ob wir rosa Brillen trügen. Unser Geist fängt nur gewisse Aspekte der Welt ein; dieses Wissen ist deshalb synthetisch und *a priori*. Denn es ist eine *a priori*-Wahrheit, daß wir niemals etwas verstehen können, was nicht in unsere eigenen Denkkategorien hineinpaßt. Deshalb gelten für die uns beobachtbare Welt notwendigerweise bestimmte Wahrheiten. Wir könnten hoffen, sie auf andere Weise herauszufinden, etwa indem wir bedenken, daß bestimmte kosmologische Bedingungen erfüllt sein müssen, wenn es im Universum Beobachter geben soll. Diese weiter oben eingeführten «anthropischen» Bedingungen weisen uns auf gewisse Eigenschaften hin, die das Weltall *a priori* besitzen muß, die aber nicht-trivial genug sind, um synthetisch genannt zu werden. Das synthetische *a priori* ähnelt dann der Forderung, jedes wissenswerte physikalische Prinzip, das einen Teil vom «Geheimnis des Universums» ausmacht, dürfe nicht die Möglichkeit ausschließen, daß wir es kennen. Das Universum ist in der Menge der mathematischen Begriffe enthalten, aber in der physikalischen Wirklichkeit werden nur jene Begriffe auch aktualisiert, deren Komplexität Unterprogramme ermöglicht, die «Beobachter» darstellen können.

Ist das Universum ein Computer?

Feindschaft sei zwischen euch! Noch kommt das Bündnis zu frühe.
Wenn ihr im Suchen euch trennt, wird die Wahrheit erst erkannt.

Friedrich von Schiller

Es gibt in der modernen Naturwissenschaft zwei Hauptströmungen, die, nachdem sie lange parallel verliefen, jetzt eine spannende Konvergenz erkennen lassen und sich möglicherweise später vereinigen. Die genauen Umstände dieser Vereinigung werden darüber entscheiden, welche der Strömungen wir später als Nebenfluß ansehen werden. Auf der einen Seite haben wir es mit dem Glauben des Physikers an «Naturgesetze« zu tun, die mit ihrer Symmetrie der Fels sind, auf dem die Logik des Weltalls beruht. Diese Symmetrie verbindet sich mit dem Bild von Raum und Zeit zu einem unteilbaren Ganzen. Auf der anderen Seite läßt sich die abstrakte Berechnung, nicht die Symmetrie, als Grundbegriff sehen. Die Grundlage ihrer Logik wird nicht vom Stetigen, sondern vom Diskreten beherrscht. Das große Rätsel, das die Zukunft lösen muß, ist die Frage, ob Symmetrie oder Rechnung grundlegender sind. Ist das Universum ein kosmisches Kaleidoskop oder ein kosmischer Computer, eine Struktur oder ein Programm? Oder keines von beiden? Um wählen zu können, müssen wir wissen, ob die Gesetze der Physik die letzten Möglichkeiten der abstrakten Berechnung einschränken oder nicht. Setzen sie der Rechengeschwindigkeit und dem Anwendungsbereich Grenzen? Oder bestimmen umgekehrt die Regeln, die den Rechenprozeß steuern, welche Naturgesetze möglich sind?

Bevor wir das wenige, was wir zu diesem Thema sagen können, diskutieren, sei vor einer leichtfertigen Entscheidung gewarnt. In der Geschichte menschlichen Denkens haben unterschiedliche Vorstellungen vom Universum das Denken geprägt, wobei diese Kosmologien oft weniger über das Universum als über die Gesellschaft aussagen, die sich damit beschäftigte. Für die alten Griechen, die aus den ersten systematischen Untersuchungen von Lebewesen eine teleologische Perspektive der Welt entwickelten, war die Welt ein großer Organismus. Für andere, die die Geometrie als wichtigste Denkkategorie ansahen, war das Universum eine geometrische Harmonie vollkommener Formen. Als später die ersten Uhrwerke und Pendelmechanismen entstanden, beherrschte das Bild vom Newtonschen Universum als Mechanismus die Vorstellung; Tausende suchten nach dem kosmischen Uhrmacher. In der Zeit der industriellen Revolution verglich man das Universum mit einer Dampfmaschine; die physikalischen und philosophischen Fragen, die sich in bezug auf die Gesetze der Thermodynamik und das letzte Schicksal des Weltalls stellten, tragen den Stempel dieses Maschinenzeitalters. Heute ist vielleicht das Bild des Universums als Computer einfach die letzte vorhersagbare Erweiterung unserer Denkgewohnheiten. Morgen könnte es ein neues Paradigma geben. Was wird es sein? Gibt es einen tiefen und einfachen Begriff, der in ähnlicher Weise so hinter der Logik steht wie die Logik hinter der Mathematik und den Computerberechnungen?

Zunächst scheinen die Begriffe von Symmetrie und Berechnung weit voneinander entfernte Dinge zu beschreiben, und die Wahl zwischen ihnen scheint unmöglich. Aber Symmetrien bestimmen die möglichen Veränderungen, und die «Gesetze», die sich daraus ergeben könnten, lassen sich als eine Art Software sehen, die auf einer Hardware abläuft, der materiellen «Hardware» unseres Universums. Diese Ansicht hat implizit mit einer der Beziehungen zwischen den Naturgesetzen und dem physikalischen Universum zu tun, die wir in Kapitel 2 einführten, wonach die beiden voneinander unabhängig sind. Man könnte sich also vorstellen, diese Software liefe auf einer anderen Hardware ab. Diese Sicht scheint uns in einen möglichen Konflikt mit einem Glauben an eine eindeutige Theorie für Alles zu bringen, die die Bedingungen für die Existenz der Elementarteilchen mit den Gesetzen verknüpft, die sie bestimmen.

Der Erfolg, den das Modell einer kontinuierlichen Welt bei der Erklärung der physikalischen Welt hatte, scheint auf den ersten Blick gegen das Bild einer diskreten Welt zu sprechen. Aber die Logiker haben in den letzten fünfzig Jahren einen zermürbenden Kampf gegen den Begriff des Zahlenkontinuums geführt. Mathematiker wie Quine behaupten:

Genauso, wie die Einführung der irrationalen Zahlen... ein angenehmer Mythos ist, der die Gesetze der Arithmetik vereinfacht... so sind auch physikalische Objekte postulierte Größen, die unsere Darstellung vom Strom des Seins abrunden und vereinfachen... Das Begriffsschema physikalischer Objekte ist ein dazu gut geeigneter Mythos. Er ist einfacher als die buchstäbliche Wahrheit und ist doch mit dieser buchstäblichen Wahrheit verquickt.

Bis jetzt haben wir noch nicht die richtige Frage gefunden, die wir an das Universum stellen sollten und deren Antwort uns sagen könnte, ob die Berechnung einfacher ist als die Symmetrie, ob wir also, wie John Wheeler es mit seinem Wortspiel sagt, vom

IT (dem Objekt) zum BIT (der Konfigurationseinheit) kommen können.

Meines Erachtens läßt sich diese Hoffnung wohl nicht restlos erfüllen. Wenn sich die Berechnung als der grundlegendste Aspekt der Wirklichkeit erweisen sollte, müßten wir fordern, daß im Universum nur berechenbare Dinge vor sich gehen. Die mathematischen Darstellungen des Universums würden dann so weit eingeschränkt, daß sie in der Zuständigkeit der Konstruktivisten liegen. Das ist die Strafe für den Verzicht auf das Kontinuum und die Berufung auf berechenbare Aspekte der Welt als Grundlage der Erklärung des Ganzen. Aber wir haben viele nicht berechenbare mathematische Operationen entdeckt; die Physiker kennen viele, die innerhalb jenes Teils der Mathematik lauern, die zur Zeit zum Verständnis der physikalischen Welt nötig sind. In der Quantenkosmologie wurden zum Beispiel für im Prinzip beobachtbare Größen Werte vorhergesagt, die einer unendlichen Summe von veränderlichen Größen gleich waren, jede dieser Größen wird auf einer besonderen Fläche berechnet, wobei sich herausstellt, daß eine Auflistung aller nötigen Flächen ein nichtberechenbares Problem ist. Eine solche Liste läßt sich nicht systematisch durch eine endliche Anzahl berechenbarer Turing-Schritte erzeugen. Die Erzeugung eines jeden Mitglieds der Menge erfordert ein neues Element. Es könnte natürlich einen anderen Weg zur Berechnung der beobachtbaren fraglichen Größen geben, der es vermeidet, diese nichtberechenbare Operation auszuführen, aber vielleicht gibt es ihn auch nicht. Dann machen weitere Kennzeichen der unstetigen Welt der diskreten Rechnungen die Berechenbarkeit weniger wahrscheinlich.

Nehmen wir an, wir hätten eine einfache gewöhnliche Differentialgleichung vor uns, wie sie in allen physikalischen Theorien vorkommt, wobei $F(x,y)$ eine stetige, nicht zweimal differenzierbare Funktion von x und y ist und die folgende Form hat:

$$dy/dx = F(x,y)$$

Wir können also die Kurve F zeichnen, ohne je die Bleistiftspitze vom Papier abzuheben (weil die Funktion stetig ist), aber sie kann Falten und Spitzen haben, wie wir sie an einer Kegelspitze finden. Dann ist F zwar selbst berechenbar, aber die Lösung der Differentialgleichung braucht nicht berechenbar zu sein. Wenn wir partielle Differentialgleichungen prüfen, die Wellen aller Arten beschreiben – seien es nun Quantenwellen oder Gravitationswellen, die sich durch die Geometrie der Raumzeit ausbreiten, immer begegnen wir demselben Problem. Wenn das anfängliche Wellenprofil durch eine stetige, aber nicht zweimal differenzierbare Funktion beschrieben wird, gibt es vielleicht keine berechenbare Lösung der Wellengleichung in zwei oder mehr Raumdimensionen. Es kommt einzig darauf an, ob die Anfangskurve glatt ist. Wenn sie zweimal differenzierbar ist, sind alle Lösungen der Wellenfunktion berechenbar. Wenn die Dinge aber im Grunde diskret und unstetig sind, werden wir ein Opfer des Problems der fehlenden Berechenbarkeit.

Diese Schwierigkeiten lassen sich, wenn überhaupt, nur überwinden, indem man den Begriff der Berechnung weiter faßt. Üblicherweise haben Computerwissenschaftler die maximal erreichbaren Rechenfähigkeiten eines Computers, ob er nun real oder nur vorgestellt ist, anhand der idealen Turingmaschine definiert. Wir definieren eine solche Maschine geradezu durch das, was wir mit dem Prädikat «berechenbar» versehen. In den letzten Jahren wurde jedoch klar, daß sich Computer herstellen lassen, die ihrem Wesen nach quantenmechanisch sind, die also die Quantenunschärfen der Welt nutzen, um Operationen durchzuführen, die über die Fähigkeiten der idealisierten Turingmaschine hinausgehen. Da die Welt letztlich ein Quantensystem ist, setzt jeder Versuch, ihre inneren Mechanismen anhand des Berechenbarkeitsparadigmas zu erklären, ein Verständnis darüber voraus, was die Quantenberechnung wirklich ist und was sie, über die Fähigkeiten einer gewöhnlichen Turingmaschine hinaus, leisten kann. In gewisser Hinsicht paßt das Paradigma der Berechenbarkeit zum Quantenbild der Welt. Beide sind diskret; in beiden gibt es duale Beziehungen, etwa zwischen Entwicklung und Messung (Rechnen und Lesen). Aber für die Beziehung zwischen dem Quantum und den Symmetrien der Natur lassen sich noch stärkere Behauptungen aufstellen. Ein halbes Jahrhundert exakter physikalischer Forschung hat die beiden zu einer unauflösbaren Einheit verschmolzen. Wie stünde es wohl um unser Wissen von der Berechenbarkeit, wenn wir auf sie ähnlich viele Gedanken und Energie verwendet hätten?

Das Unerforschbare

Ich hasse Zitate. Sag mir, was du weißt.
Ralph Waldo Emerson

«Warum ist die Welt mathematisch?» haben wir gefragt, aber sehen bei genauerem Nachdenken nicht viele der Dinge, denen wir im Alltagsleben begegnen, so aus, als ob sie mit Mathematik nicht das geringste zu tun hätten? Die Mathematik beschreibt gleichsam das Skelett einer Welt, die, davon sind wir überzeugt, hinter den reinen Erscheinungen liegt, einer Welt, die einfacher ist als jene, mit der wir täglich umgehen. An Gefühlen und Urteilen, Musik und Kunst jedoch finden wir nichts Mathematisches. Wie können wir dann von «Theorien für Alles» sprechen und, wenn wir sie mit den Mitteln der Mathematik verfolgen, sicher sein, daß sich der ganze Reichtum nicht verflüchtigt und nichts als Zahlen übrigbleiben? Wie können wir die Linie ziehen, die jene flüchtigen Erscheinungen, die zutiefst nicht-mathematisch sind, von jenen trennt, die eine Theorie für Alles erfassen kann? Welche Dinge lassen sich nicht in das «Alles» eines Physikers einordnen? Es scheint sie zu geben, aber sie werden meistens ausgeschlossen, weil sie nicht «wissenschaftlich» sind – diese Reaktion ist gar nicht so anders als die des berüchtigten Barons von Balliol, dem man nachsagte: «Was er nicht weiß, ist kein Wissen.»

Wir haben alle eine Vorstellung davon, in welchen Hinsichten eine Theorie für Alles überlistet werden könnte. Einen Hinweis darauf gibt uns die Art, wie wir mit gewissen Informationen umgehen. Heinz Pagels bemerkt zu den unterschiedlichen Erfahrungen beim Lesen «sachlicher» wissenschaftlicher Arbeiten im Gegensatz zu den subjektiven Bemerkungen, die man etwa in den Bücherrezensionen von Zeitungen findet:

Ich war einmal bei einem Abendessen in New York mit einer Gruppe gebildeter Menschen zusammen. Sie waren Schriftsteller, Lektoren und Intellektuelle; außer mir war kein Naturwissenschaftler dabei. Irgendwie kam das Gespräch auf *The New York Review of Books*, eine gute Literaturbeilage, die weit über die reine Rezension von Büchern hinausgeht... ich las sie immer eifrig, und sie gefiel mir gut... Ich beschrieb mein Problem: Ich konnte mich an nichts erinnern, was ich dort gelesen hatte. Die Information ging in mein Kurzzeit- und niemals in mein Langzeitgedächtnis. Das lag daran, so dachte ich, daß trotz des immer glänzenden Stils und der Qualität des Geschriebenen alles, was wirklich ausgedrückt wurde, die Meinung eines Menschen über das Denken oder Handeln eines anderen war. Es ist für mich schwierig, mich an die Meinungen anderer Menschen zu erinnern (selbst an meine eigenen). An was ich mich erinnere, sind Begriffe und Tatsachen, also unveränderliche Aspekte der Erfahrung und nicht die Nebensächlichkeiten menschlicher Meinungen, des Geschmacks und des Stils. Mit solchen Trivialitäten beschäftigen sich ernsthafte Leuten höchstens zur geistigen Erholung.

Meinen kurzen Bemerkungen folgte Schweigen, und ich fühlte mich isoliert. Die Kluft zwischen den beiden Kulturen – Natur- und Geisteswissenschaften – war wesentlich breiter geworden. Mir wurde klar, daß ich mit meinem Schnitzer die heiligen Hallen des Tempels der anderen Gäste verletzt hatte. Diese Leute leisteten ihren Gottesdienst in einem Tempel, in dem politische Meinungen, Geschmacksfragen und Stil, Nachdenken über sich, die eigenen Überzeugungen und Gefühle, intellektueller Klatsch und Aktivitäten, die um ihrer selbst willen betrieben wurden, die von den Banden des Wissens nur lose zusammengehalten werden konnten, den Vorrang hatten. Ich versuchte, mir einen Witz einfallen zu lassen, um mich aus dieser schwierigen Situation zu befreien, aber es gelang mir nicht.

Dieser recht entlarvende Bericht zeigt, auf welche persönliche Schwierigkeit Pagels stieß, als er gewissen Formen von Information den Inhalt entnehmen und ordnen sollte. Als Wissenschaftler ist er daran gewöhnt, seinen Verstand auf bestimmte Weise auf bestimmte Arten von Eingaben wirken und reagieren zu lassen. Während sachliche oder logisch gegliederte Information einen fertigen Rahmen findet, innerhalb dessen sie sich einrichten kann, gilt das für andere Information nicht. Sie widersetzt sich der Reduzierung auf geordnete und leicht abrufbare Formen. Diese Tendenz hat suggestive Facetten.

Wir sahen schon, wie das Gehirn die ihm zur Verfügung gestellte Information algorithmisch komprimiert. Wenn Tatsachenfolgen algorithmisch wesentlich komprimiert werden können, sind wir auf dem Weg zur Naturwissenschaft. Sicherlich eignen sich manche Zweige der Erfahrung zu dieser Sublimierung besser als andere. In den «harten» Naturwissenschaften unterstützt es die algorithmische Komprimierung, wenn komplizierte Phänomene idealisiert werden können und sich dann sehr genaue Annäherungen an den wahren Stand der Dinge erreichen lassen.

Für eine genaue mathematische Beschreibung der beobachteten Kennzeichen eines typischen Sterns wie der Sonne ist es eine ausgezeichnete Näherung, wenn wir die Sonne als eine Kugel behandeln, deren Oberflächentemperatur überall gleich ist. Natürlich ist kein wirklicher Stern *genau* kugelförmig, noch ist die Temperatur an seiner Oberfläche völlig konstant, aber alle Sterne lassen sich auf diese Weise in mancher Hinsicht idealisieren, und es ergeben sich dabei sehr genaue Beschreibungen. Folglich können die Idealisierungen etwas großzügiger werden und die Beschreibung etwas realistischer; zunächst werden kleine Abweichungen von der Kugelform zugelassen, dann wird eine der Wirklichkeit noch besser entsprechende Form gewählt und so weiter. Eine «berechenbare» Operation in Turings Sinn meint eine solche schrittweise Folge immer besserer Annäherungen an das betrachtete Phänomen. Im Gegensatz dazu versagen viele der «weichen» Wissenschaften, die die Mathematik auf Dinge wie Sozialverhalten, Gefängnisrevolten oder psychologische Reaktionen anzuwenden versuchen, wenn sie eine beträchtliche Menge an reinem Wissen hervorbringen sollen, weil ihre Themen keine offensichtlichen und fruchtbaren Idealisierungen bieten. Komplizierte Erscheinungen, besonders solche mit algorithmisch komprimierbaren Aspekten oder solche, die wie persönliche Meinungen an sich unverhersagbar sind, weil sie sich durch die Beobachtung verändern, lassen sich nicht durch einfache Näherungen ersetzen. Es ist nicht leicht zu verstehen, wie eine «näherungsweise dargestellte Gesellschaft» oder ein «näherungsweise dargestellter Wahnsinn» im Modell aussehen sollte. Diese Begriffe lassen die Anwendung des erfolgreichsten Mittels, mit dem unser Verstand der Komplexität Sinn verleiht, nicht zu.

In der Praxis könnte dies bedeuten, daß unser Verstand bei der Suche nach Idealisierungen nicht den richtigen Weg findet oder daß die fraglichen Phänomene im Grunde nicht reduzierbar sind. Wir kennen natürlich viele Beispiele für den ersten Fall; wir erleben sie immer dann, wenn wir eine neue Idee haben, die das, was eben noch ein Konglomerat verwirrender Tatsachen war, ordnet. Was können wir von der zweiten Möglichkeit sagen? Können wir sicher sein, daß es überhaupt Beispiele für diese Kategorie gibt? Welche Art von Denkgegenständen besteht den Test der Mathematik nicht?

Die Naturwissenschaft ist dann am stärksten, wenn sie Probleme aufzeigt, die mehr Technik als Einsicht erfordern. Mit Technik meinen wir die systematische Anwendung einer Verfahrensregel – ein Rezept. Die

Tatsache, daß diese Form, sich der Welt zu nähern, oft so fruchtbar ist, bezeugt die Macht der Verallgemeinerung. Die Natur verwendet immer wieder in verschiedenen Situationen dieselben Grundmuster. Das Kennzeichen dieser wiederholten Anwendungen ist ihr mathematisches Wesen. Die Suche nach der Theorie für Alles ist die Suche nach jener Technik, deren Anwendung die Botschaft der Natur unter allen Umständen entschlüsseln kann. Wir kennen jedoch Umstände, in denen reine Technik versagt.

Der amerikanische Logiker John Myhill hat eine metaphorische Erweiterung der Lehren vorgeschlagen, die wir aus den Sätzen von Gödel, Church und Turing über den Umfang und die Grenzen logischer Systeme gezogen haben. Die uns zugänglichsten quantifizierbaren Aspekte der Welt sind alle berechenbar. Es gibt in diesen Fällen ein eindeutiges Verfahren, um zu entscheiden, ob ein Objekt die jeweils vorgegebene Eigenschaft hat oder nicht. Menschen lassen sich dazu erziehen, auf das Vorhandensein oder Fehlen dieser Eigenschaft zu reagieren. Eine solche Eigenschaft wäre etwa «eine Primzahl sein». Dagegen ist die Wahrheit im allgemeinen keine solche Eigenschaft. Eine ausgewähltere Menge von Eigenschaften ist die der nur aufzählbaren Eigenschaften. Für diese können wir ein Verfahren konstruieren, das all die Größen aufzählt, die die geforderte Eigenschaft haben (obwohl man vielleicht unendlich lange warten muß, bis die Liste vollständig ist), aber es gibt keinen Weg, all die Objekte, die die geforderte Eigenschaft nicht haben, systematisch zu erzeugen. Die meisten logischen Systeme sind aufzählbar, aber nicht berechenbar: Alle Sätze lassen sich aufzählen, aber es gibt kein automatisches Verfahren, bei einer Aussage zu entscheiden, ob sie ein Satz ist oder nicht. Wenn es den Gödelschen Satz nicht gäbe, ließe sich jede Eigenschaft eines die Arithmetik umfassenden Systems aufzählen. Wir könnten ein Programm schreiben, das jede dazu nötige Handlung durchführt. Ohne die von Turing und Church für die Berechenbarkeit geforderten Einschränkungen wäre jede Eigenschaft der Welt berechenbar. Das Entscheidungsproblem, ob diese Seite ein Beispiel für grammatisch richtige Sprache ist, ist berechenbar. Sowohl die Worte wie auch die verwendeten grammatischen Konstruktionen lassen sich in einem Wörterbuch überprüfen. Für jemanden jedoch, der die Sprache, in der sie geschrieben ist, nicht kennt, wäre sie unverständlich. Im Lauf der Zeit könnte dieser Leser die Sprache erlernen und dann einen immer größeren Teil der Seite mit Sinn erfüllen. Aber es läßt sich unmöglich vorhersagen, welche Teile dieser Seite das sein werden. Die Eigenschaft der Sinnhaftigkeit läßt sich aufzählen, aber nicht berechnen. Ähnlich ist die Frage, ob diese Seite etwas ist, das der Leser in der Zukunft schreiben möchte, aufzählbar, aber nicht berechenbar.

Nicht jede Eigenschaft der Welt ist entweder aufzählbar oder berechenbar. So ist zum Beispiel die Eigenschaft einer Aussage, in einem bestimmten mathematischen System wahr zu sein, weder aufzählbar noch berechenbar. Man kann der Wahrheit immer näherkommen, wenn man immer mehr Regeln für das logische Schließen und zusätzliche Axiome einführt, aber sie läßt sich niemals durch endlich viele Regeln einfangen. Diese weder aufzählbaren noch berechenbaren Eigenschaften – die als mögliche kontingente Eigenschaften der Welt ergänzt werden können – sind jene, die sich nicht durch eine Folge logischer Schritte erkennen oder erzeugen lassen. Sie belegen, wie wichtig Einfälle und neue Gedanken sind, denn sie lassen sich nicht durch eine endliche Menge von Regeln oder Gesetzen erfassen. Schönheit, Einfachheit, Wahrheit gehören dazu. Es gibt keine magische Formel, durch die sich die mögliche Vielfalt dieser Eigenschaften erzeugen läßt. Sie bleiben immer unerschöpflich. Kein Programm und keine Gleichung kann Schönheit oder Häßlichkeit erschaffen; es gibt überhaupt keinen sicheren mathematischen Weg, diese Eigenschaften zu erkennen, wenn man sie sieht. Den Einschränkungen der Mathematik und Logik lassen sich diese Eigenschaften nicht unterwerfen, obwohl wir die Begriffe Schönheit und Häßlichkeit ganz gewohnheitsmäßig verwenden. Keine logisch-mathematische Theorie für Alles kann diese Eigenschaften einfangen. Eine solche Darstellung der Wirklichkeit kann nicht vollständig sein.

Der Anwendungsbereich der Theorien für Alles ist unendlich, aber beschränkt; sie sind für ein volles Verständnis der Dinge notwendig, aber weit davon entfernt, die feinen Details eines Universums wie des unseren hinreichend zu erhellen. Auf den Seiten dieses Buchs haben wir einiges darüber gelernt, was eine Theorie für Alles über die Einheit des Universums aussagen und wie sie über unsere jetzige Sicht der säuberlich geschiedenen Bereiche der Natur hinausgehen könnte. Aber wir haben auch gelernt, daß «Alles» mehr umfaßt, als man zunächst denken könnte. Anders als viele andere vorstellbare Welten enthält die unsere kontingente Elemente. Theorien für Alles können diese Eigenschaften der Wirklichkeit unmöglich vorhersagen; merkwürdigerweise jedoch berufen wir Menschen uns auf viele dieser Eigenschaften, wenn wir an die Auswahl und die Beweismöglichkeit einer ästhetisch befriedigenden Theorie für Alles denken.

Es gibt keine Weltformeln, die alle Wahrheit, alle Harmonie, alle Einfachheit enthalten. Keine Theorie für Alles kann je eine vollständige Erkenntnis sein. Denn wenn wir alles durchschauen könnten, gäbe es für uns nichts mehr zum Anschauen und Entdecken.

Ausgewählte Bibliographie

Dieses Literaturverzeichnis ist für Leser gedacht, die ihr Wissen über die in den einzelnen Kapiteln dieses Buches behandelten Themen vertiefen möchten. Die angeführten Werke sprechen unterschiedliche Zielgruppen an: Neben allgemeinverständlichen Werken sind solche angeführt, die ein mathematisches und physikalisches Hintergrundwissen voraussetzen.

1. Kapitel

Barrow, J. D., «Inner Space and Outer Space», in *The Centenary Gifford Lectures,* hg. v. N. Spurway. Blackwell, Oxford 1991.

Bettelheim, B., *Kinder brauchen Märchen.* Deutscher Taschenbuch Verlag, München 1980.

Blacker, C., und Loewe, M. (Hg.), *Ancient Cosmologies.* Allen & Unwin, London 1975.

Chaitin, G., *Algorithmic Information Theory.* Cambridge University Press, Cambridge 1987.

Dobzhansky, T., *The Biology of Ultimate Concern.* Meridian, New York 1967.

Frazer, J., *Der goldene Zweig: Das Geheimnis von Glauben und Sitten der Völker.* Rowohlt Taschenbuch Verlag, Reinbek 1989.

La Rue, G. A., *Ancient Myth and Modern Man.* Prentice-Hall, New Jersey 1975.

Laurikainen, K. V., *Beyond the Atom: The Philosophical Thought of Wolfgang Pauli.* Springer, Berlin 1988.

Lewis, C. S., *The Discarded Image.* Cambridge University Press, Cambridge 1964.

Lloyd, S., und Pagels, H. R., «Complexity as Thermodynamic Depth», *Annals of Physics (New York)* **188**, 186 (1988).

McAllister, J. W., «Truth and Beauty in Scientific Reason», *Synthèse* **78**, 25 (1989).

Maclagen, D., *Schöpfungsmythen.* Kösel, München 1985.

Pagels, H. R., *Cosmic Code: Quantenphysik als Sprache der Natur.* Ullstein, Frankfurt a. M. / Berlin / Wien 1983.

Pagels, H. R., *The Dreams of Reason.* Simon & Schuster, New York 1989.

Piaget, J., *Die Entwicklung des Zahlbegriffs beim Kinde.* Klett, Stuttgart 1972 (3. Aufl.).

Rescher, N., «Some Issues Regarding the Completeness of Science and the Limits of Scientific Knowledge», in *The Structure and Development of Science*, hg. v. G. Radnitzky und G. Anderson. Reidel, Dordrecht 1979, S. 15–40.

Santillana, G. de, und Dechend, H. von, *Die Mühle des Hamlet: Ein Essay über Mythos und das Gerüst der Zeit.* Kammerer & Unverzagt, Berlin 1993.

Smith, J. W., *Essays on Ultimate Questions.* Avebury, Aldershot 1988.

Turbayne, C. M., *The Myth of Metaphor.* Yale University Press, New Haven 1962.

Weizsäcker, C. F. von, *Die Tragweite der Wissenschaft.* Hirzel, Stuttgart 1964.

Yates, F., *Giordano Bruno and the Hermetic Tradition.* Routledge & Kegan Paul, London 1964.

2. Kapitel

Barrow, J. D., *Die Natur der Natur: Wissen an den Grenzen von Raum und Zeit.* Spektrum Akademischer Verlag, Heidelberg 1993.
Bošković, R. J., *Philosophiae naturalis theoria redacta ad unicam legem virium in natura existentium…* Wien 1759. (*A Theory of Natural Philosophy*, englische Übersetzung der venezianischen Ausgabe von 1763, MIT Press, Cambridge MA 1966).
Chaitin, G., «Randomness in Arithmetic», *Scientific American*, Juli 1988, S. 80.
Cobb, J. B., und Griffin, D. R., *Prozeß-Theologie: Eine einführende Darstellung.* Vandenhoeck und Ruprecht, Göttingen 1979.
Feynman, R., *Vom Wesen physikalischer Gesetze.* Piper, München 1993.
Funkenstein, A., *Theology and the Scientific Imagination from the Middle Ages to the Seventeenth Century.* Princeton University Press, Princeton 1986.
Jaki, S., *The Relevance of Physics.* University of Chicago Press, Chicago 1966.
Needham, J., *The Grand Titration: Science and Society in East and West.* Allen & Unwin, London 1969.

3. Kapitel

Barrow, J. D., und Silk, J., *Die asymmetrische Schöpfung: Ursprung und Ausdehnung des Universums.* Piper, München 1986.
Bondi, H., *Cosmology.* Cambridge University Press, Cambridge 1953.
Bondi, H., «The Steady-State Theory of the Universe», in *Rival Theories of Cosmology*, hg. v. H. Bondi, W. B. Bonner, R. A. Littleton und G. J. Withrow. Oxford University Press, Oxford 1960.
Craig, W. L., *The Cosmological Argument from Plato to Leibniz.* Macmillan, London 1980.
Davidson, H. A., *Proofs for Eternity, Creation and the Existence of God in Medieval Islamic and Jewish Philosophy.* Oxford University Press, New York 1987.
Drees, W., *Beyond the Big Bang: Quantum Cosmology and God*, Dissertation, Universität Groningen. Open Court, La Salle 1990.
Grünbaum, A., «The Pseudo-Problem of Creation in Cosmology», *Philosophy of Science* **56**, 373 (1989).
Guth, A., «The Inflationary Universe: A Possible Solution to the Horizon and Flatness Problems», *Physical Review* D **23**, 347 (1981).
Guth, A., und Steinhardt, P., «Das inflationäre Universum», *Spektrum der Wissenschaft*, Juli 1984, S. 80.
Hartle, J. B., und Hawking, S. W., «Wave Function of the Universe», in *Interactions between Elementary Particle Physics and Cosmology*, hg. v. T. Piran und S. Weinberg. World Scientific Press, Singapore 1986.
Hawking, S. W., *Eine kurze Geschichte der Zeit: Die Suche nach der Urkraft des Universums.* Rowohlt, Reinbek bei Hamburg 1988.
McCrea, W. H., «The Interpretation of Cosmology», *La Nuova Critica (III. Serie) Quaderno* XI, 11 (1960).
Nasr, S., *Introduction to Islamic Cosmological Doctrines.* Harvard University Press, Cambridge MA 1964.

Philo. *Die Werke Philos von Alexandria*. Breslau 1909.
Polkinghorne, J., *Science and Creation: The Search for Understanding.* SPCK, London 1988.
Russell, R. J., Stoeger, W. R., und Coyne, G. V., *Physics, Philosophy and Theology.* University of Notre Dame Press, 1988.
Sorabji, R., *Time, Creation and the Continuum.* Duckworth, London 1983.
Tipler, F. J., «The Omega Point as Eschaton», *Zygon* 24, 217 (1989).
Vilenkin, A., «Creation of Universes from Nothing», *Physics Letters* B **117**, 25 (1982).
Vilenkin, A., «Boundary Conditions in Quantum Cosmology», *Physical Review* D **33**, 3560 (1982).
Whitehead, A. N., *Abenteuer der Ideen.* Suhrkamp, Frankfurt a. M. 1988.
Whitehead, A. N., *Wissenschaft und moderne Welt.* Gonzett und Huber, Zürich 1949.

4. Kapitel

Atiyah, M., «Geometry, Topology and Physics», *Quarterly Journal of the Royal Astronomical Society* **29**, 287.
Bailin, D., «Why Superstrings?», *Contemporary Physics* **30**, 237 (1989).
Cooper, N. C., und West, G., *Particle Physics: A Los Alamos Primer.* Cambridge University Press, Cambridge 1988.
Green, M., «Superstrings», *Spektrum der Wissenschaft*, November 1986, S. 54.
Harman, P. M., *Energy, Force and Matter: The Conceptual Development of Nineteenth Century Physics.* Cambridge University Press, Cambridge 1982.
Jammer, M., *Concepts of Force.* Harvard University Press, Cambridge MA 1957.
Pagels, H. R., *Die Zeit vor der Zeit: Das Universum bis zum Urknall.* Ullstein, Berlin 1987.
Peat, F. D., *Superstrings. Kosmische Fäden: Die Suche nach der Theorie, die alles aufklärt.* Hoffmann und Campe, Hamburg 1989.
Schwartz, J. H., «Superstring Unification», in *300 Years of Gravitation*, hg. v. S. W. Hawking und W. Israel. Cambridge University Press, Cambridge 1987, S. 652.
Thomson, W., «On Vortex Atoms», *Philosophical Magazine* **34**, 15 (1867).
Wilczek, F., und Devine, B., *Longing for the Harmonies.* Norton, New York 1988.
Wilczek, F., «Gauge Theories of Swimming», *Physical World* 2, 36 (1989).
Zee, A., *Magische Symmetrie: Die Ästhetik in der modernen Physik.* Insel, Frankfurt a. M. 1993.

5. Kapitel

Barrow, J. D., «Observational Limits on the Time-Evolution of Extra Spatial Dimensions», *Physical Review* D **35**, 1805 (1987).
Barrow, J. D., «Constants of Physics and the Structure of the Universe», in *Saas Fee Lectures on Unité de Mesure et Constants Physique*, hg. v. M. Batato, R. Behn, J.-F. Loude und H. Weisen. Lausanne, Association Vaudoise des Chercheurs en Physique, 5. Kapitel.

Barrow, J. D., «The Mysterious Lore of Large Numbers», in *Modern Cosmology in Retrospect*, hg. v. S. Bergia und B. Bertotti. Cambridge University Press, Cambridge 1990.
Barrow, J. D., und Tipler, F. J., *The Anthropic Cosmological Principle.* Oxford University Press, Oxford 1986.
Carr, B. J., und Rees M. J., «The Anthropic Principle and the Structure of the Physical World», *Nature* **278**, 605 (1979).
Coleman, S., «Black Holes as Red Herrings: Topological Fluctuations and the Loss of Quantum Coherence», *Nuclear Physics* B **307**, 867 (1988).
Coleman, S., «Why There is Nothing Rather than Something: A Theory of the Cosmological Constant», *Nuclear Physics* B **310**, 643 (1988).
Douglas, A. V., *The Life of Arthur Stanley Eddington.* Nelson, London 1956.
Eddington, A. S., *Die Naturwissenschaft auf neuen Bahnen.* Vieweg, Braunschweig 1935.
Eddington, A. S., *Fundamental Theory.* Cambridge University Press, London 1946.
Einstein, A., «Physik und Realität», *Journal of the Franklin Institute,* 221, 313 (1936).
Hawking, S. W., «Wormholes in Space-time», *Physical Review* D **37**, 904 (1988).
Hawking, S. W., «Baby Universes», *Modern Physics Letters* A **5**, 453 (1990).
Jungnickel, C., und McCormmach, R., *Intellectual Mastery of Nature: Theoretical Physics from Ohm to Einstein*, Band 1 und 2. University of Chicago Press, Chicago 1986.
Levy-Leblond, J. M., «Constants of Physics», *Rivista Nuovo Cimento* **7**, 187 (1977).
McCrea, W. H., und Rees, M. J. (Hg.), *The Constants of Physics.* The Royal Society, London 1983.
Pais, A., *«Raffiniert ist der Herrgott... »: Albert Einstein. Eine wissenschaftliche Biographie.* Vieweg, Braunschweig 1986.
Rosenthal-Schneider, I., *Begegnungen mit Einstein, von Laue und Planck: Realität und wissenschaftliche Wahrheit.* Wiesbaden 1988.
Weinberg, S., «The Cosmological Constant Problem», *Review of Modern Physics* **61**, 1 (1989).
Witt-Hansen, J., *Exposition and Critics of the Concepts of Eddington Concerning the Philosophy of Physical Science.* Gads, Kopenhagen 1958.
Yolton, J., *The Philosophy of Science of A. S. Eddington.* Nijhoff, Den Haag 1960.

6. Kapitel

Bartholomew, D. J., *God of Chance.* SCM, London 1984.
Bartholomew, D. J., «Probability, Statistics and Theology», *Journal of the Royal Statistical Society* A **151**, 137 (1988).
Ford, J., «How Random is a Coin Toss», *Physics Today*, April 1983, S. 40.
Campbell, L.; Garnett, W., *The Life of James Clerk Maxwell.* London 1882; Neuauflage der Johnson Reprint Corporation, New York 1969.
Gleick, J., *Chaos – die Ordnung des Universums.* Droemer Knaur, München 1988.
Hacking, I., *The Emergence of Probability.* Cambridge University Press, Cambride 1975.

Linde, A., *Elementarteilchen und inflationärer Kosmos: Zur gegenwärtigen Theoriebildung.* Spektrum Akademischer Verlag, Heidelberg 1993.

Pearson, K., *The History of Statistics in the Seventeenth and Eighteenth Centuries, against the changing background of intellectual, scientific and religious thought,* hg. v. E. S. Pearson. Griffin, London 1978.

Sambursky, S., «On the Possible and Probable in Ancient Greece», *Osiris* **12**, 35 (1956).

Sheynin, O. B., «On the Prehistory of the Theory of Probability», *Archive for the History of the Exact Sciences* **12**, 97 (1974).

Stewart, I., *Spielt Gott Roulette? Chaos in der Mathematik.* Birkhäuser, Basel 1990.

7. Kapitel

Ayala, F. J., und Dobzhansky, T. (Hg.), *Studies in the Philosophy of Biology.* Macmillan, London 1974.

Bohm, D., *Die implizite Ordnung: Grundlagen eines dynamischen Holismus.* Dianus-Trikont, München 1985.

Davies, P. C. W., *Prinzip Chaos: Die neue Ordnung des Kosmos.* Goldmann, München 1990.

Delbrück, M., *Wahrheit und Wirklichkeit: Über die Evolution des Erkennens.* Rasch & Röhring, Hamburg 1986.

Eigen, M., und Winkler, R., *Das Spiel. Naturgesetze steuern den Zufall.* Piper, München 1975.

Langton, C. G. (Hg.), *Genetische Kunst – Künstliches Leben.* PVS, Wien 1993.

Leggett, A. J., *Physik: Probleme – Themen – Fragen.* Birkhäuser, Basel 1990.

Minsky, M., *Mentopolis.* Klett-Cotta, Stuttgart 1990.

Moravec, H., *Mind Children: Der Wettlauf zwischen menschlicher und künstlicher Intelligenz.* Hoffmann und Campe, Hamburg 1990.

Zeh, H., *Die Physik der Zeitrichtung.* Springer, Berlin 1984.

8. Kapitel

Barrow, J. D., «Life, the Universe, and the Anthropic Principle, *World and I Magazine*, August 1987, S. 179.

Barrow, J. D., «Patterns of Explanation in Cosmology», in *The Anthropic Principle,* hg. v. F. Bertola und U. Curi. Cambridge University Press, Cambridge 1989.

Barrow, J. D., und Tipler, F. J., *The Anthropic Cosmological Principle.* Oxford University Press, Oxford 1986.

Carter, B., «Large Number Coincidences and the Anthropic Principle in Cosmology», in *Confrontation of Cosmological Theories with Observational Data*, hg. v. M. Longhair. Reidel, Dordrecht 1974.

Carter, B., «The Anthropic Principle: Self-Selection as an Adjunct to Natural Selection», in *Cosmic Perspectives*, hg. v. C. V. Vishveshwara. Cambridge University Press, Cambridge 1989.

Carter, B., «Anthropic Selection Principle and the Ultra-Darwinian Synthesis», in *The Anthropic Principle*, hg. v. F. Bertola und U. Curi. Cambridge University Press, Cambridge 1989.
Davies, P. C. W., *The Physics of Time Asymmetry.* University of California Press, Berkeley 1974.
Leslie, J., «Observership in Cosmology: The Anthropic Principle», *Mind* **92**, 573, 1983.
Leslie, J., *Universes*. Macmillan, London 1989.
Linde, A., «The Universe: Inflation Out of Chaos», *New Scientist*, März 1985, S. 14.
Nicolis, G., und Prigogine, I., *Self-organisation in Non-equilibrium Systems.* Wiley, New York 1977.
Page, D. N., «The Importance of the Anthropic Principle», *World and I Magazine*, August 1987, S. 392.
Piaget, J., *Einführung in die genetische Erkenntnistheorie*. Suhrkamp, Frankfurt a. M. 1973.
Polanyi, M., «Life's Irreducible Structure», *Science*, Juni 1968, S. 1308.
Prigogine, I., *Vom Sein zum Werden: Zeit und Komplexität in den Naturwissenschaften*. Piper, München 1992 (6. Aufl.).
Prigogine, I., und Stengers, I., *Dialog mit der Natur: Neue Wege naturwissenschaftlichen Denkens*. Piper, München 1990.
Sayers, D., *Zur fraglichen Stunde.* Rowohlt Taschenbuch Verlag, Reinbek 1986.
Vollmer, G., «Mesocosm and Objective Knowledge», in *Concepts and Approaches in Evolutionary Epistomology*, hg. v. F. W. Wuketits. Reidel, Dordrecht 1984.
Stent, G. S., «Light and Life: Niels Bohr's Legacy to Contemporary Biology», in *Niels Bohr: Physics and the World*, hg. v. H. Feshbach, T. Matsui und A. Oleson. Harwood Academic, New York 1988.
Weinberg, S. W., «Newtonianism, Reductionism and the Art of Congressional Testimony», *Nature* **330**, 433 (1987).

9. Kapitel

Barrow, J. D., «The Mathematical Universe», *World and I Magazine*, Mai 1989, S. 306.
Bennett, C. H., «The Thermodynamics of Computation – A Review», *International Journal of Theoretical Physics* 21, 905 (1982).
Bennett, C. H., und Landauer, R., Grundsätzliche physikalische Grenzen beim Rechnen, *Spektrum der Wissenschaft*, September 1985, S. 94.
Birkhoff, G., «The Mathematical Nature of Physical Theories», *American Scientist* 31, 281 (1943).
Davies, P. C. W., «Why is the Universe Knowable?», in *Maths and Science*, hg. v. R. E. Mickens. Oxford University Press, New York 1989.
Davies, P., und Hersch, R., *Descartes' Traum: Über die Mathematisierung von Raum und Zeit, von denkenden Computern, Politik und Liebe*. Krüger, Frankfurt a. M. 1988.
Deutsch, D., «Quantum Theory, the Church-Turing Principle, and the Universal Quantum Computer», *Proceedings of the Royal Society of London* A **400**, 97 (1985).

Deutsch, D., «On Wheeler's notion of ‹Law without Law› in Physics», in *Between Quantum and Cosmos,* hg. v. W. Zurek, A. van der Merwe und W. A. Miller. Princeton University Press, Princeton 1988, S. 583–92.

Deutsch, D., «Quantum Communication Thwarts Eavesdroppers», *New Scientist* 9, Dezember 1989, S. 25.

Dewdney, A. K., *The Turing Omnibus*. Computer Science Press, Rockville 1989.

Dyson, F., «Mathematics in the Physical Sciences», *Scientific American*, September 1964, S. 129.

Field, H., *Science without Numbers*. Blackwell, Oxford 1980.

Field, H., *Realism, Mathematics and Modality.* Blackwell, Oxford 1989.

Hadamard, J., *The Psychology of Invention in the Mathematical Field.* Princeton University Press, Princeton 1945.

Kitcher, P., *The Nature of Mathematical Knowledge.* Oxford University Press, New York 1983.

Kline, M., *Mathematics and the Search for Knowledge.* Oxford University Press, New York 1985.

Kramer, E. E., *The Nature and the Growth of Modern Mathematics*. Princeton University Press, Princeton 1982.

Landauer, R., «Dissipation and Noise Immunity in Computation and Communication», *Nature* **335**, 779 (1988).

Lehman, H., *Introduction to the Philosophy of Mathematics.* Blackwell, Oxford 1975.

Penrose, R., *Computerdenken*. Spektrum der Wissenschaft-Verlagsgesellschaft, Heidelberg 1991

Myhill, J., «Some Philosophical Implications of Mathematical Logic», *The Review of Metaphysics* **6**, 165 (1952).

Rucker, R., *Der Ozean der Wahrheit: Über die logische Tiefe der Welt.* Fischer Taschenbuch, Frankfurt a. M. 1990.

Tipler, F. J., «It's All in the Mind», *Physics World*, November 1989, S. 45.

Wigner, E., «The Unreasonable Effectiveness of Mathematics in the Natural Sciences», *Communications in Pure and Applied Mathematics* **13**, 1 (1960).

Wolfson, H. A., *Religious Philosophy*. Harvard University Press, Cambridge MA 1961.

Zurek, W. H., «Thermodynamic Cost of Computation, Algorithmic Complexity and the Information Metric», *Nature* **341**, 119 (1989).

Bildnachweis

Abbildung 7.3 wurde mit freundlicher Genehmigung der Herausgeber von *Mind Children* von Hans Moravec, Cambridge, Mass., erschienen bei Harvard University Press, abgedruckt. Copyright (1988): Präsident und Mitglieder des Harvard College.

Index

science

Angelika Anders-von Ahlften/
Jürgen Altheide
Laser - das andere Licht
(rororo science 9664)
Erhältlich ab August '94.
Laser - das andere Licht: Was ist das? Wie funktioniert es? Was kann man damit machen? Immer mehr Menschen haben mit dieser wichtigen technischen Neuerung zu tun: in der Meß- und Informationstechnik, in Labors und Fabrikhallen, in medizinischen wie in künstlerischen Berufen.

John D. Barrow
Theorien für Alles
Die Suche nach der Weltformel
(rororo science 9534)
Erhältlich ab September '94.
«Alles» ist ein großes Wort. Gibt es eine Theorie, in der alle Naturkräfte und -gesetze vereinigt sind und die das Weltgeschehen vom Anfang bis zum Ende erklären kann? Das ist die zentrale Frage der Naturwissenschaft. Schon Sokrates geriet bei diesem Gedanken ins Schwärmen - und Ende des 20. Jahrhunderts zeigen sich Wissenschaftler wie Stephen W. Hawking zuversichtlich: «Es ist möglich, daß uns eines Tages der Durchbruch zu einer vollständigen Theorie des Universums gelingt.»

Adrian Desmond/James Moore
Darwin
(rororo science 9574)
Erhältlich ab Mai '94.
Als «erste wirkliche Darwin-Biographie» würdigte die

rororo sachbuch

britische Presse dieses Werk, das in weiten Teilen erst seit wenigen Jahren zugängliches Material auswertet: die umfangreichen geheimen Tagebücher und die 14.000 Briefe umfassende Korrespondenz. «Desmond und Moore haben aus dieser Fundgrube ein Darwin-Bild von bislang nicht denkbarer Lebensnähe rekonstruiert», schreibt Peter Brügge in seiner *Spiegel*-Rezension.

Gaby Miketta
Netzwerk Mensch
Den Verbindungen von Körper und Seele auf der Spur
(Rororo science 9662)
Erhältlich ab Oktober '94.
Der Mensch als Netzwerk: Wie wir uns fühlen, wie wir mit Belastungen fertig werden, wie anfällig wir für Erkrankungen sind - all das hängt mit der stetigen Wechselwirkung von Nerven-, Hormon- und Immunsystem zusammen, dem Forschungsfeld der neuen Wissenschaft «Psychoneuroimmunologie».

science

Die Reihe rororo «science» bietet Lesern, die sich für Naturwissenschaft und Technologien interessieren, aktuelle und verläßliche Informationen. Die Autoren sind Wissenschaftler und Wissenschaftsjournalisten, die ohne Formelhuberei und Fachkauderwelsch, dafür mit Sachverstand, Witz und farbiger Sprache über verschiedene Bereiche der Forschung und deren Auswirkungen auf unser Leben berichten.

Bernhardt Borgeest
Ein Baum und sein Land
24 Symbiosen
(rororo science 9536)
Ein neuer, ungewohnter Blick auf unsere knorrigen Gesellen - der Baum ist nicht nur aus botanischer Sicht faszinierend, sondern auch als kulturhistorisches und ethnologisches Phänomen: als Symbol idealer menschlicher Eigenschaften, als Ort der Riten und des Richtens, als Nationalheiligtum und schnöder Holzlieferant ist er aus unserer Geschichte und Gesellschaft nicht wegzudenken.

Claus Emmeche
Das lebende Spiel
Wie die Natur Formen erzeugt
(rororo science 9618)

Christoph Drösser
Fuzzy Logic
Methodische Einführung in krauses Denken
(rororo science 9619)
Alle reden von Fuzzy Logic - und keiner weiß genau, was das ist.

rororo sachbuch

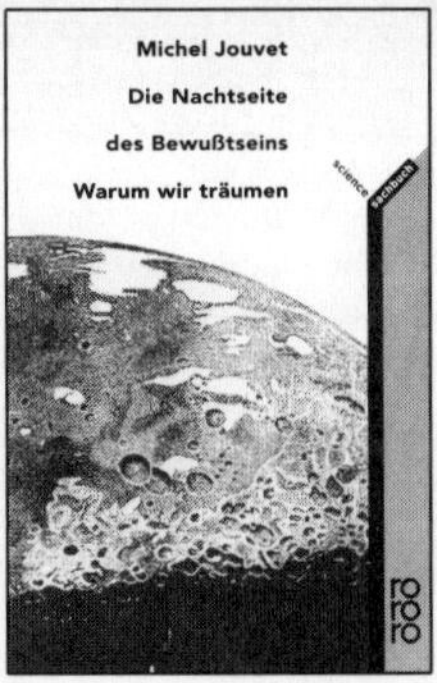

Der Wissenschaftsjournalist Christoph Drösser lädt ein zu einer vergnüglichen Zickzackfahrt durch Fuzzyland: die Grauzonen der graduellen Übergänge, des Noch-nicht-und-nicht-Mehr.

Michel Jouvet
Die Nachtseite des Bewußtseins
Warum wir träumen
(rororo science 9621)

Robert Ornstein/Richard F.Thompson
Unser Gehirn: das lebendige Labyrinth
(rororo science 9571)
«Unter den Veröffentlichungen der letzten Jahre auf dem Gebiet der Hirnforschung erhält das Buch seinen besonderen Stellenwert durch die eindrucksvollen Zeichnungen von Macaulay, der mit ungewöhnlichen, perspektivischen Darstellungen der Gehirnstukturen auch den vorgebildeten Leser verblüfft.»
bild der wissenschaft

3414/5

3503/2

Stephen W. Hawking

Ein «Jahrhundertgenie wie Albert Einstein» (*Der Spiegel*), ein Wissenschaftler, der der Weltformel auf der Spur ist, ein Mann, der entgegen allen Prognosen der Ärzte seit zwanzig Jahren mit einer unheilbaren tödlichen Nervenerkrankung lebt, kurz ein Mythos - **Stehen W. Hawking**, 1942 geboren, Physiker und Mathematiker an der Universität Cambridge, seit 1979 Nachfolger Newtons auf dem berühmten «Lukasischen Lehrstuhl» und der wohl bekannteste Wissenschaftler unserer Zeit.

Eine kurze Geschichte der Zeit
Die Suche nach der Urkraft des Universums
(rororo science 8850 und als gebundene Ausgabe)
Der Bestseller, der Hawking weltberühmt machte.
«Eine rasante Geisterbahnfahrt durch das Labyrinth kosmologischer Denkmodelle.»
Der Spiegel

Einsteins Traum *Expeditionen an die Grenzen der Raumzeit*
(192 Seiten. Gebunden)

Stephen W. Hawking (Hg.)
Stephen Hawkings Kurze Geschichte der Zeit
Ein Wissenschaftler und sein Werk
(224 Seiten mit zahlreichen Abbildungen. Gebunden)

Über Stephen W.Hawking:

John Boslough
Jenseits des Ereignishorizonts
Stephen Hawkings Universum
(176 Seiten. Gebunden)

Michael White/John Gribbin
Stephen Hawking *Die Biographie*
(rororo science 9528)

rororo sachbuch

Ein Gesamtverzeichnis aller lieferbaren Bücher und Taschenbücher der Rowohlt Verlage und des Wunderlich Verlags finden Sie in der *Rowohlt Revue*. Jedes Viereljahr neu. Kostenlos in Ihrer Buchhandlung.

3504/3a